中 等 职 业 学 校 机 电 类 规 划 教 材

ZHONGDENG ZHIYE XUEXIAO JIDIANLEI GUIHUA JIAOCAI

专业基础课程与实训课程系列

维修电工与实训
——初级篇
（第3版）

金国砥 主编

BASIC & TRAINING

人民邮电出版社

北京

图书在版编目（CIP）数据

　　维修电工与实训. 初级篇 / 金国砥主编. -- 3版
. -- 北京：人民邮电出版社，2014.5（2023.8重印）
　　中等职业学校机电类规划教材
　　ISBN 978-7-115-34708-4

　　Ⅰ. ①维… Ⅱ. ①金… Ⅲ. ①电工－维修 Ⅳ.
①TM07

　　中国版本图书馆CIP数据核字(2014)第049447号

内 容 提 要

　　"维修电工与实训"是中等职业学校机电类专业的一门技能实训课程，其目的是提高中等职业学校学生的独立实践操作能力；依据理论与实训相结合的原则，学习电气安装、维修的实际操作技能，并取得工人技术等级证书；提高学生的综合素质，为增强适应职业变化的能力和继续学习的能力打下良好的基础。

　　本书图文并茂、通俗易懂、操作性强，分走进维修电工实训室、安全用电及现场抢救、电工工具和仪表的识别与使用、电工基本操作技能、室内电气线路操作技能、常用低压电器操作技能、直流稳压电源操作技能、三相异步电动机操作技能和典型电气控制电路操作技能9个项目，共22个任务。

　　本书可作为中等职业学校实用电工技能训练教材，也可供相关培训班学习参考。

　◆　主　　编　金国砥
　　　　责任编辑　刘盛平
　　　　责任印制　焦志炜
　◆　人民邮电出版社出版发行　　北京市丰台区成寿寺路 11 号
　　　　邮编　100164　电子邮件　315@ptpress.com.cn
　　　　网址　http://www.ptpress.com.cn
　　　　山东华立印务有限公司印刷
　◆　开本：787×1092　1/16
　　　　印张：15.75　　　　　　　　　2014 年 5 月第 3 版
　　　　字数：403 千字　　　　　　　2023 年 8 月山东第 20 次印刷

定价：32.00 元
读者服务热线：(010)81055256　印装质量热线：(010)81055316
反盗版热线：(010)81055315
广告经营许可证：京东市监广登字 20170147 号

第3版前言

中等职业技术教育是我国职业技术教育的重要组成部分，其根本任务是培养和造就适应生产、建设、管理、服务第一线需要的德、智、体、美全面发展的技术性应用型人才。近年来，中等职业技术教育发展迅猛，其宏观规模发生了历史性变化。《国务院关于大力推进职业教育改革与发展的决定》明确提出，职业教育应"坚持以就业为导向，深化职业教育教学改革"。要加强学生操作技能的训练，在动手实践中锻炼过硬的本领，是提高中职教育水平的关键。

本书改版时继续坚持"以从职业岗位要求出发，职业能力和技能培养为核心"的思想，涵盖新工艺、新方法、新技术的专业教学意见，在第1版被评为教育部中等职业学校教育改革创新示范教材和第2版的基础上，在广大中等职业学校师生和企业技术人员的支持下再版。

改版后的教材遵循"理论教学'由外到内'，专业教学'先会后懂'，工艺操作强调'习得'，技能训练'低起点运行、高标准落实'"的原则，继续以能力培养为抓手，凸现新知识、新技术和实例指导，努力凸现情景模拟"呈现生活或生产情景"，基础知识"必需够用"，实训操作"有的放矢地学与做"，任务总结"学生为主、教师为辅"。

（1）情景模拟：以生活或生产情景的呈现，引出学习任务，以激发学生兴趣，引发学习动机，诱发探究欲望。

（2）基础知识：做到"必需够用"，即：围绕学习任务，将相关知识和技能传授给学生，激活学生的技能（知识）储备。

（3）实训操作：低起点运行、高标准落实，通过"读、列、说、做、查"等形式使学生明确学习目标，引导学生循路探真、有的放矢地学与做。

（4）总结评价：以学生为主、教师为辅，为使学生及时了解自己的学习情况，通过自己评、同学评、老师评，了解所学（教）基本技能的掌握程度。

本书包括走进维修电工实训室、安全用电及现场抢救、电工工具和仪表的识别与使用、电工基本操作技能、室内电气线路操作技能、常用低压电器操作技能、直流稳压电源操作技能、三相异步电动机操作技能和典型电气控制电路操作技能9个项目22个任务。

本书在编写过程中，得到了浙江天煌科技实业有限公司黄华圣、姚建平、宋进朝、浙江工业大学电气工程及自动化（师范）专业章泳、郭栋栋、江帆和金成的支持和帮助，在此表示衷心感谢。

由于编者水平有限，书中难免存在错误和不妥之处，敬请读者批评指正。

编　者
2013 年 12 月

目　录

走进维修电工实训室

埃德加·富尔在《学会生存》中说："未来的文盲不再是不识字的人，而是没有学会怎样学习的人"。维修电工实训室是把知识体系和技能体系有机地结合起来的、有别于其他教学环境的场地，近距离地去认识它，十分必要。因为，它将伴我们完成整个学习过程。

通过本项目的现场观看和学习，了解自己学习实训的环境；认识维修电工实训室的设备、基本仪器仪表及常用工具；熟悉维修电工实训室的安全与规范操作的职业意识，从而树立良好的安全职业意识。

知识目标
- 了解维修电工实训室的配置和布置。
- 认识电工基本设备、仪表及常用工具。
- 熟悉维修电工实训室操作规程及安全规定。

情景模拟

小任和小薛是初中同班同学，经过中考后两人选择了不同的学习方向。

小任："小薛，祝贺你梦想成真，终于进入了重点高级中学。"

小薛："谢谢！听说你选择了中等职业学校，你报了什么专业？"

小任："报了维修电工类专业，我平时就喜欢摆弄一些电器，觉得这个专业比较适合自己。"

小薛："我也听说现在社会招聘维修电工类的高级技工，给的年薪还很高，这方面你能行，几年后你会有一个好机会。"

小任："谢谢你的鼓励，今后我一定努力学习，早日实现我的职业梦想。"

同学们，你们想想小任进入中等职业学校后，该如何树立自己的职业意识？如何提高职业素质？如何迈出自己未来职业生涯的第一步？……让我们一起去认识和了解它们吧！

任务一　看看自己的实训室

情景模拟

当你进入维修电工实训室，就会看到场内布置的各种设备、仪表和工具，墙上张贴着实验实训操作规程和安全规定，以及历届学生学习的照片，这一切都是对每个电工类学生不可缺少的教育、教学内容。

"热爱专业、熟悉专业"要从进入自己的实训室开始。同学们，让我们一起走进维修电工实训室去看看和认识那些与自己今后学习、工作相关的仪表设备和工具材料吧！

基础知识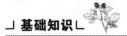

维修电工实训室的场景，维修电工实训装置介绍，以及相关拓展知识等。

知识链接 1 维修电工实训室的场景

某职业学校实训场所的掠影，如图 1.1 和图 1.2 所示。

图 1.1 优静的学习环境，是读书的好地方

图 1.2 学习操练先人一步，顶岗应用胜人一筹

提示

◉ 没有一流的技工，就没有一流的产品。

◉ "现在我国技术工人特别是高级技工非常匮乏"，希望同学们刻苦学习科学文化知识，潜心钻研专业技能，努力成为高素质技能型人才。

知识链接 2 维修电工实训装置介绍

THETDG-1 型电工技术实训装置（见图 1.3）既适合高职高专"电路分析""电工基础""电工学""电机控制""继电接触控制"等课程的实训大纲要求，也适用于中专、技校等新建或扩建实训室，为学校迅速开设实训课提供了理想的实训设备。

本实训装置主要由电源控制屏、实训桌、实训挂件箱（包括实训挂件、电机）、实训连接线等组成，其中配套挂件箱有：DDZ-11、DDZ-12、DDZ-13、DDZ-14、DDZ-15、DDZ-16、DDZ-17、DDZ-18、DDZ-19、DDZ-20、DDZ-26，如表 1.1 所示。

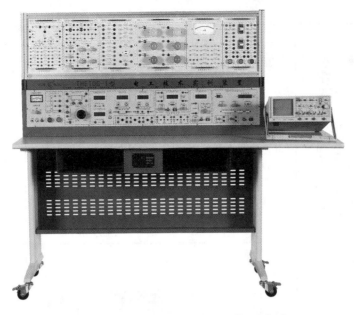

图 1.3 THETDG-1 型电工技术实训装置实物图

表 1.1　　　　　　　THETDG-1 型电工技术实训装置的配套挂件箱

示意图	功用说明	示意图	功用说明
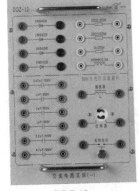 DDZ-11	电路基础实训（一） 　为电阻、电感、电容，完成 RLC 串联谐振、一阶和二阶动态电路的研究，电压源与电流源的等效变换，负载获得最大功率的条件，电阻的串、并联等实训用	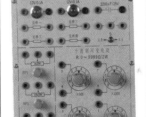 DDZ-12	电路基础实训（二） 　为灯泡、稳压管、电位器、电阻箱等，完成已知和未知电路元件伏安特性的测绘、电容的充放电等实训用
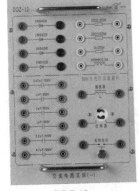 DDZ-13	交流电路实训（一） 　为荧光灯功率因数提高实训、RLC 串联交流电路实训、RLC 并联交流电路实训以及电感、电容元件在直流电路和交流电路中的特性实训用	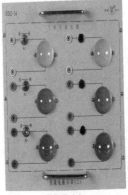 DDZ-14	交流电路实训（二） 　为三相电路实训用

续表

示意图	功用说明	示意图	功用说明
DDZ-15	电路基础实训（三） 为仪表量程扩展实训（电流表、电压表量程的扩展）用	DDZ-16	电工综合技能实训（一） 为电流表、电压表和欧姆表的设计用
DDZ-17	电工综合技能实训（二） 为运算放大器的应用，报警保护电路的设计及其应用，互感器的应用，整流滤波电路的设计及应用，过流保护的设计及其应用实训用	DDZ-18	继电接触控制实训（网孔板结构） 为三相异步电动机点动和自锁控制线路、正反转控制线路、Y-△自动降压启动控制线路、能耗制动控制线路等实训项目用
DDZ-19	继电接触控制实训 为交流接触器继电接触控制实训用	DDZ-20	铁心变压器、互感/电度表实训 为变压器、互感/电度表实训用
DDZ-26	单相智能交流功率、功率因数表 为测量负载的有功功率、功率因数及负载的性质，还可以储存、记录15组功率和功率因数的测试结果数据及逐组查询用	WDJ26	三相鼠笼电动机 为三相动力负载

续表

示意图	功用说明	示意图	功用说明
主要优点及安全保护体系	① 交流电源及供电主回路采用三相四线制（或三相五线制）电源输入，经电流型漏电保护器、接触器到三相输出，安全、方便、使用可靠 ② 单相交流电源 0～250V 连续可调 ③ 屏上装有电压型漏电保护装置，控制屏内或强电输出若有漏电现象，即发出警告并切断总电源，确保实训进程安全 ④ 屏上装有一套电流型漏电保护器，控制屏若有漏电现象，漏电流超过一定值，即切断电源 ⑤ 屏上 380V 交流电源输出处设有一套过流保护装置。相间、线间直接短路或所带负载太大，电流超过设定值，系统即告警并切断总电源 ⑥ 各种电源及仪表均有可靠的保护功能 ⑦ 实训连接线及插座采用不同的结构，使用安全、可靠		

⌐ 提示 ∟

◉ 学习效果和学习趣味成正比。

◉ 激发自己的学习兴趣，并能够运用相应的技术知识解决实际的问题，这样才能真正体会到努力学习后成功的喜悦。

知识拓展 ——中职生技能大赛掠影

中职生技能大赛掠影，如图 1.4 所示。

图 1.4 中职生技能大赛掠影

动脑又动手

□ **看一看** 自己实训室的环境

走进实训室看一看自己学校或了解某职业学校实训场所的布置（见图1.5）。

图1.5 某职业技术学校实训场所的布置

□ **议一议** 举行技能赛的意义

小组讨论：举行学生技能比赛的意义，并把自己的认识填写在下面空格中。

□ **提一提** 维修电工实训装备

提出对实训室实训装备的建设性意见，并把自己的意见填写在下面空格中。

□ **评一评** "看、议、提"工作情况

将"看、议、提"工作的评价意见填写在表1.2中。

表1.2   "看、议、提"工作评价表

项目 评定人	实训评价	等级	评定签名
自己评			
同学评			
老师评			
综合评定等级			

____年____月____日

任务二 熟悉实训管理要求

情景模拟

在日常生活中，电气设备的应用和分布很广泛，而且线路分支复杂，电气管理是指电气人员

对电气设备从安装开始，经过使用、维护保养、修理改造直到报废更新为止的一系列活动。为了保障电气设备和人身安全，必须重视设备及其线路的电气安全。

同学们，让我们一起走进维修电工实训室去了解那些安全操作要求和熟悉管理类的知识吧！

基础知识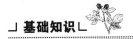

实训室安全操作要求，实训室的"7S"管理，以及相关拓展知识等。

知识链接 1 实训室安全操作要求

1. 安全概念

安全是社会和企业永恒的主题，安全与人们生活和工作息息相关。那么怎样才算安全？

目前国内关于安全的定义尚不统一，《现代汉语词典》中对安全的解释为没有危险，不受威胁，不出事故。《辞海》中对安全的解释有3层意思："平安无损害，不受危险和伤害威胁"。

总之，平时人们讲到的安全，通常是指各种事物对人不产生危害、不导致危险、不造成损失、不发生事故、运行正常、进展顺利等安顺祥和、国泰民安之意。生产过程中的安全就是不发生事故、职业病，设备或财产损失的状况，即人不受伤害，物不受损失。

2. 安全素养

完成一项工作，会有多种方法，在不同方法中能否做出最佳选择，取决于人的素养。在人们的生产生活中，会有一定的危险因素存在。躲避危险是人类的本能，但识别危险却是后天形成的。

如何认识并防范危害，这与一个人的安全素质有关。只有通过学习，努力提高自身安全素质，才不会干出误人误己的蠢事。为了共保安全，应在安全素质方面具备以下6点。

（1）树立安全意识。生命对每个人只有一次。因此，应逐步提高"关爱生命，关注安全"的认识，逐步实现由"要我安全"向"我要安全，我会安全"的转变。

（2）懂得安全知识。掌握安全知识是正确行动和防范危险的前提。为此，一定要学会有关的安全法律法规知识；掌握有关的安全生产技术知识，并在操作实践中正确应用等。

（3）遵守有关安全的规章制度和操作规程。规章制度和操作规程是安全生产法律法规的具体化，是前人经验和事故教训的总结，是工作准则和行动指南。因此，要认真学习，严格遵守，杜绝违章作业，克服习惯性违章行为，努力避免、减少事故发生。

（4）掌握安全技能。正确和熟练的操作技能是确保安全生产和提高工作效率的重要保障。对此，不仅要熟练掌握本岗位安全操作技能，以确保自身岗位和有关设备的安全，还要掌握一些基本的公共安全技能，如事故后的报警、灭火器的使用，遇险后的应急办法等。

（5）遵守和维护公共秩序。公共秩序是公共安全的重要保证和体现。国内有几次大的公共安全事故都与公共秩序混乱管理责任不落实有关。作为学生一定要以实际行动创造安全的实训工作和生活环境。

3. 安全操作规则

电气安全操作与你、我的学习生活息息相关。为了保证人身安全，防止仪器、仪表的损坏，顺利完成每个实训任务，就要求学生持科学的态度，一丝不苟的作风，亲自动脑动手去认识、去完成。在实验实训中，必须自觉遵守下列安全操作规则。

（1）熟悉电源控制装置，当出现故障时能迅速切断电源。交直流电源不能接错，直流电源不能接反。

（2）实训前要预习实验内容，熟悉实验设备，防止实验值超过额定值而损坏电器设备。熟悉电路的接线方式，防止接错电路，特别要防止短路故障。

（3）进入实训室要保持安静，爱护实验设备、器材。实验时，器材摆放整齐，用完后归还原处。

（4）认真阅读仪器、仪表的说明书，在老师的指导下正确操作，不懂时，不要随便操作仪器、仪表，以免损坏。

（5）仪表更换量程时，不得带电操作，不可触摸裸露带电部分。电路安装好后，应在老师的指导下，接通电源，进行测试，不得自行通电。

（6）实训完成后，所用仪器、仪表的电源应全部分断。

┘ 提示 ┕

◉ 安全是社会和企业永恒的主题，安全与人们生活和工作息息相关。

◉ 电气安全操作与你、我的学习生活息息相关。

知识链接 2　　**"7S"实训管理模式**

"7S"由"5S"演变而来。"5S"起源于日本，是指在生产现场对人员、机器、材料、方法、信息等生产要素进行有效管理。这是日本企业独特的管理办法。因为整理（Seiri）、整顿（Seiton）、清扫（Seiso）、清洁（Seiketsu）、素养（Shitsuke）是日语外来词，在罗马文拼写中，第一个字母都为 S，所以日本人称之为"5S"。近年来，随着人们对这一活动认识的不断深入，又添加了"安全（Safety）、节约（Save）"等内容。

"7S"（整理、整顿、清扫、清洁、素养、安全、节约）管理方式，能保证学生严明的工作纪律和良好的操作秩序，以及减少浪费、节约物料成本等基本要求，从而营造一目了然的工作环境，提升人的品质，养成良好的工作习惯。学校维修电工实训室"7S"管理模式，如图1.6 所示。

图1.6　学校维修电工实训室的"7S"管理模式

图 1.6　学校维修电工实训室的"7S"管理模式（续）

 提示

⊙　"7S"能培养员工（学生）良好的工作习惯，提升人的品质，养成良好的工作习惯。

⊙　作为学生要从身边的小事做起，从学校的实训操练做起。

⊙　开展创建：组织建设好、作用发挥好、制度健全好、积极探索好、活动效果好的"五好"活动。

知识拓展——某职校实训室制度

1. 实训纪律

（1）尊重和服从实训指导教师（师傅）的统一安排和领导。

（2）不迟到、不早退、不旷课，有事请假。

（3）实训工场内要保持安静，严禁大声喧哗、嬉笑和吵闹，严禁做与实习无关的事。

2. 岗位责任制

学生实习期间，实行"三定二负责"（即定人、定位、定设备，负责工具保管、负责设备保养），不允许擅自调换工作台和设备，不得随便走动。

3. 安全操作规程

（1）熟悉电源控制装置，当出现故障时能迅速切断电源。交直流电源不能接错，直流电源不能接反。

（2）实验实训前要预习实验内容，熟悉实验设备，防止实验值超过额定值而损坏电器设备。熟悉电路的接线方式，防止接错电路，特别要防止短路故障。

（3）进入实验实训室要保持安静，爱护实验设备、器材。实验时，器材摆放整齐，用完后归还原处。

（4）认真阅读仪器、仪表的说明书，在老师的指导下正确操作。不懂时，不要随便操作仪器、仪表，以免损坏。不得操作与本次实验无关的仪器、仪表。

（5）仪表更换量限时，不得带电操作，不触摸裸露带电部分。电路安装好后，应在老师的指导下，接通电源，进行测试，不得自行通电。

（6）实验实训完成后，所用仪器、仪表的电源应全部分断。

（7）认真做好实验实训记录，完成实验实训报告。

4. 工具保管制度

（1）发给个人的实训（实习）工具，必须做到爱护和正确使用。

（2）集体使用工具，必须办理借用手续，用过即还，不得私自存放、妨碍别人使用。

（3）对于精密仪器，一定要按指导教师（师傅）的要求使用。

（4）对于易耗工具的更换，必须执行以坏换新的制度。

（5）每次实训（实习）结束后，清点仪器和工具、擦干净、办好上缴手续。若有损坏或遗失，根据具体情况赔偿并扣分。

5. 工场设备卫生制度

（1）实训（实习）场地要做到"三光"，即地面光、工作台光、机器设备光。

（2）设备、仪表、工具一定要健全保养，做到经常擦洗、加油，以保证实训（实习）的正常进行。

（3）实训（实习）结束后，要及时清除各种坏物，且不准随便乱倒。

（4）对打扫不干净者，指导教师（师傅）、学生干部要教育其重新清扫。

⌐ 提示 ⌐

- ◉ "未来的文盲不再是不识字的人，而是没有学会怎样学习的人。"
- ◉ "古往今来，凡成就事业，对人类有所作为的，无不是脚踏实地，艰苦登攀的结果。"

动脑又动手

□ **听一听　实训室管理的情况**

教师向学生介绍实训室管理的情况，以及实训室的"7S"管理细则。

□ **议一议　"7S"管理的重要性**

同学间交流对"7S"管理重要性的认识，并将自己的观点填写在下面空格中。

| |
| |

□ **提一提　实训室管理的建议**

提出对实训室管理的建设性意见，并把自己的建议填写在下面空格中。

| |
| |

□ **评一评　"听、议、提"工作情况**

将"听、议、提"工作的评价意见填写在表1.3中。

表1.3　　　　　　　　　　"听、议、提"工作评价表

项目 评定人	实训评价	等级	评定签名
自己评			
同学评			
老师评			
综合评 定等级			

___年___月___日

思考与练习

一、填空题

1. 实训场地要做到的"三光"是指_____、_____和_____。

2. 实训室的"三定二负责"中的三定是指_____、_____和_____；二负责是指_____和_____。

3. 实训室的"7S"是指：_____、_____、_____、_____、_____、_____和_____。

二、判断题（对的打"√"，错的打"×"）

1. 当出现故障时应迅速切断电源。交直流电源不能接错，直流电源不能接反。 （　　　）

2. 实训（实习）结束后，要及时清除各种坛物，且不准随便乱倒。 （　　　）

3. 设备、仪表、工具一定要健全保养，做到经常擦洗、加油，以保证实训（实习）的正常进行。 （　　　）

三、简答题

1. 为什么进实训场地看一看、问一问，是教育教学环节中不可缺少的一部分？

2. 怎样理解"未来的文盲不再是不识字的人，而是没有学会怎样学习的人"？

3. 怎样从身边的小事做起？

項目二

安全用电及现场抢救

　　华灯初上，夜色斓珊，当你津津有味地看电视、听广播、唱卡拉 OK、玩电子游戏时，你对黑夜和沉寂已觉陌生，因为有了电！是啊，洗衣机、电饭煲、电风扇、空调器、电梯、电动车……衣食住行中处处有"电"的身影，我们正处于电的时代。但是当你不注意安全用电，不注意安全防范，那些给你带来光明、带来欢乐、带来财富的"福星"就可能变成面目狰狞的恶魔。

　　通过本项目一些案例的学习，了解触电的原因和防范方式，初步学会触电急救与电火灾扑救的方法，掌握安全用电的知识。

知识目标
- 了解电对人的伤害及防范措施。
- 熟悉安全用电与电气消防知识。

技能目标
- 掌握触电现场的诊断法，能正确地进行触电现场急救。
- 能进行电火灾现场的抢救与自救。

任务一　安全用电

情景模拟

　　"身体健康、生活美好"是每个人的愿望，但人们的一时疏忽，往往会使祸从天降，伤害健康的身体，破坏美好的生活。

　　某年 11 月 14 日 9 时，某市郊电线被风刮断，掉入水田，造成一家祖孙三代触电身亡。

　　某年 4 月 8 日晚，某省某钢铁公司的扩建工程中，12 名工人触电死亡。该公司高压线架设采用的 12m 电杆，但因厂方进行"三通一平"填土，致使高压线距地面的高度减少，再加上厂方未及时与供电部门联系，未向有关部门申办手续，使重大安全隐患未能及时排除，导致触电惨剧的发生。

　　某年 1 月 13 日深夜 11 时 40 分左右，某民房由于电线漏电，引起着火，这场火灾造成 10 人死亡。

　　某年 12 月 25 日早晨 3 点，停泊在某港的 3 500t 级油轮，因船舶年久失修电气线路老化，在送电时，电气线路短路打火引着可燃物发生火灾，直接财产损失 100 余万元。

　　某年 4 月 8 日上午 11 时，电气违章的某私宅发生电火灾，将新建不到 2 年的 4 间房屋烧成灰烬。

　　您知道吗？那些触电、火灾的起因都是"电"。用电不当，不注意安全防范，给人类带来光明、带来欢乐、带来财富的"福星"就可能变成面目狰狞的恶魔。那么我们应该怎样正确地用好电，避免发生触电或电气火灾事故呢？让我们一起来学习安全用电方面的知识吧！

基础知识

触电与触电案例及其点评，电火灾与电火灾案例及其点评，安全用电从我做起和消防安全从我做起，以及相关拓展知识等。

知识链接 1 **触电与触电案例点评**

随着我国经济的迅速发展，人民生活不断改善和提高，电气化程度也越来越高。在日常生活、生产中，人们经常接触各类电气设备。由于缺乏安全用电知识，不遵守安全用电的规章制度，触电事故时有发生。为了用好电、管好电，每名电工必须了解忽视安全用电对人的伤害，以及如何预防触电事故的发生等知识。

1. 触电

（1）触电的形式。因人体接触或接近带电体，所引起的局部受伤或死亡的现象称为触电。触电的形式有 3 种，分别为单相触电、两相触电和跨步电压触电，如图 2.1 所示。

(a) 单相触电　　　　　(b) 两相触电　　　　　(c) 跨步电压触电

图 2.1　3 种触电的形式

① 单相触电。它是指人体的某一部位碰到相线或绝缘性能不好的电气设备外壳时，电流由相线经人体流入大地的触电现象，如图 2.1（a）所示。

② 两相触电。它是指人体的不同部位分别接触到同一电源的两根不同相位的相线，电流由一根相线经人体流到另一根相线的触电现象，如图 2.1（b）所示。

③ 跨步电压触电。它是指电气设备相线碰壳接地或带电导线直接触地时，人体虽没有接触带电设备外壳或带电导线，但是跨步行走在电位分布曲线的范围内而造成的触电现象，如图 2.1（c）所示。

（2）电流对人体的伤害类型。电流对人体有电击和电伤两种伤害类型。

① 电击。人体是导电体，人体的电阻在各种不同情况下是不同的（600Ω～100kΩ）。当人体接触带电体时，电流就通过人体与大地或其他导体形成闭合回路，如图 2.2 所示。电流流过人体内部器官时，器官就会因电流的刺激而受到伤害，严重时控制心脏和呼吸器官的中枢神经会麻痹，造成休克（假死）或死亡，这就叫电击。这是一种最为严重的触电致死伤害。

② 电伤。当人体直接接触带电体，或虽然没有直接接触带电体但超过规定的安全距离接近高压带电体时，带电体与人体之间闪击放电或电弧波及人体，也会使人体受到电弧灼伤，如图 2.3 所示，这是电流的热效应造成的；同时，电流的化学效应还会造成电烙印和皮肤金属化。这种伤

害的后果也是十分严重的，轻则烧伤致残，严重时也可能致死。电伤与电击的不同之处，仅仅在于电流不通过人体内部。

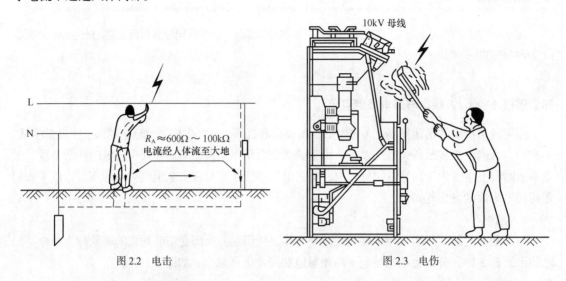

图 2.2 电击　　　　　　　　　　　　　　　图 2.3 电伤

触电时人体受到电流的刺激，肌肉发生痉挛，还可能发生高空堕落摔伤等二次伤害。此外，长期受到电流磁场能量辐射，还可能造成人体不适，引发某些疾病等。

（3）人体对电的承受能力。电流是造成电击伤害的因素，人体对电的承受能力与以下因素有关。

① 电流的大小和通电的时间。通过人体的电流越大，人体的生理反应就越明显，感觉也就越强烈，危险性就越大。通电的时间越长，一方面可使能量积累越多，另一方面可使人体电阻下降，导致通过人体的电流进一步增加，其危险性也就越大。50 mA 以下的直流电流通过人体，人可以自己摆脱电源；但对于工频电流，按照通过人体电流的大小、通电时间的长短，人体可呈现出不同状态，如表 2.1 所示。

表 2.1　　　　　　　　　　　工频电流对人体作用的分析

电流范围	电流/mA	通电时间	人的生理反应
0	0~0.5	连续通电	没有感觉
A1	0.5~5	连续通电	开始有感觉，手指、手腕等处有痛感，没有痉挛，可以摆脱带电体
A2	5~30	数分钟以内	痉挛，不能摆脱带电体，呼吸困难，血压升高，是可以忍受的极限
A3	30~50	数秒钟到数分钟	心脏跳动不规则，昏迷，血压升高，强烈痉挛，时间过长即引起心室颤动
B1	50~数百	低于心脏搏动周期	受到强烈冲击，但未发生心室颤动
		超过心脏搏动周期	昏迷，心室颤动，接触部位留有电流通过的痕迹
B2	超过数百	低于心脏搏动周期	在心脏搏动特定的相位触电时，发生心室颤动、昏迷，接触部位留有电流通过的痕迹
		超过心脏搏动周期	心脏停止跳动，昏迷，可能致命的电击伤

注："0"是没有感知的范围，"A"是感知的范围，"B"是容易致命的范围。

② 通过人体电流路径。电流流过头部，会使人昏迷；电流流过心脏，会引起心脏颤动；电流流过中枢神经系统，会引起呼吸停止、四肢瘫痪等。由此可见，电流流过要害部位，对人都有严重的危害。

③ 通过人体电流的种类。通过人体的电流，以工频（25~300 Hz）电流对人体损害最严重。由此可见，我国广泛使用的 50 Hz 交流电，虽然它对设计电气设备比较合理，但对人体触电的危害不能忽视。

④ 电压的高低。触电电压越高，对人体的危险越大。根据欧姆定理，电阻不变时，电压越高电流就越大，因此，人体触及带电体的电压越高，流过人体的电流就越大，受到的危害就越大，这就是高压触电比低压触电更危险的原因。电力部门规定：凡设备对地电压在 250 V 以上者为高压，对地电压在 250 V 以下者为低压，而 36 V 及以下的电压则称安全电压（一般情况下对人体无危险）。因此，在潮湿环境和特别危险的局部使用的照明工具和携带式电动工具等，如无特殊安全装置和安全措施，均应采用 36 V 的安全电压。凡在潮湿工作场所或在安全金属容器内、隧道内、矿井内使用的手提式电动用具或照明灯，均应采用 12 V 的安全电压。

⑤ 人体身体状况。电对人体的危害程度与人体身体状况有关，即与性别、年龄和健康状况等因素有很大的关系。一般来说，女性较男性对电流的刺激更为敏感，感知电流和摆脱电流的能力要低于男性。此外，人体健康状态也是影响触电时受到伤害程度的因素。

⑥ 人体的电阻。人体对电流有一定的阻碍作用，这种阻碍作用表现为人体电阻，而人体电阻主要来自皮肤表层。起皱和干燥的皮肤有着相当高的电阻，但是皮肤潮湿或接触点的皮肤遭到破坏时，电阻就会突然减小，并且人体电阻将随着接触电压的升高而迅速下降。

一般情况下，人体的最小电阻可按 800 Ω 考虑。

2. 触电案例点评

【案例 2.1】 电线乱接、违章操作——不行

案例展现：缪某家住盐城，一家人来常熟做水产生意。7 月的某天早晨，缪某的儿子起床后跑到卫生间，在给电加热器接上电源时，因为手上有水，碰上接线板后导致触电，摔倒在水池里。缪某听到声响跑到卫生间，切断了电源，拨打电话叫来救护车，可为时已晚，儿子离开了人世。缪某家的卫生间，如图 2.4 所示。

案例点评：对事故现场进行观察，发现房屋内电线乱接、乱搭严重，也没有安装漏电保护器。缪某儿子手上有严重的电击伤痕迹。

这是一起电线乱接、违章操作所造成的典型触电案例。安全专家告诉我们：①房屋内的电线不允许乱接、乱搭，更不能用湿手接触带电的插销，接插插头时，应注意身体不要与带电部位接触；②家庭用电线路一定要安装有漏电保护器，电源插头要选用单相三极的；③平时要注意检查电源连接、电线外皮绝缘应符合安全要求，检查电器具完好情况等，如果发现不符合安全规定或电器具有损坏，应及时纠正和更换。

【案例 2.2】 电器安装要认真检查——勿忘

案例展现：临时工韩某与其他 3 名工人从事化工产品的包装作业。班长让韩某去取塑料编织袋，韩某回来时一脚踏上盘在地上的电缆线上，触电摔倒，在场的其他工人急忙掐断电缆线，拉下电闸刀，如图 2.5 所示。他们一边报告领导打 120 急救电话，一边对出现昏迷、呼吸困难、脸及嘴唇发紫、血压忽高忽低的韩某进行现场救护。20min 后，送去医院继续抢救。住院特护 12 天才慢慢好转出院。

案例点评：现场调查发现：①电缆线长约 20 m，由 3 种不同规格的电缆线拼接而成，而且线头包裹不好，以至于电线接线处漏电；②事故现场未见漏电保护器，不能在触电事故发生时进行断电保护；③当时阴雨连绵，加上该化工产品吸水性较强，造成电缆粘料潮湿，而韩某脚上布鞋被水浸透，也未能起到防电作用。

图 2.4　电线乱接、乱搭

图 2.5　工人急忙拉下电闸

这是一起忽视规范操作，对电器安装没做认真检收所造成的典型触电案例。安全专家告诉我们：①电气作业必须进行培训，如果韩某经过培训，就不可能发生这起事故；②电缆接头过多，对电缆的安全性带来了威胁，每一个接头就是触电的一个隐患，实际电缆铺设时应尽可能使用整段电缆，以提高输电线路的输送质量和安全性；③发生触电事故，应该立即切断电源，使被触电人员尽快脱离电源，减少损伤程度，同时及时向医疗部门呼救，这是能抢救成功的首要因素。

【案例 2.3】　家电外壳无接地保护——危险

案例展现：某年 8 月 25 日，天气炎热，为了让父亲纳凉，王莉在附近的修理铺买了一台电风扇，因家中三孔插座已被其他家用电器占用，所以将电扇的三孔电源插头改装成两孔的（没有接地装置）。当接通电源后，电扇就很快地转动起来，父亲很高兴。谁知王莉的父亲顺手触摸了一下电扇，只听到父亲"哇"的一声就栽倒在电风扇边。王莉急忙关掉电扇开关，并在赶来的邻居们的帮助下将父亲送往医院。由于路途远（没进行现场急救），经医生检查，父亲误时较长，已经无法抢救。对于父亲触电身亡王莉泣不成声，如图 2.6 所示。

案例点评：勘察时打开电扇接线盒底座盖，发现电线绝缘部分有破损，破损的电线与电扇外壳相接触。同时，王莉的电扇没有使用带接地保护装置的三孔插座，致使电扇外壳带电父亲触电身亡。

图 2.6　王莉泣不成声

这是一起忽视家电外壳一定要作必要的接地保护所造成的典型触电案例。安全专家告诉我们：①安装电气设备应找相应的专业人员（如电工），在未接电源前，应用 500V 摇表测电气设备的绝缘性能，电扇及其他家用电器的绝缘电阻应在 2 MΩ 以上；②电扇及其他家用电器的电源线应采用三芯塑料护套线；③移动电扇（包括其他家用电器）时，应先切断电源，再搬运；④在使用之前，应注意检查电源线外皮绝缘是否良好，如发现擦伤、压伤、扭伤、老化等情况，应及时更换或进行绝缘处理；⑤一旦发生触电事故，应切断电源，根据触电者的情况进行现场救护和拨打急救电话；⑥现场救护时应选择正确的方法（如："拉、切、拽、垫"等），同时不能中断施救工作，应直至医生赶到接手方可终止。

知识拓展 **——安全用电从我做起**

1. 触电事故的规律

触电事故的发生往往很突然，而且在极短的时间内造成严重的后果。但触电事故也有一些规律，根据这些规律，可以减少和防止触电事故的发生。触电事故通常的一些规律，如表 2.2 所示。

表 2.2 触电事故的一些规律

序号	触电事故的规律	原 因 说 明
1	低压设备触电事故多	国内外统计资料表明，低压触电事故远远多于高压触电事故，主要原因是低压设备远远多于高压设备，与之接触的人比与高压设备接触的人多，而且都比较缺乏电气安全知识。应当指出，在专业电工中，情况是相反的，即高压触电事故比低压触电事故多
2	电气连接部位触电事故多	大量触电事故的统计资料表明，很多触电事故发生在接线端子、缠接接头、压接接头、焊接接头、电缆头、灯座、插销、插座、控制开关、接触器、熔断器等分支线、接户线处。其主要是由于这些连接部位机械牢固性较差、接触电阻较大、绝缘强度较低以及可能发生化学反应的缘故
3	携带和移动式设备触电事故多	其主要原因是这些设备是在人的紧握之下运行，不但接触电阻小，而且一旦触电就难以摆脱电源；另一方面，这些设备需要经常移动，工作条件差，设备和电源线都容易发生故障或损坏。此外，单相携带式设备的 PE 线与 N 线容易接错，造成触电事故
4	错误操作和违章作业触电事故多	其主要原因是安全教育不够、安全制度不严和安全措施不完善
5	中、青年工人，非专业电工、合同工和临时工触电事故多	其主要原因是这些人是主要操作者，经常接触电气设备；而且，这些人经验不足，缺乏电气安全知识，其中有的责任心还不够强，以致触电事故多
6	农村触电事故多	部分省市统计资料表明，农村触电事故约为城市的 3 倍
7	冶金、矿业、建筑、机械行业触电事故多	由于这些行业的生产现场经常伴有潮湿、高温、混乱，移动式设备和携带式设备多，以及金属设备多等不安全因素，以致触电事故多
8	6～9 月触电事故多	每年二、三季度，特别是 6～9 月事故多。其主要原因是这段时间天气炎热，人体衣单而多汗，触电危险性较大；而且这段时间多雨、潮湿、地面导电性增强，电气设备的绝缘电阻降低；其次，这段时间在大部分农村都是农忙季节，农村用电量增加

2. 事故预防从我做起

前面已经讲到发生触电的原因有很多，归纳起来，主要是缺乏电气常识和电器具不合格或安装不合格而造成的。在日常生活、工作中，天天要用电，因此预防触电，做好安全用电，是任何时候也不能疏忽的。

要防止触电事故的发生，首先要牢记"安全用电无小事，以防为主最重要"，同时要严格遵守安全用电的规则。在日常生活和工作中，做到"勿摸低压，勿近高压！"，从日常小事做起，如表 2.3 所示。

表 2.3 安全用电，从小事做起

序号	示图	说明
1		不用湿手扳开关、插入或拔出插头
2		不随便摆弄玩电器，不能带电移动和安装家用电器

序号	示图	说明
3		不购买假冒伪劣的电器、电线、电槽（管）、开关和插座等 凡产品说明书要求接地（接零）的电器具，应做到可靠的"保护接地"或"保护接零"，并定期检查是否接地（接零）良好
4	烘衣服不要放得那么近！	不在电加热器上烘烤衣服
5		不将晒衣竿搁在电线或变压器架子上。户外晒衣与电线保持安全距离
6		不乱拉电线，不超负荷用电 一般居民家庭用电采用小套（4kW）、中套（6kW）、（8kW）配置。空调、电加热器等大容量设备应敷设专用电路
7		不在架空电线和变压器附近放风筝 做到"不靠近高压带电体（室外、高压线、变压器旁），不接触低压带电体"
8		不用铜丝代替保险丝，不用橡皮胶代替电工绝缘胶布 进行电气安装或检修前，必须先断开电源，再进行操作，并有专人监护等相应的保护措施

续表

序号	示图	说明
9	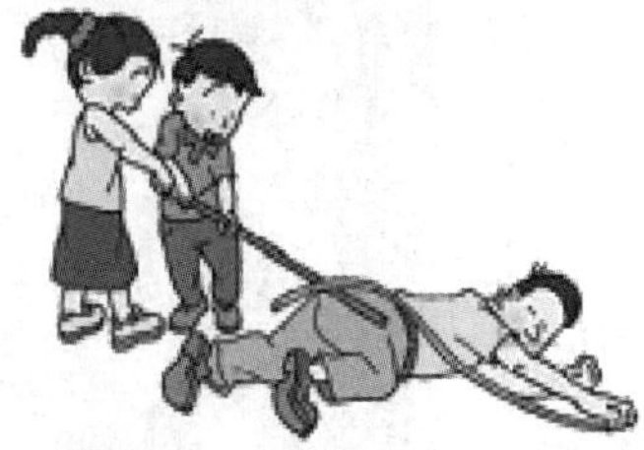	不直接触碰触电者 若无法及时找到或断开电源时，可用干燥的竹竿或木棒等绝缘物，挑开电线
10		不冒然施救 遇有人触电，应先切断电源，将触电者脱离电源，在进行现场诊断和急救的同时拨打"120"
11		不用水泼救 遇到家庭电气设备或电线着火，应先切断电源，再进行扑救，或者拨打"119"帮助扑救 电器着火应选用二氧化碳或四氯化碳灭火机来扑救
12		不懂电气装修技术的人，发现电气线路或电气器具发生故障时，应请专业电工来修。安装、检修电气线路或电气器具时，一定穿绝缘鞋，站在绝缘体上，且切断电源。电气线路中安装触电保护器，并定期检验其灵敏度

⌐ 提示 ⌐

安全用电的原则：不接触低压带电体，不靠近高压带电体，显然这里所说的低压不包括 36V 以下的安全电压。

知识链接 2 电气火灾与电气火灾案例点评

1. 电火灾

电气设备和电气线路都离不开绝缘材料，如变压器油、绝缘漆、橡胶、树脂、薄膜等。这些绝缘材料如超过一定的温度并遇到明火等，就会燃烧，造成电气火灾。所谓电气火灾就是指由电气设备或线路所引起的电气着火。电气火灾的扑救，如图 2.7 所示。

（1）引起电气火灾的原因。

① 漏电。由于电气设备或线路某一个地方因某种原因（风吹、雨打、日晒、受潮、碰压、划破、摩擦、腐蚀等）使其绝缘下降，导致线与线、线与外壳部分电流的泄漏。漏泄的电流在流入大地途中，如遇电阻大，会产生局部高温，致使附近可燃物着火，引起火灾。

要防范漏电，首先要在设计和安装上做文章，导线和电缆的绝缘强度不应低于网路的额定电压，绝缘子也要根据电源的不同电压选配。其次，在潮湿、高温、腐蚀场所内，严禁绝缘导线明敷，应使用套管布线；多尘

图 2.7　电气火灾的扑救

场所，要经常打扫，防止电气设备或线路积尘。第三是要尽量避免施工中对电气设备或线路的损伤，注意导线连接质量。第四是安装漏电保护器和经常检查电气设备或线路的绝缘情况。

② 短路。由于电路中导线选择的不当、绝缘老化和安装不当等原因，都会造成电路短路。发生短路时，其短路电流比正常电流大若干倍，由于电流的热效应，从而产生大量的热量，轻则降低绝缘层的使用寿命，重则引起电气火灾。

造成短路的原因除上述提到的原因外，还有电源过电压、小动物（如鸟、兔、蛇、猫等）跨接在裸线上、人为的乱拉乱接、架空线的松弛碰撞等。

防止短路火灾，首先要严格按照电力规程进行安装、维修，加强管理；其次要选用合适的安全保护装置。当采用熔断器保护时，熔体的额定电流不应大于线路长期允许负载电流的 2.5 倍；用自动开关保护时，瞬时动作过电流脱扣器的整定电流不应大于线路长期允许负载电流的 4.5 倍。熔断器应装在相线上，变压器的中性线上不允许安装熔断器。

③ 过载。不同规格的导线，允许流过的电流都有一定的范围。在实际使用中，流过导线的电流大大超过允许值时就会过载，产生高热。这些热量如不及时地散发掉，就有可能使导线的绝缘层损坏，引起火灾。

发生过载的原因有导线横截面积选择不当，产生"小马拉大车"现象，即在线路中接入了过多的大功率设备，超过了配电线路的负载能力。

对重要的物资仓库、居住场所和公共建筑物中的照明线路，都应采取过载保护，否则，有可能引起线路长时间过载。线路的过载保护宜采用自动开关。采用熔断器作过载保护时，熔断器熔体额定电流应不大于线路长期负载电流；采用自动开关作过载保护时，其延时动作整定电流不应大于线路长期允许负载电流。

此外，电力设备在工作时出现的火花或电弧，都会使可燃烧物燃烧而引起电气火灾。在油库、乙炔站、电镀车间以及有易燃气体和液体的场所，一个不大的电火花往往就会引起燃烧和爆炸，造成严重的伤亡和损失。

（2）电气火灾的特点。电气火灾特点表现在以下几点。

① 火势蔓延路径多、速度快。特别是高层住宅的电气火灾，这个特点尤其突出。由于功能上的需要，高层住宅内部往往设有竖井（电梯）。这些井道一般贯穿若干或整个楼层，如果在设计时没有考虑防火分隔措施或对防火分隔措施处理不好，发生火灾时，由于热压的作用，这些竖井就会成为火势迅速蔓延的途径。

② 安全疏散困难。住宅楼内人员中有不少老弱病残者，特别是住在高层住宅楼中的老弱病残

者，需要较长时间才能疏散到安全场所；同时人员比较集中，疏散时容易出现拥挤情况，而且发生火灾时烟气和火势蔓延快，给疏散带来困难。

③扑救难度大。因为电气着火后电气设备可能是带电的，如不注意，可能引起触电事故。因此在进行电气灭火时，由于受到灭火设施的限制，常给扑救带来不少困难。

高层楼房用电不慎引发火灾会给扑救带来更大的困难，如图 2.8 所示。

（3）电气火灾的处理。当电气设备或线路发生电气火灾时，要立即设法切断电源，而后再进行电火灾的扑救。以家用电器着火处理为例：应该立即关机，拔下电源插头或拉下总闸。

在扑救电气火灾时，应使用二氧化碳灭火器、四氯化碳灭火器、干粉灭火器、1211 灭火器，不允许用水和泡沫灭火器。表 2.4 所示为几种灭火器的简介。

图 2.8　高层楼房的火灾扑救

表 2.4　　　　　　　　　　　　　几种灭火器的简介

灭火器种类	用途	使用方法	检查方法
二氧化碳灭火器	不导电，主要适用于扑灭贵重设备、档案资料、仪器仪表、600V以下的电器及油脂等火灾	先拔去保险插销，一手拿灭火器手把，另一手紧压压把，气体即可自动喷出。不用时，将压把松开，即可关闭	每 3 个月测量一次重量，当减少原重 1/10 时，应充气
四氯化碳灭火器	不导电，适用于扑灭电气设备火灾，但不能扑救钾、钠、镁、铝、乙炔等物质火灾	打开开关，液体就可喷出	每 3 个月试喷少许，压力不够时，充气
干粉灭火器	不导电，适用于扑灭石油产品、油漆、有机溶剂、天然气和电气设备的初起火灾	先打开保险销，把喷管口对准火源，拉动拉环，干粉即可喷出灭火	每年检查一次干粉，看其是否受潮或结冰，小钢瓶内气体压力，每半年检查一次。减少 1/10 时，换气
1211 灭火器	不导电，具有绝缘良好，灭火时不污损物件、不留痕迹、灭火速度快的特点，适用于扑灭油类、精密机械设备、仪表、电子仪器设备，以及文物、图书、档案等贵重物品的火灾	先拔去安全销，然后握紧压把开关，使 1211 灭火剂喷射。当松开时，阀门关闭，便停止喷射。在使用中，应垂直操作，不能平放或倒置，喷嘴应对准火源，并向火源边缘左右扫射，快速向前推进	每 3 年检查一次，察看灭火器上的计量表或称重量，如果计量表指示在警界线或重量减轻 60% 时，则需冲液
泡沫灭火器	导电，不能用于带电设备的灭火，适用于扑灭油脂类、石油产品及一般固体物质的初起火灾	先将泡沫灭火器取下，在跑向现场时，应注意筒身不应倾斜，以免筒内两种药液混合。使用时，将筒身倾斜颠倒，泡沫即从喷嘴喷出，对准火源，即可灭火	每年做一次检查，看其内部的药剂是否有沉淀物，如有沉淀物，说明药剂失效，需要更换新的药剂

⌐ 提示 ∟

灭火时必须具备的两个条件：

（1）使燃烧区氧的浓度低于维持物质燃烧的浓度，或者根本不使氧进入燃烧区，也就是说使燃烧区与空气隔离；

（2）冷却燃烧区的温度，使其下降到可燃烧物质的燃点以下。

2. 电火灾案例点评

【案例2.4】 电器不合格易酿灾难——不买

案例展现：某年2月14日是某县职业学校许明同学一生难忘的日子。许明爸妈家住某市许庄镇许家村，是勤劳憨厚的农民。许明的爷爷、奶奶与爸妈一起，住在西间。2月份的北方天寒地冻，为了爷爷的老寒腿，爸爸就在附近的小商品批发市场上购买了一条新电热毯，爷爷很开心……没想到当天晚上竟成了灾难：爷爷烧成重伤，两间住房和大部分财物被烧毁，如图2.9所示。

案例点评：经勘察发现西屋烧损严重，西屋除伤者床上的电热毯外，无其他电器和火源。询问父亲证实，"电热毯是刚从小商品批发市场上购买的。购买的当天晚上爷爷就使用上，没想竟成灾难，烧得这样惨"。通过购买同一厂家、同一型号的实物证实，这是一个"三无"产品，价钱也不贵，结构简单，说明书无确定的功率，没有保护装置。

图2.9 电器不合格易酿灾难

这是一起购买假冒伪劣的"三无"电器所酿成的典型火灾案例。安全专家告诉我们：购买电器时，不能只考虑价格而忽视安全质量；凡未经有关质量检验部门检验的产品都属"不合格产品"，不合格产品都不允许上市。"三无"产品极容易酿成事故，千万不要去购买。

【案例2.5】 保安玩忽职守酿灾难——查处

案例展现：某年1月3日2时15分，某省某宾馆保安员使用电热器取暖时，长时间离位，致使电热器烤燃附近可燃物燃烧，造成24人死亡（跳楼摔死4人）、14人受伤，烧毁建筑1 680m² 及物品一批，直接财产损失31.6万元。宾馆保安玩忽职守酿成大火，如图2.10所示。

案例点评：经勘察发现宾馆保安员使用电热器取暖及其附近可燃物化为灰烬，一片狼藉。

这是一起保安员违反安全用电规定所引起的典型火灾案例。安全专家告诉我们：企业（单位）领导不能忽视对员工岗位责任教育，要制定一整套严格的安全管理制度，加强安全督查工作，并通过多种渠道广泛地对员工进行用电、防火知识的宣传教育，从根本上保障公共财物和人民群众的安全。

【案例2.6】

案例展现：某年4月8日上午11时，某私人住宅发生电气火灾，将新建不到2年的4间房屋烧成灰烬。

案例点评：谁是"肇事者"呢？经勘查和询问发现该住户在建造新住宅时，为图方便，违章作业，将电力线与通信线杆距离安排过近，电线随风摆动，与通信线杆碰擦。不到2年，电线绝缘层多处裂开脱落，露出了铜芯。裸露的电线与通信线杆在频繁接触过程中，碰擦出"电火花"，造成这场火灾，如图2.11所示。

这是一起违章建造住宅，忽视安全意识所引起的典型火灾案例。安全专家告诉我们：在建设新住宅时，不能图方便，违章作业，电气线路的设计和安装一定要统筹规划，电器使用要合格，安装要到位。他告诉我们：对电气不安全的部门要实行定期上门，发现问题及时整改，只有这样才能从根本上减少损失，保证用电安全，保障人民群众的财物。

图 2.10 违规用电酿成大火

图 2.11 违章建造酿成大火

知识拓展 ——消防安全从我做起

☐ **生活中电气误区**

误区之一，电线不穿管预埋。人们在装修过程中，为了追求装修的美观，往往将电线不经穿管保护而直接预埋于墙体中。一些从未经过电工培训的人员，安装电器线路时不管接线的安全、线径的大小、负荷的多少等，就直接将线路埋于墙内。随着使用时间的推移，家用电器的增多，一旦线路出现故障或损坏，你想要维修、整改也找不着地方，轻者造成短路，影响用电安全，重者则引起电气火灾或造成人身伤亡。

误区之二，家用电器不拔插头。随着科学技术的进步和发展，家用电器也越来越多样化、智能化，遥控器一拿，轻轻一按，开关自如。殊不知，家用电器在设计时，有些电源开关设计在电源变压器的副边，当你使用遥控器关闭电视机等时，变压器原边仍在通电，虽然它通过的电流很小，但长时间通电，电流会使电源变压器继续升温，电源变压器铁芯和线圈的绝缘性下降，就会因短路而引起火灾，或者"吸引"雷电的侵入，引起电视机等家用电器短路过载而发生火灾爆炸事故。因此，在使用家用电器后，应该及时切断电源，以防万一。

☐ **防火知识**

防火常识，如表 2.5 所示。

表 2.5 防火知识

名称	示意图	说明
物品垛放有讲究		仓库管理要严格，物品应当分类别 化危物品要隔离，放置专用仓库中 库内物品分类放，保持距离最安全 库房通道有讲究，两米之宽要保证
装置设施有规定		消防设施要齐备，维护保养效果好 疏散通道要畅通，安全出口无堆物 电气装置有规定，灯亮下方不堆物 敷设配电线路时，铁管 PVC 管来保护

续表

名称	示意图	说明
牢记安全有保证		仓库车间和住宿，不能合在一起用 若图省事"三合一"，火灾发生灾难来 物品烧光损失重，人员伤亡事更大 若要平安效益好，安全常识要牢记

□ 灭火知识

灭火知识，如表 2.6 所示。

表 2.6 灭火知识

名称	示意图	说明
油锅起火别着急		油锅起火别着急 水泼灭火不可取 覆上锅盖湿抹布 火苗立即去无影
有条不紊无危险		气罐不幸火苗起 迅速捂盖湿衣被 阀门切记要关紧 有条不紊无危险
电气着火不水泼		电器线路若着火 先断电来后再灭 直接水泼不适宜 最好使用灭火器
正确使用灭火器		灭火器分类 A、B、C 喷嘴离火 2 m 处 左拔销来右握把 对准火焰根部灭
迅速拨打"119"		家中起火莫惊慌 迅速拨打"119" 不要随便开窗户 火借风势易蔓延

□ 灭火器使用知识

灭火器是扑灭初起火灾的有效器具。家庭常用的灭火器主要有二氧化碳灭火器和干粉灭火器。正确掌握灭火器的使用方法，就能准确、快速地处置初起火灾。

（1）二氧化碳灭火器的使用方法。二氧化碳灭火器的使用方法，如表2.7所示。

表2.7   **二氧化碳灭火器的使用方法**

	示意图	使用方法
使用方法	保险销　压把 压力表 指针应保持在绿色区域内 Ⓐ 类火灾 Ⓑ 类火灾 Ⓒ 类火灾 喷嘴	先拔出保险销，再压合压把，将喷嘴对准火苗根部喷射
应用范围	适用于A、B、C类火灾。A类火灾指固体物质火灾，如布料、纸张、橡胶、塑料等燃烧形成的火灾。B类火灾指液体火灾和可熔化的固体物质火灾，如可燃、易燃液体和沥青、石蜡等燃烧形成的火灾。C类火灾指气体火灾，如煤气、天然气、甲烷、氢气等燃烧形成的火灾	
注意事项	使用时要尽量防止皮肤因直接接触喷筒和喷射胶管而造成冻伤。扑救电器火灾时，如果电压超过600 V，切记要先切断电源后再灭火	

（2）干粉灭火器的使用方法。干粉灭火器的使用方法，如表2.8所示。

表2.8   **干粉灭火器的使用方法**

		示意图	使用方法
使用方法	第1步		将灭火器提至现场
	第2步		拉开保险销
	第3步		将喷嘴朝向火苗
	第4步		压合压把
	第5步	我扫我扫，我扫扫扫！	左右移动喷射

续表

应用范围	手提式 ABC 干粉灭火器使用方便、价格便宜、有效期长，为一般家庭所选用。它既可以扑救燃气灶及液化气钢瓶角阀等处的初起火灾，也能扑救油锅起火和废纸篓等固体可燃物质的火灾
注意事项	干粉灭火器在使用之前要颠倒几次，使筒内干粉松动。使用 ABC 干粉灭火器扑救固体火灾时，应将喷嘴对准燃烧最猛烈处左右移动喷射，尽量使干粉均匀地喷洒在燃烧物表面，直至把火全部扑灭

动脑又动手

□ **谈一谈　安全用电的认识**

将安全用电的认识填写在下面空格中。

□ **做一做　安全用电防范工作**

将安全用电防范所做的工作情况填写在下面空格中。

□ **看一看　单相三极电源插头**

凡带有接地极的单相三极电源插头，它的一只接地极为什么总是要比另外两只电极长一些（见图 2.12)?

图 2.12　电源插头上是接地极总比导电极长

□ **评一评　"谈、做、看"工作情况**

将"谈、做、看"工作的评价意见填写在表 2.9 中。

表 2.9　　　　　　　　　　　　　　　"谈、做、看"工作评价表

项目 评定人	实训评价	等级	评定签名
自己评			
同学评			
老师评			
综合评 定等级			

___年___月___日

任务二 节约用电与电气管理

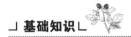

情景模拟

细水能长流，峰谷能节电。同样的人口和户型，每月的电费为什么有差别？累月经年，数额惊人！节约用电有学问，一方面要节约电能消耗，另一方面要减少电能浪费。那么我们应该怎样正确掌握节约用电的方法呢？让我们一起来学习有关节约用电和正确掌握节约用电方面的知识吧！

基础知识

节约用电的意义及方法，电气人员的从业条件，以及相关阅读知识等。

知识链接1 节约用电的意义及方法

1. 节约用电的意义

电能是由其他形式的能源转换而来的二次能源，是一种与工农业生产和人民生活密切相关的优质能源。我们要实现高速发展，就必须采用先进的科学技术，利用机械化、电气化和自动化来提高劳动生产率。同时，为了提高全民族的文化和物质生活，也要消耗大量的电能。我国虽然有丰富的资源，但人均占有率很有限，因开采、运输、利用效率等各种原因的制约，还远远不能满足工农业生产飞速发展和人民生活不断提高的要求，特别是电能，尤为突出。目前我国电能供应不足，但却还存在很大的浪费。节约是我国的基本原则，节电就是节约能源。

你知道一度电能做什么事？看一看图2.13所示的具体材料，就足以说明节约用电在节能工作中和国民经济中举足轻重的地位。

图2.13 一度电的作用真不小

注意

树立"节约用电光荣，浪费电能可耻"的观念，从小事做起、从自我做起，养成随手关灯的习惯。

2. 节约用电的方法

节约照明用电是人人值得重视的一项工作。节约用电首先要在思想上树立"节约用电光荣，浪费电能可耻"的正确观点。就家用照明用电而言，要养成随手关灯的良好习惯。在充分利用自然光、合理布置灯光、采用高效电光源同时养成随手关灯的习惯，是节约用电的有效途径。表2.10所示为家用照明装置的主要节电方法。

表 2.10　　　　　　　　　　　　家用照明装置的主要节电方法

方　法	具体措施	说明
减少开灯时间	（1）安装光控照明开关，防止照明日夜不分 （2）安装定时开关或延时开关，使人不常去或不长时间停留的地方灯及时关闭	（1）提高节电的自觉性 （2）自动开关故障率较高，注意其形式和负荷能力的选择
减少配电线路损耗	（1）采用三相四线制供电线路 （2）使用功率因数高的（电子）镇流器 （3）用并联电容器提高荧光灯线路的功率因数	（1）镇流器必须与荧光灯的额定功率相配合 （2）并联电容器必须与荧光灯的额定功率及电感镇流器的参数配合
减少镇流器损耗	用电子镇流器替代电感式镇流器	电子镇流器必须与荧光灯的额定功率配合
降低需要照度	（1）重新估计照明水平 （2）改善自然采光 （3）采用调光镇流器或调光开关，进行调光 （4）控制灯的数目	要确保生活、学习和工作的需要
减少灯的数目	对已有的照明要检查是否有无用的灯，改善不良的照明器的安装，减少灯的数目	一定要分清照度过分与照度不足
提高利用系数	采用高效率的照明器具	必须注意抑制眩光
提高维护系数	（1）选用反射面的反射率逐年下降率比较小的照明器具 （2）定期清扫照明器具和更换灯泡（管）	清扫和更换照明器具要注意安全
采用高光效的灯	换用节电型的灯	在条件允许的情况下，照明可采用高效电光源。为了便于比较，将目前市场上主要型号的高效节能灯光通量与相应荧光灯光通量对照关系列于表2.11中

表 2.11　　　　　　　　高效节能灯光通量与荧光灯光通量对照代换表

荧 光 灯			高效节能灯				
型号	额定功率/W	光通量/lm	型号	额定功率/W	光通量/lm	生产单位	相当于荧光灯的额定功率及倍数
YZ6	6	150	PL. s5w	5.4	250	飞利浦亚明照明有限公司	8W
YZ8	8	250	SUlA-5	5	225	上海莱特电器厂	8W（−10%）
YZ15	15	580	PL-S7w	7.1	400	飞利浦亚明照明有限公司	8W 的 1.6 倍
YZ20	20	970	DY2U.7	7	380	上海奥斯兰照明有限公司	8W 的 1.2 倍
YZ30	30	1 550	PL-S9W	8.7	600	飞利浦亚明照明有限公司	15W 的 1.034 倍
YZ40	40	2 400	SUlA-10	10	450	上海莱特电器厂	15W 的 0.776 倍

（1）减少配电线路损耗。配电方式涉及所有的电气设备，配电线路的损耗因配电方式不同而有很大差别。我国民用照明配电方式规定为三相四线制，进入各家用户必须是单相两线制。因此要减少配电线路损耗只能提高线路的功率因数，减少无功电流。对于采用荧光灯为电光源的照明线路，用并联合通的电容器或用电子镇流器替代电感式镇流器是最为有效的方法。

（2）降低照度。在不影响工作和学习的前提下适当降低照度。为此可以采取相应的技术措施，例如使用调光型镇流器或调光开关随时进行调光，使用开关控制亮灯的数量等。

（3）提高利用系数。如前所述，利用系数是灯具效率、各部位的反射系数及室形指数的函数，所以，对于照明灯具，要选用灯具效率高或光束效率高的产品。

（4）提高维护系数。为了使照明效率不降低，首先要选用灯具效率逐年降低比例较小的灯具，其次是定期清扫灯具和更换灯泡或灯管。灯具效率降低的原因，主要是反射镜上积有灰尘或遭到腐蚀。镜面性能维护良好的程度与反射镜的材质、加工精度和有无保护膜等有关。

（5）采用高效电光源。光效是指一种光源每单位（W）功率所发出的光通量。由于照明电能几乎是由照明灯消耗掉的，因此，光效的好坏对节电有很大影响。

（6）减少镇流器的损耗。电感式镇流器会使电流滞后，产生无功损耗。据统计分析，采用荧光灯照明的场合，电感式镇流器的损耗占 20%～35%，其功率因数较低。因此，除了安装电容器进行无功补偿外，还应积极推广电子镇流器。

知识拓展 ——地球一小时

"地球一小时"由世界自然基金会发起。2007 年 3 月 31 日，这一活动首次举行，澳大利亚悉尼超过 220 万民众关闭照明灯和电器一小时。2008 年 3 月 29 日，活动吸引 35 个国家和地区大约 400 个城镇的 5 000 万民众参与。2009 年 3 月 28 日活动得到全世界 80 多个国家和地区 1 000 座城市约 10 亿人响应。我国的北京、上海、香港等许多城市也加入到这一活动中，如图 2.14 所示。

2009 年 3 月 28 日晚 8 点 30 分，从新西兰东岸查塔姆群岛开始，参与这一活动的全球各地按照所处时区不同相继熄灯。从澳大利亚悉尼歌剧院，到美国"赌城"拉斯韦加斯的赌场；从中国北京的鸟巢，到英国伦敦的"伦敦眼"；从埃及吉萨金字塔，到法国巴黎的埃菲尔铁塔，全球多个地标性建筑都熄灯了。全球 84 个国家和地区超过 3 000 个城市和村镇熄灯一小时，以实际行动呼吁节约能源、减少温室气体排放。

图 2.14 "地球一小时"活动

这次"关灯"行动已经是第三次了，也是中国第一次有组织、大规模的参与。北京的鸟巢、水立方等标志性建筑以及一些企业和小区居民自愿"关灯"。图 2.15 所示为来自各地的志愿者早早赶到鸟巢参加活动的感人场景。

图 2.15 各地志愿者早早赶到鸟巢

在活动开始那一刻，引人注目的、恢弘雄伟的鸟巢、水立方和玲珑塔准时关灯。在3个建筑中，恢宏雄伟的鸟巢第一个开始关灯。"10、9、8、……、3、2、1"在倒数声中，红黄灯光相间的鸟巢最高层的灯光开始熄灭，紧接着鸟巢中部的灯光和底部的灯光相继熄灭，整个过程持续了不到10s。瞬间全部变暗，现场响起了一片掌声。

图2.16所示为引人注目的、恢弘雄伟的鸟巢、水立方关灯活动前的场景。

图2.16　引人注目的、恢弘雄伟的鸟巢、水立方

据北京电网负荷实时监测系统显示，此时北京地区用电负荷比正常负荷降低7万千瓦左右。业内人士分析说，这一数字意味着北京地区的照明用电节省下7万千瓦。虽然这个变化对整个电网来说，是一个非常微小的变化，但这一数字反映了公众对节能的关注。

知识链接2　电气人员的从业条件和职责

1. 电气人员的从业条件

（1）有良好的精神素质。精神素质包括为人民服务的思想，忠于职守的职业道德，精益求精的工作作风。体现在工作上就是要坚持岗位责任制，工作中头脑清醒，作风严谨、文明、细致；不敷衍塞责，不草率从事，对不安全的因素时刻保持警惕。

（2）有健康的身体。由医生鉴定无防碍电气作业的疾病。凡有高血压、心脏病、气喘、癫痫、神经病、精神病以及耳聋、眼瞎、色盲、高度近视（裸眼视力，一眼低于0.7，另一眼低于0.4）和肢体残缺者，都不宜直接从事电气工作。

（3）必须持证上岗。从事电气工作的人员，必须年满十八周岁，具有初中以上的文化程度，有电工基础理论和电工专业技能，并经过技术培训，熟悉电气安全工作规章，了解电气火灾扑救方法，掌握触电急救技能，经考试合格，发给特种作业人员操作证，才能上岗。严禁无证操作。已持证操作的电气人员，必须定期进行安全技术复训和考核，不断提高安全技术水平。

（4）自觉遵守工作规程。一切电工人员必须严格遵照执行《电业安全工作规程》。潮湿、高温、多尘、有腐蚀性气体等场所是安全用电和管理工作的重点，不能麻痹大意，不能冒险操作，必须做到"装得安全，拆得彻底，修得及时，用得正确"。这些场所的电气设备要有良好的绝缘性能，要有可靠的保护接地和保护接零。电气工作和管理人员必须突出一个"勤"字，对电气设备要做到勤检查、勤保养、勤维修。任何违反规程的作法，都可能酿成事故，肇事者应对此承担行政或法律责任。

（5）熟悉设备和线路。电气工作人员必须熟悉本厂或本部门的电气设备和线路情况。工作人员在不熟悉的设备和线路上作业，容易出差错，造成电气事故。重要的设备应建立技术档案，内存运行、维修、缺陷和事故记录。只有熟悉设备和线路情况的工作人员方可单独工作。对新调入人员，在熟悉本厂电气设备和线路之前，不得单独从事电气工作，应在本单位有经验人员的指导下进行工作。

（6）掌握触电急救技术。电气工作人员必须掌握触电急救技术，首先学会人工呼吸法和胸外心脏挤压法。一旦有人发生触电事故，能够快速、正确地实施救护。

2. 电气人员的工作职责

电气工作人员的职责是运用自己掌握的专业知识和技能，勤奋地工作，防止、避免和减少电气事故的发生，保障电气线路和电气设备的安全运行及人身安全，不断提高供、用电装备水平和安全用电水平。在一切可能的地方实现电气化，为祖国的电力事业做贡献。

电气工作人员除了完成本岗位的电气技术工作外，还应对自己工作范围内的设备和人身安全负责，杜绝或减少电气事故的发生。电气工作人员的职责，如表 2.12 所示。

表 2.12　　　　　　　　　　电气工作人员的职责

序号	职责条目
第 1 条	认真学习、积极宣传、贯彻执行党和国家的劳动保护用电安全法规
第 2 条	严格执行上级有关部门和本企业内的现行有关安全用电等规章制度
第 3 条	认真做好电气线路和电气设备的监护、检查、保养、维修、安装等工作
第 4 条	爱护和正确使用机电设备、工具和个人防护用品
第 5 条	在工作中发现有用电不安全情况，除积极采取紧急安全措施外，应向领导或上级汇报
第 6 条	努力学习电气安全技术知识，不断提高电气技术操作水平
第 7 条	主动积极做好非电工的安全使用电气设备的指导和宣传教育工作
第 8 条	在工作中有权拒绝违章瞎指挥，有权制止任何人违章作业

知识拓展 —— 特种作业人员安全技术培训考核管理办法

第一章　总则

第一条　为规范特种作业人员的安全技术培训、考核、发证工作，防止人员伤亡事故，促进安全生产，根据国家有关法律、法规，制定办法。

第二条　本办法适用于中华人民共和国境内一切涉及特种作业的单位和特种作业人员。

第三条　本办法所称特种作业，是指容易发生人员伤亡事故，对操作者本人、他人及周围设施的安全有重大危害的作业。

特种作业包括：

（一）电工作业；

（二）金属焊接切割作业；

（三）起重机械（含电梯）作业；

（四）企业内机动车辆驾驶；

（五）登高架设作业；

（六）锅炉作业（含水质化验）；

（七）压力容器操作；

（八）制冷作业；

（九）爆破作业；

（十）矿山通风作业（含瓦斯检验）；

（十一）矿山排水作业；

（十二）由省、自治区、直辖市安全生产综合管理部门或国务院作业主管部门提出，并经国家经济贸易委员会批准的其他作业。

第四条　本办法所称特种作业人员是指直接从事特种作业的人员。

特种作业人员必须具备以下基本条件：

（一）年龄满 18 周岁；

（二）身体健康，无妨碍从事相应工种作业的疾病和生理缺陷；

（三）初中以上文化程度，具备相应工种的安全技术和知识，参加国家规定的安全技术理论和实际操作考核并成绩合格；

（四）符合相应工种作业特点需要的其他条件。

第二章　培训

第五条　特种作业人员在独立上岗作业前，必须进行与本工种相适应的、专门的安全技术理论学习和实际操作训练。

第六条　负责特种作业人员培训的单位应当具备相应的条件，并经省、自治区、直辖市安全生产综合管理部门或其委托的地、市级安全生产综合管理部门审查认可。

第七条　取得培训资格的单位，每 5 年由原审查、批准机构进行 1 次复审。经复审合格的，方可继续从事特种作业人员的培训。

第八条　特种作业人员的安全技术培训考核标准和基本培训教材，由国家经济贸易委员会制定和组织编写。

第九条　培训单位应将培训计划、教员资格等资料报送考核、发证单位备案。

第三章　考核和发证

第十条　特种作业人员考核和发证工作，必须坚持公正、公平、公开的原则，不得弄虚作假。

第十一条　特种作业人员安全技术考核分为安全技术理论考核和实际操作考核。具体考核内容按照国家经济贸易委员会制定的《特种作业人员安全技术培训考核标准》执行。

第十二条　负责特种作业人员考核的单位应当具备相应的条件，并经省、自治区、直辖市安全生产综合管理部门审查认可。

第十三条　参加特种作业安全操作资格考核的人员，应当填写考核申请表，由申请人或申请人的用人单位向当地负责特种作业人员考核的单位提出申请。

考核单位收到考核申请后，应在 60 天内组织考核。经考核合格的，发给相应的特种作业操作证；经考核不合格的，允许补考 1 次。

第十四条　特种作业操作证由国家经济贸易委员会制作，并由省、自治区、直辖市安全生产综合管理部门或其委托的地、市级安全生产综合管理部门负责签发。

特种作业操作证在全国通用。

第十五条　特种作业操作证，每 2 年复审 1 次，连续从事本工种 10 年以上，经用人单位进行知识更新教育后，复审时间可延长至每 4 年 1 次。

第十六条　特种作业操作证复审由特种作业人员本人或用人单位在有效期内提出申请，由当地的考核、发证单位负责审验。

复审内容包括：

（一）健康检查；

（二）违章作业记录检查；

（三）安全生产新知识和事故案例教育；

（四）本工种安全知识考试。

第十七条　复审合格的，由复审单位签章、登记，予以确认。复审不合格的，可在接到通知之日起 30 日内向原复审单位申请再次复审。复审单位可根据申请，再复审 1 次。再复审仍不合格或未按期复审的，特种作业操作证失效。

第十八条　跨地区从业或跨地区流动施工单位的特种作业人员，可向从业或施工所在地的考核、发证单位申请复审。

第四章　监督管理

第十九条　特种作业人员必须持证上岗。无证上岗的，按国家有关规定对用人单位和作业人员进行处罚。

第二十条　用人单位应当加强特种作业人员的管理，做好申报培训、考核、复审查的组织工作和日常的检查工作。

第二十一条　发证单位及用人单位应当建立特种作业人员卡档案。

第二十二条　各省、自治区、直辖市安全生产综合管理部门应当在每年初向国家经济贸易委员会报送上一年度本地区有关特种作业人员培训、考核、发证和复审的统计资料。

第二十三条　跨地区从业跨地区流动施工单位的特种作业人员必须接受当地安全生产综合管理部门的监督管理。

第二十四条　下列情况之一，由发证单位收缴其特种作业操作证：

（一）未按规定接受复审或复审不合格的；

（二）违章操作造成严重后果或违章操作记录达 3 次以上；

（三）弄虚作假骗取特种作业操作证的；

（四）经确认健康状况已不适宜继续从事所规定的特种作业的。

第二十五条　离开特种作业岗位达 6 个月以上的特种作业人员，应当重新进行实际操作考核，经确认合格后方可上岗作业。

第二十六条　特种作业操作证不得伪造、涂改、转借或转让。

第二十七条　从事特种作业人员考核、发证和复审工作的有关人员滥用职权、玩忽职守、徇私舞弊的，应给予行政处分；构成犯罪的，依法追究其刑事责任。

第五章　附则

第二十八条　根据工作需要，国家经济贸易委员会可以委托有关机构审查认可特种作业人员培训单位和考核单位的资格，签发特种作业操作证。

第二十九条　各省、自治区、直辖市安全生产综合管理部门可依据本规定制定实施办法。

动脑又动手

□ **谈一谈　对"关灯行动"的认识**

谈"关灯行动"的认识填写在下面空格中。

☐ **做一做**　家庭或学校的节电工作

将对家庭或学校所做的节电工作情况填写在下面空格中。

☐ **说一说**　推行阶梯式电价的意义

将推行阶梯式电价的意义填写在下面空格中。

☐ **评一评**　"谈、做、说"工作情况

将"谈、做、说"工作的评价意见填写在表 2.13 中。

表 2.13　　　　　　　　　　　"谈、看、说"工作评价表

项目 评定人	实训评价	等级	评定签名
自己评			
同学评			
老师评			
综合评 定等级			

___年___月___日

任务三　触电现场的抢救

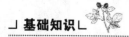 情景模拟

某建筑工地，工人们正在进行水泥圈梁的浇灌，突然，搅拌机附近有人大喊："有人触电了"。只见在搅拌机进料斗旁边的一辆铁制手推车上，趴着一个人，地上还躺着一个人。当人们把搅拌机附近的电源开关断开后，看到趴在手推车上的人手心和脚心穿孔出血，并已经死亡，死者年仅 18 岁。与此同时，人们对躺在地上的人进行人工呼吸，慢慢地他苏醒过来，不久也恢复了神志。

现场抢救挽回了一个人的生命。同学们，你知道人们是怎样对躺在地上的那个人进行人工呼吸的吗？让我们一起来学习触电现场抢救的知识和技能吧！

┘ **基础知识** └

触电现场的诊断法和事项、触电现场抢救与案例点评，以及相关拓展知识等。

知识链接 1 **触电现场的诊断法和事项**

1. 触电现场的诊断方法

当发生触电时，应迅速将触电者撤离电源，除及时拨打"120"、联系医疗部门外，还应进行必要的现场诊断和抢救，直至救护人员到达。对触电者进行现场诊断的方法，如表 2.14 所示。

表 2.14 触电临床诊断方法

诊断方法	示图	说明
看、听、摸		（1）看触电者胸腹部有无起伏，有无外伤，瞳孔是否放大 （2）用耳朵贴近触电者的口鼻处，听是否有呼吸声；用耳朵贴近触电者胸前心脏部位，听是否有心脏跳动声响 （3）将手放在触电者口鼻处，测试是否有呼吸气流；将手指轻摸触电者颈动脉，感觉是否有搏动，以判断有无心跳
处理方法	若触电者神志清醒，仅心慌、四肢发麻、无力等，或虽然昏迷但较快恢复知觉，应使其就地平躺安静休息，并注意保暖和观察 若触电者呼吸停止，但心脏还跳动，应立即采用口对口人工呼吸法进行抢救；若触电者虽有呼吸但心跳停止，应立即采用人工胸外心脏挤压法进行抢救；若触电者伤害严重，心跳和呼吸都已停止，或瞳孔开始放大，应立即同时采用口对口人工呼吸法和人工胸外心脏挤压法进行抢救	

2. 触电现场抢救注意事项

在触电现场进行抢救时，应注意：①将触电人员身上妨碍呼吸的衣服全部解开，越快越好；②迅速将口中的假牙或食物取出；③如果触电者牙紧闭，须使其口张开，把下颚抬起，将两手四指托在下颚背后外，用力慢慢往前移动，使下牙移到上牙前；④在现场抢救中，不能打强心针，也不能泼冷水，如图 2.17 所示。

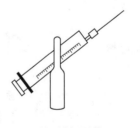 

(a) 不能打强心针　　　　　(b) 不能泼冷水

图 2.17 不使用强心剂，不泼冷水

」提示 L

发现有人触电应立即抢救。抢救的要点：及时让触电者脱离电源，正确进行现场诊断和抢救。在抢救过程中应注意：

（1）迅速松开触电人员身上妨碍呼吸的衣服，越快越好；

（2）将口中的假牙或食物取出；

（3）如果触电者牙紧闭，须使其口张开，把下颚抬起，将两手四指托在下颚背后，用力慢慢往前移动，使下牙移到上牙前；

（4）在现场抢救中，不能打强心针，也不能泼冷水。

知识拓展 ——"120""110"或"119"的职能与拨打

1. "120""110"或"119"的职能

（1）"120"的职能。"120"设在县（市）以上卫生局所属的各级卫生医疗急救中心内，主要是受理危急病人的急救和抢救及需要进行早期救治病人。"120"急救中心应指令有关"120"医疗急救车和医务人员赶赴现场进行救治和送到相关医院进行抢救。拨打"120"，如图 2.18 所示。

（2）"110"或"119"的职能。"110"或"119"设在全国各县（市）以上公安"110"指挥中心内。它将遵照公安部的"有警必接，有险必救，有难必帮，有求必应"的承诺，接受人民群众的报警。拨打"110"或"119"，如图 2.19 所示。"110"或"119"接警主要内容如下。

① 刑事、治安案件，在人民生命财产受到严重威胁时。

② 灾害事故，如火灾、台风、暴雨、大雪、洪水等灾害引起的各种险情。

③ 精神病患者肇事，盲流、乞丐在街头、公园或风景区内无故肇事。

④ 管道煤气泄漏，危险物品（包括槽车运输的化学物品、有毒物品，汽油、柴油等易燃易爆物品）散漏，电话线（包括光缆、电缆）等被切断或盗割。

⑤ 家庭暴力，对公安机关及公安干警工作作风的投诉等。

⑥ 街头危急病人、弃婴等。

2. "120""110"或"119"的拨打

（1）拨打方法。

① 凡是属于当地电信部门所辖电话网的所有电话机，街道上及公共场所内设置的无人值守的 IC 卡、投币电话，有人值守的公用电话，手机、小灵通都可以免费打上述 2 个报警急救服务台。拨打"110"或"119"，如图 2.19 所示。

图 2.18 拨打"120" 图 2.19 拨打"110"或"119"

② 企、事业或国家机关单位自设总机的，需要拨打上述报警急救电话，应首先在各分机上拨外线设置的数字，如"0"或"9"，或者向总机话务员问清后再拨打，并加入当地电信部门有线电话网后报警求助。

③ 用小灵通、手机报警求助时，如果接通报警急救中心电话后，发现声音小或者噪声很大，话音听不清时，应该移动一下通话位置，找一个最佳点再通话。

（2）注意事项。

① 遇到情况时心情不要紧张，报警急救电话接通后，应用普通话将发生事件的详细地址，即街道或镇、乡、村的路名及门牌号讲清楚。如果是居住小区，应将楼房的幢数、单元、门牌号，报警用的电话号码，报警人姓名讲清楚，并简要地说明事件情况。切忌用方言报警和说话啰嗦。

② 在遇到急救中心电话正忙时，只要听到"这里是某单位的某报警急救中心，电话正忙请稍等"的提示音

后，表示电话已经接通，此时不要将电话挂断，耐心等待受理。

③ 严禁随意拨打"120""110"或"119"，更不允许用"120""110"或"119"电话开玩笑或恶意报警而干扰急救中心的工作。如果有人恶意干扰，各报警急救中心将一查到底，并向公安机关报案，公安机关将按照有关法律法规予以处理。

⌐ 提示 ∟

遇到情况不要紧张，及时报警；严禁随意拨打"120""110"或"119"而干扰急救工作。

知识链接2 **触电现场抢救与案例点评**

1. 触电现场的抢救方法

（1）口对口人工呼吸抢救法。当触电者呼吸停止但还有心脏跳动时，应采用口对口人工呼吸抢救法，如图2.20所示。

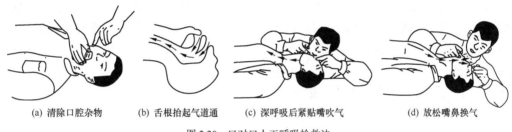

(a) 清除口腔杂物　　(b) 舌根抬起气道通　　(c) 深呼吸后紧贴嘴吹气　　(d) 放松嘴鼻换气

图2.20　口对口人工呼吸抢救法

（2）人工胸外挤压抢救法。当触电者虽有呼吸但心跳停止，应采用人工胸外挤压抢救法，如图2.21所示。

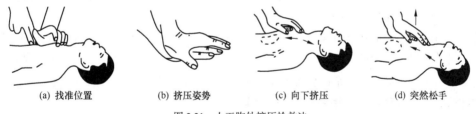

(a) 找准位置　　(b) 挤压姿势　　(c) 向下挤压　　(d) 突然松手

图2.21　人工胸外挤压抢救法

当触电者伤势严重，呼吸和心跳都停止，或瞳孔开始放大，应同时采用"口对口人工呼吸"和"人工胸外挤压"抢救法，如图2.22所示。

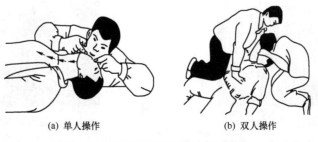

(a) 单人操作　　　　　　(b) 双人操作

图2.22　呼吸和心跳都停止时的抢救方法

┘提示└

触电者呼吸停止，心脏不跳动，如果没有其他致命的外伤，只能认为是假死，必须立即进行抢救，在请医生前来和送医院的过程中不许间断抢救。抢救以"口对口人工呼吸"和"人工胸外挤压"两种抢救方法为主。

2. 触电现场抢救案例点评

【案例2.7】　保护好自己再救他人——很好

案例展现：某年12月某日，职校女生张某和同学在放学路上看到惊人一幕：一男同学的手被一根电线"粘"住发出惨叫，另一男同学急忙去拉他，又惊叫一声，两人脸上都呈现出痛苦、恐慌的表情，拼命地叫喊、挣扎……张同学凭直觉知道两男同学已经触电，她镇定自若，没有贸然去拉他们，而是先拿出书包里的一双尼龙手套戴上，再用力将电线拽开；最后成功地救下了两位男生。

案例点评：经勘察：事故现场被大风刮断的电线，已被职校张某在电线的周围划了一个大圈，并写上"注意触电、请勿接近"。救下的男同学面色苍白、表情惊吓、头晕、乏力……

这是一起利用绝缘手套成功解救触电者的典型事例。安全专家告诉我们：遇到有人触电，应立即断开电源或拔掉插头。若无法及时找到或断开电源时，可用干燥的竹竿或木棒等绝缘物，挑开电线。职校张同学就是在无法及时断开电源的情况下，对触电者不贸然施救，而是戴上尼龙手套（绝缘手套）将电线拽开，救下了男同学，她的做法"很好"。

【案例2.8】　高压柜内触电急救成功——正确

案例展现：某年11月7日10时45分，某轧钢厂对高压柜（6kV）检修。由于电工贾师傅忽视安全而触电倒在高压柜边。附近作业的卢师傅发现后，马上断开高压柜的油开关，将休克的贾师傅拉出，并及时对平放地上的贾师傅实施人工体外心脏挤压，如图2.23所示。经几十次挤压后才慢慢使贾师傅苏醒，恢复了正常心律。

案例点评：经检查贾师傅的10个手指有8个触电点，带手表的手腕一周电灼伤，胳膊电灼伤，肚子接地处灼伤，心律失常……

这是一起现场作业成功解救触电者的典型事例。安全专家告诉我们：及时进行现场急救很重要。在现场急救时，必须做到及时、准确，即：及时让触电人员脱离电源、及时进行必要的现场诊断和抢救。卢师傅对心律失常的贾师傅实施人工体外心脏挤压及时，这样做"正确"。

【案例2.9】　及时施救能幸免一劫——幸运

案例展现：某年，来自陕西的张同学与朋友利用假期，一起去某市地铁工地做电焊工，如图2.24所示。据工友们说：9月10日上午10时30分左右，张同学刚刚接班，右手刚拿起焊炬，就突然倒地不起、不省人世。其右手和左脚上分别被电流烧出了一个洞——张同学触电了。

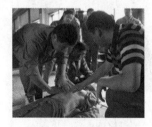

图2.23　及时实施救护

图2.24　张同学在现场实习

11时许，"心跳骤停、没有呼吸"的张同学被送往医院，经过18分钟的心肺复苏抢救，原本停跳的心脏出现房颤，随后心跳渐渐恢复正常，并开始出现部分自主呼吸……张同学的命救回来了，但手脚给他留下了不可抹去的电击疤痕。

案例点评：经勘察张同学电倒在有积水的工作现场，他脚穿被水浸润的布鞋，右手和左脚上均有烧伤的痕迹。可见这是张同学潮湿的布鞋，导致电流通过他的右手流入、左脚流出，而引起的手脚烧伤、心跳聚停、没有呼吸的触电事故。

这是一起面对触电事故及时送医院抢救检回一条生命的典型事例。安全专家告诉我们：学生利用假期参加特殊工作的操练，学校一定要负责，要加强对学生的教育和监控，教育学生要持有劳动部门颁发的相应的技术等级证书才能上岗。在触电现场的救护，一定要注意选择正确的方法。若触电者呼吸停止但还有心脏跳动时，应采用口对口人工呼吸急救法；若触电者虽有呼吸但心跳停止，应采用人工胸外挤压抢救法；若触电者心跳和呼吸都停止，则应同时进行口对口人工呼吸和人工胸外心脏挤压，直至医生接手。像张同学这样心脏停跳 18 分钟还能抢救回来，算是"幸运"，一定要从中吸取教训。

知识拓展 ——外伤救护方法

触电事故发生时，触电者常会出现各种外伤，如电灼伤、皮肤创伤、渗血与出血、摔伤等。外伤救护的一般方法如表 2.15 所示。

表 2.15　　　　　　　　　　　　外伤的救护方法

外伤现象	救护方法
触电造成的电弧灼伤	先用无菌生理盐水或干净冷水冲洗，有条件的再用酒精涂檫，然后用消毒被单或干净布片包好，速送医院处理
一般性的外伤剖面	先用无菌生理盐水或清洁的温开水冲洗，再用消毒纱布或干净的布包扎，然后将伤员送往医院
伤口大面积出血	立即用清洁手指压紧出血点上方，也可用止血橡皮带使血流中断。同时将出血肢体抬高或高举，减少出血量，并火速送医院处理。如果伤口出血不严重，可用消毒纱布或干净的布料叠几层，盖在伤口处压紧止血
因触电摔跌而骨折	应先止血、包扎，然后用木板、竹竿、木棍等物品将骨折肢体临时固定，遣送医院处理。若发生腰椎骨折时，应将伤员平卧在硬木板上，并将腰椎躯干及两侧下肢一并固定，搬动时要数人合作，保持平稳，不能扭曲
出现颅脑外伤	应使伤员平卧并保持气道通畅。若有呕吐，应扶好头部和身体，使之同时侧转。当耳鼻有液体流出时，不要用棉花堵塞，只可轻轻拭去，以利降低颅内压力

动脑又动手

□ **想一想　触电者摆脱电源的方法与所用器材**

在现场，如何迅速将触电者摆脱电源？可用哪些操作器材？ 并把意见填写在下面空格中。

□ **说一说　现场抢救为什么不能使用强心剂**

把现场抢救为什么不能使用强心剂的理由填写在下面空格中。

□ **做一做** 模拟触电现场的抢救工作

进行"口对口人工呼吸抢救"或"心脏胸外挤压抢救"的模拟操作，并把操作步骤和注意事项填写在下面空格中。

□ **评一评** "想、说、做"的工作情况

将"想、说、做"工作的评价意见填写在表 2.16 中。

表 2.16   "想、说、做"工作评价表

项目 评定人	实训评价	等级	评定签名
自己评			
同学评			
老师评			
综合评 定等级			

___年___月___日

⌐ 提示 ⌐

掌握电气事故规律并找出发生事故原因，实施适时而恰当的安全技术措施，这对防止电气事故发生，保障正常的生活和工作有着重大意义。

思考与练习

一、填空题

1. 触电是指＿＿＿＿＿＿＿＿＿＿＿＿＿＿＿＿＿＿＿＿＿＿＿＿＿＿＿＿＿。

2. 触电的形式有＿＿＿＿、＿＿＿＿和＿＿＿＿3 种。

3. 凡对地电压在＿＿＿＿以上者为高压电，对地电压在＿＿＿＿以下者为低压电。

4. 线路的过载保护宜采用＿＿＿＿。

5. 采用熔断器作短路保护时，熔体的额定电流不应大于线路长期允许负载电流的＿＿＿＿倍。

6. 2009 年 3 月 28 日晚的"关灯"行动，就北京地区节电为＿＿＿＿。

7. 对电火灾的扑救，应使用＿＿＿＿、＿＿＿＿、＿＿＿＿、＿＿＿＿等灭火器具。

8. 触电现场抢救中，以＿＿＿＿和＿＿＿＿两种抢救方法为主。

二、判断题（对的打"√"，错的打"×"）

1. 人体的不同部位分别接触到同一电源的两根不同相位的相线，电流由一根相线经人体流到另一根相线的触电现象称两相触电。   （   ）

2. 人体的某一部位碰到相线或绝缘性能不好的电气设备外壳时，电流由相线经人体流入大地的触电现象称单相触电。   （   ）

3. 电气设备相线碰壳接地，或带电导线直接触地时，人体虽没有接触带电设备外壳或带电导线，但是跨步行走在电位分布曲线的范围内而造成的触电现象称跨步电压触电。   （   ）

4. 我国工厂所用的 380 V 交流电是高压电。 （   ）

5. 根据电力部门规定的安全电压是低压电。 （   ）

6. 为了保证用电安全，在变压器的中性线上不允许安装熔断器。 （   ）

7. 安全用电，以防为主。 （   ）

8. 触电现场抢救中不能打强心针，也不能泼冷水。 （   ）

三、简答题

1. 如何区分高压、低压和安全电压？具体规定如何？

2. 什么叫漏电？漏电怎么会引起火灾？如何防范漏电？

3. 什么叫过载？过载的原因如何？如何进行过载保护？

4. 什么叫短路？造成短路的主要原因有哪些？怎样防止短路火灾？

5. 发现有人触电应如何抢救？在抢救时应注意什么？

6. 为什么要倡导"节约用电光荣，浪费电能可耻"的观念，养成随手关灯的习惯？

电工工具和仪表的识别与使用

在安装和维修各种供电、配电线路或电气设备时，常用到各种工具与仪表，如尖嘴钳、钢丝钳、电工刀、剥线钳、螺丝刀、手锤、铁锤、万用表、兆欧表等。

通过本项目的学习和使用，熟悉常用电工工具与仪表的结构，掌握它们的正确操作技能。

知识目标

● 认识验电笔、尖嘴钳、钢丝钳、电工刀、剥线钳、螺丝刀、手锤、铁锤和活络扳手等常用电工工具。

● 认识万用表、兆欧表、电能表等常用电工仪表。

技能目标

● 能正确使用常用电工工具。

● 能正确使用常用电工仪表。

任务一　电工工具的识别与使用

情景模拟

小任是个喜欢鼓捣电器的孩子，而爸爸总是不允许他随意动自己心爱的电工包。爸爸说："电工包里的东西是'电工宝贝'，一定要好好爱护和使用"。小任一直很好奇，电工包里到底有哪些东西？这些东西有什么用？爸爸为什么不允许自己随意动用？……这个谜一样的电工包留给小任太多的悬念。

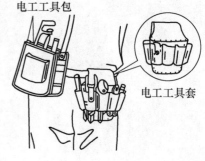

电工工具包

电工工具套

因此，"像爸爸一样做个好电工"，便成了小任的心愿。初中毕业后，小任如愿以偿地考上了职校的维修电工班。小任想，这下好了，我终于可以知道电工包里的秘密了。

同学们，你想知道吗？让我们一起来学习与电工包内物品有关的知识和技能吧！

基础知识

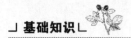

常用电工工具识别与使用、电工包和工具套的识别与使用，以及相关拓展知识等。

知识链接 1 常用电工工具识别与使用

常用电工工具及其使用，如表 3.1 所示。

表 3.1　　　　　　　　　　　常用电工工具及其使用

名称	实物图	使用示意图	使用要点
尖嘴钳 钢丝钳			尖嘴钳、钢丝钳是用来钳夹、剪切电工器材(如导线)的常用工具 使用时,不能当作敲打工具;要保护好钳柄绝缘管,以免因碰伤而造成触电事故
剥线钳			剥线钳是用来剥削小直径导线线头绝缘层的工具 使用时,应根据不同的线径选择剥线钳不同的刃口
电工刀			电工刀是用来剖削电工材料绝缘层的工具 使用时,刀口应朝外操作;在削割电线包皮时,刀口要放平一点,以免割伤线芯;使用后要及时把刀身折入刀柄内,以免刀刃受损或伤及人身
螺丝刀		一字口　绝缘层　一字槽形 十字口　绝缘层　十字槽形	螺丝刀是一种用来旋紧或起松螺丝的工具 使用小螺丝刀时,一般用拇指和中指夹持螺丝刀柄,食指顶住柄端;使用大螺丝刀时,除拇指、食指和中指用力夹住螺丝刀柄外,手掌还应顶住柄端,用力旋转螺丝,即可旋紧或旋松螺丝。顺时针方向旋转紧螺丝,逆时针方向旋松螺丝
活络扳手			活络扳手是旋紧或旋松六角、四角螺栓、螺母的专用工具 使用时,应根据螺母、螺栓的大小选用相应规格的活络扳手;活络扳手的开口调节应以既能夹持螺母又能方便地提取扳手、转换角度为宜
手锤			手锤是用来锤击的工具 使用时,右手应握在木柄的尾部,才能施出较大的力量;在锤击时,用力要均匀、落锤点要准确

续表

名称	实物图	使用示意图	使用要点
冲击电钻		钻头夹　　　　锤、钻调节开关 把柄 电源开关 电源引线	既可用麻花钻头在金属材料上钻孔，又可用冲击钻头在砖墙、混凝土等处打孔供塑料膨胀管等使用。在使用时应注意右手应握紧手柄，用力要均匀

知识拓展  ——验电笔和钢锯的使用

1. 验电笔

（1）验电笔的使用。验电笔又称电笔，是一种检测电器及其线路是否有电的工具，如图3.1所示。其中氖泡式验电笔是最常用的验电笔，使用氖泡式验电笔时，右手握住验电笔身，食指触及笔身尾部的金属体（如果没有接触验电笔尾部的金属体，即使被测体带电，氖泡也不会发光），同时验电笔的小窗口正对自己的眼睛，如图3.2所示。

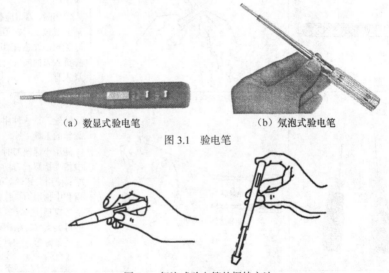

（a）数显式验电笔　　　　　　（b）氖泡式验电笔

图3.1　验电笔

图3.2　氖泡式验电笔的握持方法

⌐ 提示 ⌐

注意事项：①握持验电笔的手，千万不可触及测电的金属体，以防发生触电事故；②在光线很亮的地方应用手遮挡光线，以便看清氖泡是否发光。

（2）验电笔的妙用。

① 判断家用电器外壳是否带电。若氖管闪亮，而且和接触火线时的亮度差不多，说明外壳带电，有危险；若氖管不亮，说明外壳没有电，是安全的。

② 判断电器接地是否良好。把验电笔做电器指示灯时，若氖泡光源闪烁，则表明某线头松动，接触不良或电压不稳定。

③ 区分照明电路中的相（火）线和零线。用验电笔的金属笔尖与电路中的一根线接触，手握笔尾的金属体部分。若这时验电笔中的氖管发光了，金属笔尖所接触的那根线就是相（火）线，另一根则为零线。

④ 区分交流电和直流电。交流电通过验电笔时氖泡中两极会同时发亮，而直流电通过时氖泡里只有一个极发光。

⑤ 区分交流电的同相和异相。两手各持一支验电笔，站在绝缘体上，将两支笔同时触及待测的两条导线，如果两支验电笔的氖泡均不太亮，则表明两条导线是同相；若发出很亮的光说明是异相。

⑥ 区分直流电的正负极。把验电笔跨接在直流电的正、负极之间，氖泡发亮的一头是负极，不发亮的一头是正极。

⑦ 判断直流电源正负极接地。在要求对地绝缘的直流装置中，人站在地上用验电笔接触直流电，如果氖泡发光，说明直流电存在接地现象；反之则不接地。当验电笔尖端一极发亮时，说明正极接地，若手握的一极发亮，则是负极接地。

⑧ 用作零线监测器。把验电笔一头与零线相连，另一头与地线相连接，如果零线断路，氖泡即发亮；如果没有断路，则氖泡不发亮。

2. 钢锯的使用

钢锯又称锯弓，是用来锯割各种金属管壁（如铁管）和非金属管壁（如绝缘管子）的工具，如图3.3（a）所示。

钢锯主要由锯柄、元宝螺母、锯弓架、锯条等组成。使用时注意左手自然地轻扶在弓架前端，右手握稳锯弓的锯柄；锯割时左手压力不宜过大，右手向前推进施力，进行锯割；左手协助右手扶正弓架，锯割在一个平面内，保持锯缝平直，如图3.3（b）所示。

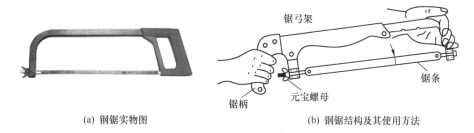

| (a) 钢锯实物图 | (b) 钢锯结构及其使用方法 |

图 3.3　钢锯及其使用方法

在手工锯削工作中钢锯的基本操作步骤，如表3.2所示。

表 3.2　　　　　　　　　　　　　　　　手工锯削基本操作步骤

步骤		示意图	说明
第1步	选择锯条		锯削前应根据工件的材料种类、硬度、结构形状和尺寸等实际情况选择锯齿的粗细。一般来说，锯切铜、铝、铸铁等软材料或较厚的工件时应选用粗齿锯条；锯切普通钢及中等厚度工件时应选用中齿锯条；锯切硬材料和薄壁工件或材料时，如薄钢板、管子、角铁等应选用细齿锯条
第2步	装夹工件		工件通常装夹在台虎钳左侧，但锯削加工线离虎钳不能太远，而且要与地面垂直，以防止锯削时发生震动和锯缝偏斜

续表

步骤		示意图	说明
第3步	起锯		为了平稳、准确地起锯，可以用左手拇指挡住锯条。起锯时压力要轻、往复距离要短，避免打滑损伤工件表面 锯软材料时由于锯齿易切入，故压力可小些，锯硬材料时齿不易切入且易打滑，故压力应大些
第4步	锯削		锯削时锯弓的往复有直线往复和摆动往复两种，往复速度以每分钟20～40次为宜，锯削软材料时速度可稍快，锯削较硬的材料时速度可缓慢些。为了充分利用锯条的锯齿，往复长度不小于锯条长度的2/3。 工件将要锯断时锯力要减小，以防断落的工件砸伤脚部

┘ 提示 ┖

锯削时要防止锯条折断从锯弓上弹出伤人，工件被锯下的部分跌落砸在脚上。

知识链接2　**电工包和工具套的识别与使用**

工具包和工具套是电工放置随身携带工具的包套，如图 3.4 所示。一般在工具套和工具包内，有尖嘴钳、钢丝钳、剥线钳、电工刀、验电笔、螺丝刀、活络扳手、铁锤和锯弓等。使用时，工具套可用皮带系结在腰间，置于右臀部，工具插入工具套中，便于取用。电工包横跨在左侧，内可放置零星电工器材和辅助工具。

（a）电工工具套

（b）工具包

图 3.4　电工工具套和工具包

知识拓展　——登高工具的识别与使用

电工在电气照明线路敷设或导线连接中，常常需登高作业。在登高作业时，要特别注意人身安全，要检查登高工具的牢固可靠性，只有这样才能保障登高作业人员的安全。

电工常用的登高工具有梯子、踏板、脚扣，以及腰带、保险绳和腰绳等，如表 3.3 所示。

表 3.3　　　　　　　　　　　　　　电工常用的登高工具

名称	示意图	说明
梯子	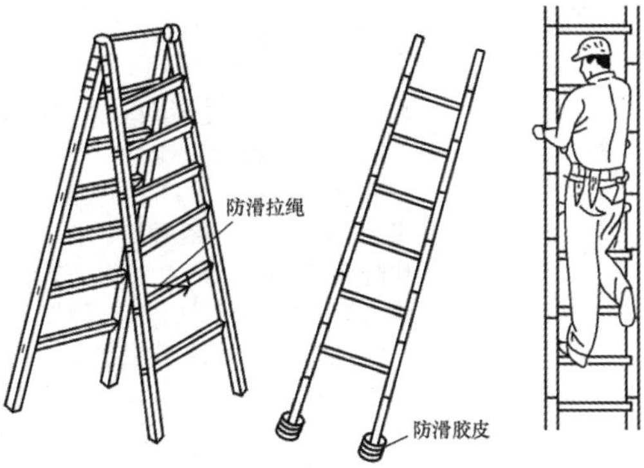 防滑拉绳　防滑胶皮	电工常用的梯子有竹梯和人字梯两种，如左图所示。竹梯通常用于室外登高作业，人字梯通常用于室内登高作业 梯子登高安全知识如下 ① 竹梯在使用前应检查不应有虫蛀及断裂现象；两脚应各绑扎胶皮之类防滑材料 ② 竹梯放置的角为 60°～75° ③ 梯子的安放应与带电部分保持安全位置，扶持人应戴安全帽，竹梯不许放在箱子或桶类等物体上使用 ④ 人字梯应在中间绑扎两道防自动滑开的安全绳
踏板	 挂钩必须正勾	踏板又叫蹬板，用来登电杆，踏板由板、绳索和挂钩等组成。板是质地坚韧的木质材料，绳索是 16 mm 三股白棕绳，挂钩是钢制的，如左图所示 踏板登高安全知识如下 ① 踏板使用前，一定要检查踏板应无开裂和腐朽，绳索应无断股 ② 挂钩踏板时必须正勾，切勿反勾，以免造成脱钩事故 ③ 登杆前，应先将踏板勾挂好，用人体作冲击载荷试验，检查踏板应合格可靠，同时对腰带也用人体进行冲击载荷试验 ④ 踏板每半年应进行一次载荷试验
脚扣	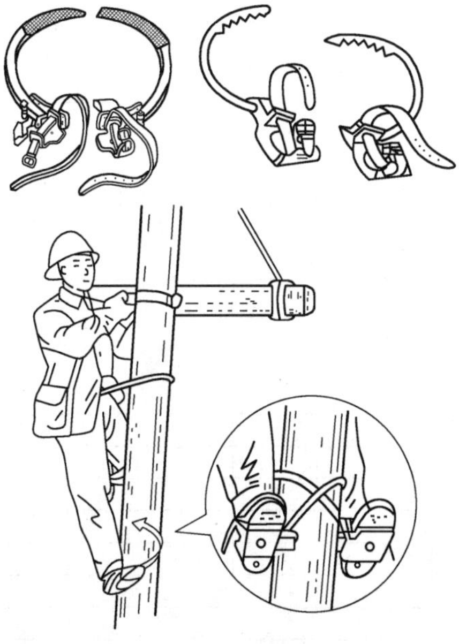	脚扣又叫铁脚，也是攀登电杆的工具。脚扣分为木杆脚扣和水泥杆脚扣两种，如左图所示 脚扣登高安全知识如下 ① 使用前必须仔细检查脚扣各部分应无断裂、腐朽现象，脚扣皮带应牢固可靠；脚扣皮带若损坏，不得用绳子或电线代替 ② 一定要按电杆的规格选择大小合适的脚扣；水泥杆脚扣可用于木杆，但木杆脚扣不能用于水泥杆 ③ 雨天或冰雪天不宜用脚扣登水泥杆 ④ 登杆前，应对脚扣进行人体载荷冲击试验 ⑤ 上、下杆的每一步，必须使脚完全套入脚扣并使脚扣可靠地扣住电杆，才能移动身体，否则会造成事故

续表

名称	示意图	说明
腰带、保险绳和腰绳	保险绳扣 保险绳 腰绳 腰带	腰带、保险绳和腰绳是电杆登高操作的必备用品。腰带、保险绳和腰绳如左图所示 腰带用来系挂保险绳和吊物绳，在使用时应系在臀部上部，不应系在腰间 保险绳用来防止万一失足人体下落时不致坠地摔伤，其一端要可靠地系结在腰带上，另一端用保险钩勾在电杆的横担或抱箍上 腰绳用来固定人体下部，使用时应系在电杆的横担或抱箍下方，防止腰绳窜出电杆顶部，造成工伤事故

注意

1. 高作业前，一定要对登高工具、腰带、保险绳进行可靠性检查。

2. 患有精神病、高血压、心脏病和癫痫等疾病者，不能参与登高作业。

 动脑又动手

□ **认一认　电工常用工具**

准备5～10件电工工具，编上编号，做好标记，把认识的结果记入表3.4中。

表3.4　　　　　　　　　　　　　认识电工工具记录表

编号	1	2	3	4	5	6	7	8	9	10
工具名称										

□ **问一问　常用电工工具的性能价格**

到商店或上网查询电工工具的性能价格，每个工具查询1～2种，完成表3.5中的内容。

表3.5　　　　　　　　　　　　常用电工工具性能价格比较

序号	名称	型号规格	单位	价格	生产厂家
1	验电笔				
2	尖嘴钳				
3	钢丝钳				
4	剥线钳				
5	电工刀				
6	螺丝刀				

□ 用一用 验电笔和打孔工具（冲击电钻）

① 用验电笔判别单相电源的相线和零线及开关、插座是否带电。

② 用打孔工具在砖墙上打孔、削制和安装木楔。

③ 用打孔工具在水泥墙上钻孔和安装膨胀管。

□ 评一评"认、问、用"工作情况

将"认、问、用"工作的评价意见填写在表 3.6 中。

表 3.6 "认、问、用"工作评价表

项目 评定人	实训评价	等级	评定签名
自己评			
同学评			
老师评			
综合评 定等级			

___年___月___日

任务二 电工仪表的识别与使用

≡ 情景模拟

星期天，小任的妈妈正准备洗衣服，可洗衣机却"罢工"了。尤叔叔是小任爸爸的徒弟，是个修家用电器的"高手"。小任连忙打电话请尤叔叔帮助修理洗衣机。尤叔叔很快就来了。问明情况后，尤叔叔打开工具包，拿出螺丝刀卸下了洗衣机后盖，随后又拿出了万用表，测量几个地方后，尤叔叔说是洗衣机的电容器坏了。换上电容器后，洗衣机又欢快地工作了。小任佩服极了，问尤叔叔："叔叔，你怎样知道是电容器坏了？"尤叔叔笑呵呵地说："是万用表告诉我的，它是一种十分有用的电工仪表"。

同学们，你知道是怎么回事吗？让我们一起来学习有关电工仪表的知识和技能吧！

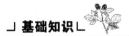 基础知识

万用表的识别与使用、兆欧表的识别与使用、钳形电流表的识别与使用，以及相关拓展知识等。

知识链接 1 万用表的识别与使用

1. 万用表的外形

万用表是一种测量电压、电流和电阻等参数的仪表，有指针式和数字式 2 种，其外形如图 3.5 所示。

（a）指针式万用表

（b）数字式万用表

图 3.5　万用表

2．万用表使用前准备

（1）水平放置。将万用表水平放置。

（2）检查指针。检查万用表指针是否停在表盘左端的"零"位。如不在"零"位，用小螺丝刀轻轻转动表头上的机械调零旋钮，使指针指在"零"，如图 3.6 所示。

（3）插好表笔。将红、黑表笔分别插入表笔插孔。

（4）检查电池。将量程选择开关旋到电阻 R×1 挡，把红、黑表笔短接，如进行"欧姆调零"后，万用表指针仍不能转到刻度线右端的零位，说明电压不足，需要更换电池。

（5）选择测量项目和量程。将量程选择开关旋到相应的项目和量程上。禁止在通电测量状态下转换量程选择开关，以免可能产生的电弧损坏开关触点。

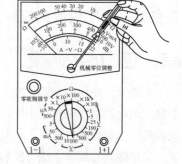

图 3.6　万用表的机械调零

3．万用表测电流、电压和电阻

（1）测电流。

① 选择量程。万用表电流挡标有"mA"，有 1 mA、10 mA、100 mA、500 mA 等不同量程。应根据被测电流的大小，选择适当量程。若不知电流大小，应先用最大电流挡测量，逐渐换至适当电流挡。

② 测量方法。将万用表与被测电路串联，应将电路相应部分断开后，将万用表表笔接在断点的两端。如是直流电流，红表笔接在与电路的正极相连的断点，黑表笔接在与电路的负极相连的断点，如图 3.7 所示。

③ 正确读数。仔细观察标度盘，找到对应的刻度线读出被测电压值。注意读数时，视线应正对指针。

（2）测电压。

① 选择量程。万用表直流电压挡标有"V"，有 2.5 V、10 V、50 V、250 V 和 500 V 等不同量程，应根据被测电压的大小，选择适当量程。若不知电压大小，应先用最高电压挡测量，逐渐换至适当电压挡。

② 测量方法。将万用表并联在被测电路的两端。如果测直流电压，红表笔接被测电路的正极，黑表笔接被测电路的负极，如图 3.8 所示。

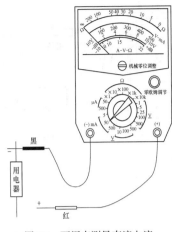

图 3.7　万用表测量直流电流

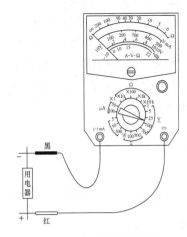

图 3.8　万用表测量直流电压

③ 正确读数。仔细观察标度盘，找到对应的刻度线读出被测电压值。注意读数时，视线应正对指针。

（3）测电阻。

① 选择量程。万用表电阻挡标有"Ω"，有 R×1、R×10、R×100、R×1k、R×10k 等不同量程，应根据被测电阻的大小把量程选择开关拨到适当挡位上，使指针尽可能停留在中心附近，因为这时的误差最小，如图 3.9（a）所示。

② 欧姆调零。将红、黑表笔短接，如万用表指针不能满偏（指针不能偏转到刻度线右端的零位），可进行"欧姆调零"，如图 3.9（b）所示。

③ 测量方法。将被测电阻同其他元器件或电源脱离，单手持表笔并跨接在电阻两端，如图 3.9（c）所示。

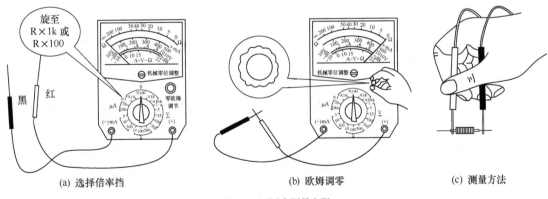

(a) 选择倍率挡　　　　　　　　(b) 欧姆调零　　　　　　　　(c) 测量方法

图 3.9　万用表测量电阻

④ 正确读数。读数时，应先根据指针所在位置确定最小刻度值，再乘以倍率，即为电阻的实际阻值。如指针指示的数值是 18.1Ω，选择的量程为 R×100，则测得的电阻值为 1 810Ω。

⑤ 每次换挡后，应再次调整"欧姆调零"旋钮，然后再测量。

4. 万用表的维护

（1）每次使用后，应拔出表笔。

（2）将量程选择开关拨到"OFF"或交流电压最高挡，防止下次开始测量时不慎烧坏万用表。

（3）若长期搁置不用时，应将万用表中的电池取出，以防电池电解液渗漏而腐蚀内部电路，如图 3.10 所示。

（4）平时要保持万用表干燥、清洁，严禁振动和机械冲击。

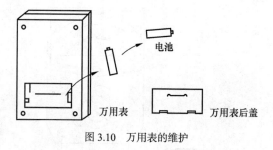

图 3.10　万用表的维护

知识拓展 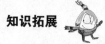 ——万用表对电位器、电容器的测量

1. 测量电位器

电位器又称可变电阻器，它是指阻值在一定范围内可自由调节的电阻器。用万用表可以测量电位器的标称电阻和电阻变化，具体使用方法如图 3.11 所示。

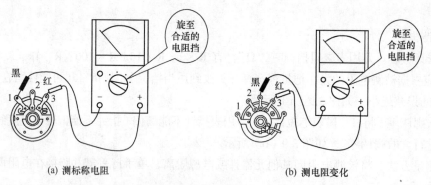

(a) 测标称电阻　　　　　　　　　　　　　(b) 测电阻变化

图 3.11　用万用表测量电位器的具体使用方法

（1）选择量程。将量程选择转换开关转到合适的电阻挡。

（2）测标称电阻。测量电位器的 1、3 引出端的电阻，此电阻为电位器的标称电阻，如图 3.11（a）所示。若阻值无穷大，则可判断电位器内部开路。

（3）测电阻变化。在缓慢转动电位器的旋转轴的同时，分别测 1、2 端或 2、3 端阻值是否连续、均匀的变化，如图 3.11（b）所示。如发现阻值变化断续或者有跳动现象，则可初步判断电位器存在阻值变化不匀或接触不良的问题。

（4）判电位器类型。当电位器转动均匀时，如果万用表的指针偏转也是均匀的，则表明是直线式电位器；当电位器转动均匀时，如果万用表的指针偏转开始时较快（或较慢），将要结束时较慢（或较快），则表明是反对数式或对数式电位器。

2. 万用表测量电容器

电容器是由中间夹有绝缘材料（电介质）的两个金属极板构成的常用元器件。用万用表可以对电容器进行定性和半定量的质量检测。用万用表测量电容器的基本方法如图 3.12 所示。

① 选择量程。将量程选择转换开关转到合适的电阻挡（R×1k 或 R×10k）。

② 测量普通电容器。测量容量较大的电容器（5 000pF 以上）时，万用表指针将迅速右摆后再逐渐返回左端，指针停止时所指电阻值为此电容绝缘电阻。绝缘电阻越大越好，一般应接近∞，如图 3.12（a）所示。测量容量较小的电容器（5 000pF 以下）时，万用表指针基本不动。

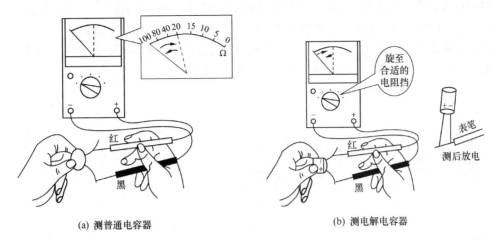

(a) 测普通电容器　　　　　　　　　　(b) 测电解电容器

图 3.12　用万用表测量电容器的基本方法

③ 测量电解电容器。电解电容器是有极性的电容，测试时用红表笔接电解电容器负极，黑表笔接正极，电容量越大，表针摆动越大，如图 3.12（b）所示。每次测量后应用表笔将电容器两端短接，对电容器放电。

知识链接 2　兆欧表的识别与使用

1. 兆欧表的外形结构

兆欧表又称摇表，是一种测量电动机、电器、电缆等电气设备绝缘性能的仪表，其外形如图 3.13 所示。兆欧表上有两个接线柱，一个是线路接线柱（L），另一个是接地柱（E），此外还有一个铜环，称保护环或屏蔽端（G）。

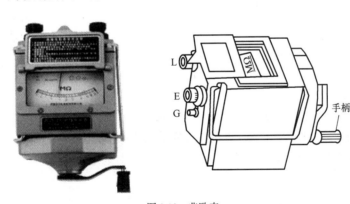

图 3.13　兆欧表

2. 兆欧表的使用前准备

（1）选择种类。兆欧表种类很多，有 500 V、1 000 V 和 2 500 V 等。在选用时，要根据被测设备的电压等级选择合适的兆欧表。一般额定电压在 500 V 以下的设备，选用 500 V 或 1 000 V 的兆欧表；额定电压在 500 V 以上的设备，选用 1 000 V 或 2 500 V 的兆欧表。

（2）选择导线。兆欧表测量用的导线应采用单根绝缘导线，不能采用双绞线。

（3）平稳放置。兆欧表应放置平稳的地方，以免在摇动手柄时，因表身抖动和倾斜产生测量误差。

（4）开路试验。兆欧表使用前，应先对兆欧表进行开路试验。开路试验是先将兆欧表的两接线端分开，再摇动手柄。正常时，兆欧表指针应指"∞"，如图 3.14（a）所示。

（5）短路试验。开路试验后，再进行短路试验。短路试验是先将兆欧表的两接线端接触，再摇动手柄。正常时，兆欧表指针应指"0"，如图 3.14（b）所示。

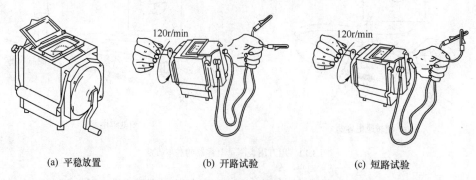

(a) 平稳放置　　　　　　(b) 开路试验　　　　　　(c) 短路试验

图 3.14　兆欧表使用前的开路试验和短路试验

3. 兆欧表的使用

（1）测量照明与动力线路的绝缘性能。测量时的接法如图 3.15 所示。将兆欧表接线柱 E 可靠接地，接线柱 L 与被测线路连接。按顺时针方向由慢到快摇动兆欧表的发电机手柄，大约 1 min 时间，待兆欧表指针稳定后读数，这时兆欧表指示的数值就是被测线路的对地绝缘电阻，单位是 MΩ。

（2）测量电动机绕组的绝缘电阻。

① 测绕组相间绝缘电阻。拆开电动机绕组的 Y 和△形联结的连线。用兆欧表的两接线柱 E 和 L 分别接电动机的两相绕组，如图 3.16（a）所示。摇动兆欧表的发电机手柄后读数，则是电动机绕组的相间绝缘电阻。

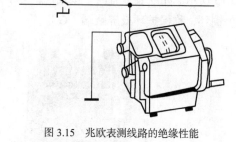

图 3.15　兆欧表测线路的绝缘性能

② 测绕组对地绝缘电阻。将兆欧表接线柱 E 接电动机外壳（应清除电动机机壳上接触处的漆或锈等），接线柱 L 接电动机绕组上，如图 3.16（b）所示。摇动兆欧表的发电机手柄后读数，则是电动机绕组对地绝缘电阻。

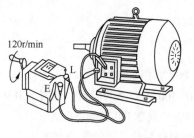
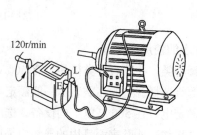

(a) 测量电动机绕组的相间绝缘电阻　　　　　　(b) 测量电动机绕组对地绝缘电阻

图 3.16　兆欧表测量电动机绕组的绝缘电阻

（3）兆欧表测量电缆绝缘电阻。测量时的接法如图 3.17 所示。将兆欧表接线柱 E 接在电缆外壳，接线柱 G 接电缆线芯与外壳之间的绝缘层上，接线柱 L 接电缆线芯，摇动兆欧表的发电机手柄，待兆欧表指针稳定后读数，这时指针所指示的读数，就是电缆线芯与电缆外壳的绝缘电阻值。

（4）兆欧表使用后的放电。兆欧表使用后，应及时对兆欧表放电（即将"L"、"E"两导线短接），以免发生触电事故。对兆欧表进行放电操作如图 3.18 所示。

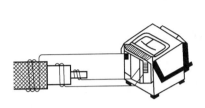

图 3.17　兆欧表测量电缆绝缘电阻

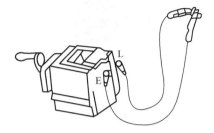

图 3.18　兆欧表的放电操作

知识拓展 ——新型绝缘电阻测试仪

随着科学技术的发展，目前一些智能、多功能型的绝缘电阻测试仪不断问世，它们具有数字显示、操作简单和安全可靠等优点，深受广大用户欢迎。如 UNILAP ISO 5kV 绝缘电阻测试仪，其外形结构如图 3.19 所示。它可以检测电器装置、家用电器、电缆和机器的绝缘状态。它具有 500 V、1 000 V、2 500 V、5 000 V 多种绝缘测试电压挡位，绝缘电阻测量范围为 $10k\Omega \sim 30T\Omega$，直接显示吸收比为 $R_{ad}=R1min/R15s$，极化指数为 $I_p=R10min/R1min$，每 5s 有视觉及声音提示绝缘电阻值，测量电流 >1 mA（DC），短路电流 <2 mA（DC），有极限值设置、报警功能、接口和配有分析软件等。

图 3.19　绝缘电阻测试仪

知识链接 3 钳形电流表的识别与使用

1. 钳形电流表的外形结构

钳形电流表是一种在不断开电路的情况下就能测量交流电流的专用仪表，其外形结构如图 3.20 所示。

2. 钳形电流表的使用

（1）用钳形电流表测量三相交流电时，夹住一根相线测得的是本相线电流值，夹住两根相线读数为第三相线电流值，夹住三根相线时，如果三相平衡，则读数为零；若有读数则表示三相不平衡，读出的是中性线的电流值。

（2）用钳形电流表测量照明和日常小电器时，电流一般为 10 A 左右。测量时，为了得到较准确的电流值，可把负载绝缘线在钳形表的动铁芯上多绕几匝，被测电流的计算公式：被测电流表的读数/绕线匝数。

（3）用钳形电流表测量低压母线等裸露导体的电流时，测量前应将临近各相用绝缘物隔开，以防钳口张开触及临近导体，引起相间短路。测量时应戴绝缘手套，站在绝缘垫子上，不得触及其他设备，以防短路或接地。观察测量值时，要特别注意保持头部与带电部分的安全距离。

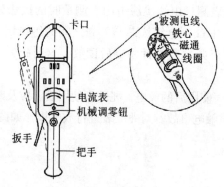

（a）实物图 　　　　　　　　　　　（b）示意图

图3.20　钳形电流表

钳形电流表使用时的基本操作，如表3.7所示。

表3.7　　　　　　　　　　　　　钳形电流表的基本操作

序号	步骤	使用要领
1	机械调零	使用前，检查钳形电流表的指针是否指向零位。如发现没有指向零位，可用小螺丝刀轻轻旋动机械调零旋钮，使指针回到零位上
2	清洁钳口	检查钳口的开合情况以及钳口面上有无污物。如钳口面有污物，可用溶剂洗净并擦干；如有锈斑，应轻轻擦去锈斑
3	选择量程	将量程选择旋钮置于合适位置，使测量时指针偏转后能停在精确刻度上，以减少测量的误差
4	测量数值	紧握钳形电流表把手和扳手，按动扳手打开钳口，将被测线路的一根载流电线置于钳口内中心位置，再松开扳手使两钳口表面紧紧贴合，将表拿平，然后读数，即为测得的电流值
5	高档存放	使用完毕，退出被测电线。将量程选择旋钮置于高量程挡位上，以免下次使用时损伤仪表

　知识拓展　——转速表简介

转速表是一种用来测量电动机或其他机械设备转速的仪表，其图形与配备如图3.21所示。一般每只转速表都配备一个橡皮头、一个嵌环圆锥体、一根硬质三角针、一根转轴，以及一小瓶钟表油和一只滴油器等。

使用转速表时，应把刻度盘转到相应的测量范围上，并在转轴一端加上油。测量转速在10 000r/min以上时，不宜使用橡皮装置的测量器，最好使用三角钢锥测量器。测量时要拿稳转速表，注意不能歪斜，以保证测速的准确。加油时，必须把刻度盘转到最慢转速，然后给各油眼加油。此外，要避免转速表受到严重震动，以防损坏表的机械结构。

图3.21　接触型转速表与配件

　动脑又动手

□ 认一认　万用表

根据老师提供的万用表，认识表面的组成，如表3.8所示。

表 3.8　　　　　　　　　　　　　　　　万用表面板

类别	示意图	说明
指针式万用表	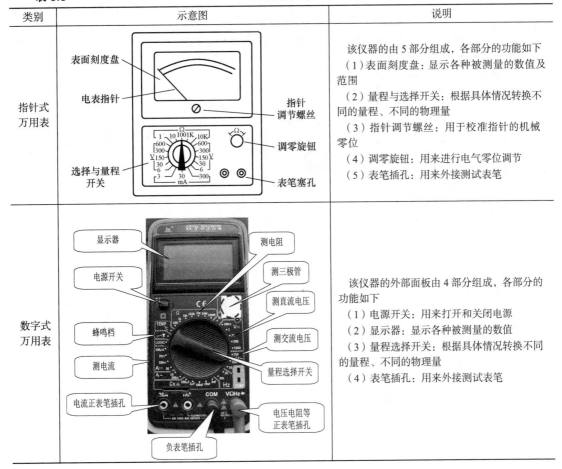	该仪器的由 5 部分组成, 各部分的功能如下 （1）表面刻度盘: 显示各种被测量的数值及范围 （2）量程与选择开关: 根据具体情况转换不同的量程、不同的物理量 （3）指针调节螺丝: 用于校准指针的机械零位 （4）调零旋钮: 用来进行电气零位调节 （5）表笔插孔: 用来外接测试表笔
数字式万用表		该仪器的外部面板由 4 部分组成, 各部分的功能如下 （1）电源开关: 用来打开和关闭电源 （2）显示器: 显示各种被测量的数值 （3）量程选择开关: 根据具体情况转换不同的量程、不同的物理量 （4）表笔插孔: 用来外接测试表笔

□ 做一做　电阻和交直流电压的测量

用指针式万用表完成表 3.9 所示的测量任务, 并写出测量数值。

表 3.9　　　　　　　　　　　　　　　　万用表的使用

测量项目	示意图	说明
测量灯泡电阻		（1）表笔的连接: 红色测试表笔的连线应接到标有"+"符号的插孔内, 黑色测试表笔应接到标有"−"或"*"符号的插孔内 （2）将量程选择开关置于欧姆挡, 并估计的被测电阻值选择电阻量程开关的倍率（应使被测电阻接近该挡的欧姆中心值, 即表针偏转在标度尺的中间附近为好） （3）进行"调零"。将两表笔短接, 此时表针会很快指向电阻的零位附近, 若表针未停在电阻零位上, 则旋动下面的"n"钮, 使其刚好停在零位上。若调到底也不能使指针停在电阻零位上, 则说明表电压不足, 应更换新电池后再重新调节。测量中每次更换挡位后新校零

续表

测量项目	示意图	说明
测量灯泡电阻	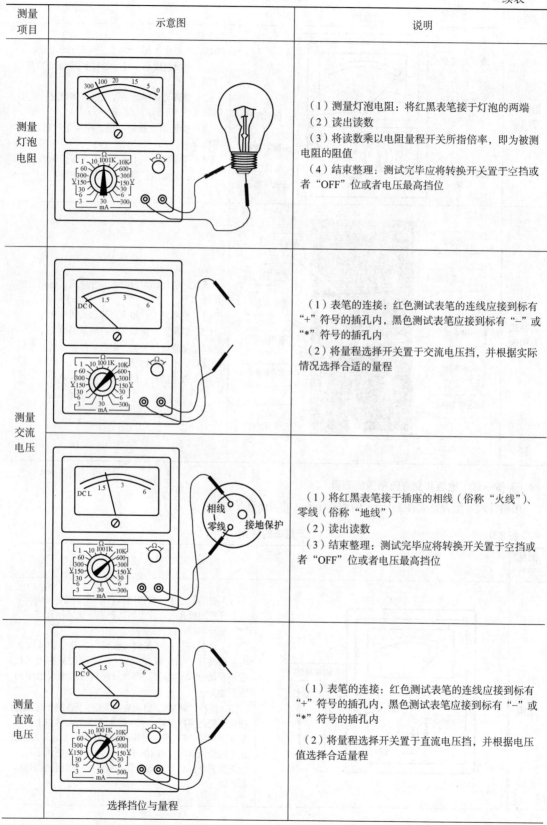	（1）测量灯泡电阻：将红黑表笔接于灯泡的两端 （2）读出读数 （3）将读数乘以电阻量程开关所指倍率，即为被测电阻的阻值 （4）结束整理：测试完毕应将转换开关置于空挡或者"OFF"位或者电压最高挡位
测量交流电压		（1）表笔的连接：红色测试表笔的连线应接到标有"+"符号的插孔内，黑色测试表笔应接到标有"−"或"*"符号的插孔内 （2）将量程选择开关置于交流电压挡，并根据实际情况选择合适的量程
		（1）将红黑表笔接于插座的相线（俗称"火线"）、零线（俗称"地线"） （2）读出读数 （3）结束整理：测试完毕应将转换开关置于空挡或者"OFF"位或者电压最高挡位
测量直流电压		（1）表笔的连接：红色测试表笔的连线应接到标有"+"符号的插孔内，黑色测试表笔应接到标有"−"或"*"符号的插孔内 （2）将量程选择开关置于直流电压挡，并根据电压值选择合适量程

选择挡位与量程

测量项目	示意图	说明
测量直流电压	 测量电池电压	（1）将红表笔与电源的正极连接，黑表笔与电源的负极连接 （2）读出读数 （3）结束整理：测试完毕应将转换开关置于空挡或者"OFF"位或者电压最高挡位
注意事项	为避免可能的电击和人员伤害，请遵照以下规则 （1）不要使用已损坏的仪表。使用仪表前请检查仪表外壳，并注意连接插座附近的绝缘性 （2）检查测试表笔，看是否有损坏的绝缘或裸露的金属，检查表笔的通断性，并在使用仪表前更换损坏的表笔 （3）当操作出现异常时，请不要使用仪表，因此时保护可能已损坏。当有怀疑时，请将仪表送去检修 （4）请不要在爆炸性的气体、蒸汽或灰尘附近使用本仪表 （5）请不要在任何两个端子或任何端子与大地之间输入超过仪表上标明的额定电压 （6）使用之前，请使用仪表测量一个已知的电压来验证仪表 （7）当测量电流时，请在仪表连接入线路之前关闭线路的电源 （8）当检修仪表时，请只使用标明的更换部件 （9）在测量交流电压 30V 均值、42V 峰值或直流 60V 以上时，请特别留意，因为此类电压会导致电击危险	

电阻数值		交流电压数值		直流电压数值	

□ 用一用 验电笔

将验电笔的使用方法填写在下面表格中。

验电笔使用方法	
验电笔使用注意事项	

□ 测一测 电动机转速

将测电动机（教师提供的）转速的情况填写在下面表格中。

三相电动机型号		测量方法	
所用仪表名称		电动机转速	

□ 评一评 "认、做、用、测"的工作情况

将"认、做、用、测"工作的评价意见填写在表 3.10 中。

表 3.10　　　　　"认、做、用、测"工作评价表

项目 评定人	实训评价	等级	评定签名
自己评			
同学评			
老师评			
综合评定等级			

___年___月___日

任务三　电能表的认识与使用

情景模拟

邻居张大妈有几间空房子，想把它们出租。"出租房子用水倒还好，用电可怎么计算呢？"张大妈一直犯愁。

小任知道后，向张大妈提出了"为每间出租房安上一只电能表"的建议，并自告奋勇地说："我在学校里学过电能表的安装。如果要安装，我和我的同学可以帮您完成。"小任和同学们帮助张大妈购买好电能表及有关电工材料，就忙开了电能表的安装。没半天，小任和同学们完成了电能表安装任务。

同学们，你知道小任和同学们是怎样完成任务的吗？让我们一起来学习有关电能表的知识和技能吧！

基础知识

电能表的基本结构、电能表安装与接线，以及相关拓展知识和技能等。

知识链接1　电能表的基本结构

电能表（电度表），或叫千瓦小时表，俗称"火表"，是计量电功（电能）的仪表。图 3.22 所示为最常用的一种交流感应式电度表。

1. 电能表的内部结构

电能表按其用途分为有功电能表和无功电能表 2 种，按结构分为单相表和三相表 2 种。电能表的种类虽不同，但其结构是一样的。它都有驱动元件、转动元件、制动元件、计数机构、支座和接线盒等 6 个部件。单相电能表的结构如图 3.23 所示。

图 3.22　单相电能表

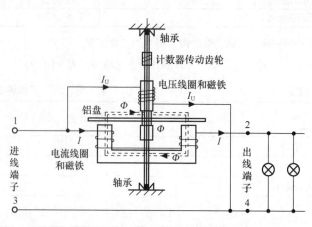

图 3.23　交流单相电能表结构图

（1）驱动元件。驱动元件有两个电磁元件，即电流元件和电压元件。转盘下面是电流元件，由铁芯及绕在上面的电流线圈所组成，电流线圈匝数少、线径粗，与用电设备串联。转盘上面部分是电压元件，由铁芯及绕在上面的电压线圈所组成，电压线圈匝数多、线径细，与照明线路的用电器并联。

（2）转动元件。转动元件是由铝制转盘及转轴组成。

（3）制动元件。制动元件是一块永久磁铁，在转盘转动时产生制动力矩，使转盘转动的转速与用电器的功率大小成正比。

（4）计数机构。计数机构由蜗轮杆齿轮机构组成。

（5）支座。支座用于支承驱动元件、制动元件和计数机构等部件。

（6）接线盒。接线盒用于连接电能表内外线路。

2. 电能表的工作原理

当有电流通过电能表内电流线圈和电压线圈时，两只线圈中的电磁铁产生磁性，并共同作用在铝盘上，便可驱动铝盘绕轴转动。如果你家的照明灯或家用电器用得多，通过电能表的电流就大，铝盘转得就快，计数器累积的数字就大。用电时间越长，铝盘转动时间就越长，累积的数字也越大。这样，你家用电器耗电的多少就可以从计数器中显示出来。

3. 电能表的铭牌

图 3.24 单相电能表的铭牌

在电度表的铭牌上都标有一些字母和数字，如图 3.24 所示为某单相电能表的铭牌。DD282 是电能表的型号，DD 表示单相电能表，数字 282 为设计序号，一般家庭使用就需选用 DD 系列的电能表，设计序号可以不同。220V、50Hz 是电能表的额定电压和工作频率，它必须与电源的规格相符合。5（10）A 是电能表的标定电流值和最大电流值，5（10）A 表示标定电流为 5A，允许使用的最大电流为 10A。1200r/kWh 表示电能表的额定转速是每千瓦时 1200 转。

知识拓展——新装和增容工作程序

新装和增容是供电部门受理用户首次安装设备和增加容量的用电申请，是属于业务扩充的范围。供电部门可视电网的供电可能性来办理报装的各项业务，以满足工农业生产的发展和人民生活水平不断提高的要求。

1. 有关供电方式的规定

（1）供电企业的额定电压。供电企业的供电电压分为高压供电和低压供电。高压供电电压有 10、35（63）、110、220kV 等；低压供电，单相为 220 V，三相为 380 V。

（2）供电方式。单相设备容量不够 10 kW 的用户，可采用低压 220 V 供电，但容量超过 1kW 的单相电焊机，用户必须采取有效措施，以消除其对电能质量的影响，否则应改为其他方式供电。用电设备容量在 100 kW 及以下者，或者需用变压器在 50 kV 及以下者，可采用低压三相四线制供电，特殊情况也可采用高压供电。

（3）临时用电。对城乡建设工地、农村的农田水利施工等用电可供给临时电源。临时用电的期限除经供电企业准许外，一般不得超过6个月，逾期不办理延期或永久性正式用电手续者，供电企业应终止供电。供电企业不受理临时用户的变更用电事宜，如需改为正式用电，应按新装用电办理。

（4）为保障用电安全，便于管理，用户应将重要负荷与非重要负荷、生产用电与生活区用电分开配电。

2. 新装和增容的工作程序

新装和增容包括下述3方面业务。

① 新装，这是受理原来没有用电设备的用户，现需办理用电申请。

② 增容，这是受理将现行小容量设备改换为大容量设备，但不增加设备的台数。

③ 增装，这是受理增容又增加设备台数的用户。《供电营业规则》对此项业务曾作出下述规定：任何单位和个人需新装用电或增加用电容量，事先到供电企业用电营业场所提出申请，办理手续。供电企业的用电营业机构，统一归于受理用电申请和报装接电工作，其中包括用电申请书的发放及审核、供电条件勘查、供电方案确定及批复、有关费用的收取、受电工程设计的审核、施工中间检查、竣工检验、供用电合同签约、装表接电等项业务。

（1）用电申请。凡需要新装和增容的用户，必须提出用电申请。不办理有关手续者，严禁私自接电。用户可到所在地供电所（站）提出用电申请。

（2）用电申请的文件与资料。

① 文件和图纸。提出用电申请时，用户应向供电企业提供用电工程项目的批准文件及图纸。这些文件和图纸包括：上级批准的基建和工程计划文件；城建部门批准的建厂用地文件；环保部门批准的建厂文件；安全部门批准的建厂文件；厂区的平面布置图和用电负荷分布图等。这些文件对保证农业用地、保持良好的生态环境和安全用电有直接关系，它从根本上影响该用电项目是否能够成为现实。

② 有关资料。申请新装和增容的用户，必须向供电企业提供下述资料：用电地点、电力用途、用电性质、用电设备清单、用电负荷、保安电力、用电规划等（上述资料已由供电企业形成标准格式的用电申请报告书，用电单位应按要求如实填写即可）。用电申请与登记的工作流程如图3.25所示。

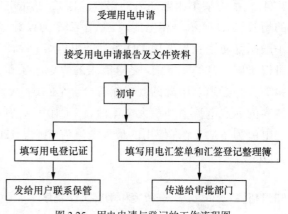

图3.25 用电申请与登记的工作流程图

知识链接2 电能表安装与接线

1. 电能表安装和使用要求

（1）电能表应按设计装配图规定的位置进行安装，不能安装在高温潮湿多尘及有腐蚀气体的地方。

（2）电能表应安装在不易受震动的墙上或开关板上，离墙面以不低于1.8m为宜。否则不仅不安全，也不便于检查和"抄表"。

（3）为了保证电能表工作的准确性，电能表必须严格垂直装设。如有倾斜，会发生计数不准或停走等故障。

（4）接入电能表的导线中间不应有接头。接线时接线盒内螺丝应拧紧，不能松动，以免接触不良，引起桩头发热而烧坏。配线应整齐美观，尽量避免交叉。

（5）电能表在额定电压下，当电流线圈无电流通过时，铝盘的转动不超过一转，功率消耗不超过1.5W。根据实践经验，一般5A的单相电能表无电流通过时每月耗电不到一度。

（6）电能表装好后，开亮电灯，电能表的铝盘应从左向右转动。若铝盘从右向左转动，说明接线错误，应把相线（火线）的进出线调接一下。

（7）单相电能表的选用必须与用电器总功率相适应。

（8）电能表在使用时，电路不允许短路及过载（不超过额定电流的125%）。

2. 电能表的接线形式

电能表分为单相电能表和三相电能表，都有两个回路，即电压回路和电流回路，其连接方式有直接接入方式和间接接入方式。

（1）电能表的直接接入方式。在低压较小电流线路中，电能表可采用直接接入方式，即电能表直接接入线路上，如图3.26所示。电能表的接线图一般粘贴在接线盒盖的背面。

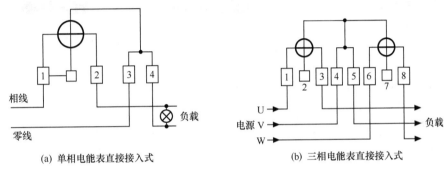

(a) 单相电能表直接接入式　　　　　　　(b) 三相电能表直接接入式

图3.26　电能表的直接接入方式接线图

⌐ 提示 ⌐

单相电能表的接线方式大多为"①③进线、②④出线"，如图3.26（a）所示，但也有"①②进线、③④出线"的接线方式。在实际应用中，一定要认真阅读接线图，搞清楚它的接线方式。

（2）电能表的间接接入方式。在低压大电流线路中，若线路负载电路超过电能表的量程，须经电流互感器将电流变小，即将电能表以间接接入方式接在线路上，如图3.27所示。在计算用电量时，只要把电能表上的耗电数值，乘以电流互感器的倍数，就是实际耗电量。

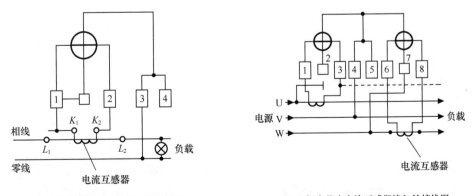

(a) 单相电能表电流互感器接入的接线图　　　　(b) 三相电能表电流互感器接入的接线图

图3.27　电能表的间接接入方式接线图

知识拓展————新型电能表简介

在科技迅猛发展的今天，新型电能表已快步进入千家万户。我国已经开发出了具有较高科技含量的长寿式机械电能表、静止式电能表（又称电子式电能表）和电卡预付费电能表等，如图3.28所示。

（a）长寿式　　　　　　　　（b）电子式　　　　　　　　（c）电卡预付费

图3.28　新型电能表

1. 长寿式机械电能表简介

长寿式机械电能表是在充分吸收国内外先进电能表设计、选材和制作经验的基础上开发的新型电能表，具有宽负载、长寿命、低功耗、高精度等优点。它与普通电能表相比，在结构上具有以下特点。

（1）表壳采用高强度透明聚碳酸脂注塑成型，在60℃～110℃不变形，能达到密封防尘、抗腐蚀及阻燃的要求。

（2）底壳与端钮盒连体，采用高强度、高绝缘、高精度的热固性材料注塑成型。

（3）轴承采用磁推轴承，支撑点采用进口石墨衬套及高强度不锈钢针组成。

（4）阻尼磁钢由铝、镍、钴等双极强磁性材料制作，经过高、低温老化处理，性能稳定。

（5）计度器支架采用高强度铝合金压铸，字轮、标牌均能防止紫外线辐射，不褪色；齿轮轴采用耐磨材料制作，不加润滑油，机械负载误差小。

（6）电流线圈线径较粗，自热影响小，表计稳定性好，与端钮盒连接接头采用银焊压接，接触可靠。

（7）电压线路功耗小于0.8 W，损耗小，节能。

（8）电流量程放宽，一般为5（20）～5（30）A。

2. 静止式电能表简介

静止式电能表借助于电子电能计量先进的机理，继承传统感应式电能表的优点，采用全屏蔽、全密封的结构，具有良好的抗电磁干扰性能，集节电、可靠、轻巧、高精度、高过载、防窃电等为一体的新型电能表。它与普通电能表相比，主要功能和特点如下。

（1）采用大规模集成电路完成电能计量和计度器驱动，寿命长达10年以上。

（2）采用SMT工艺，体积小，稳定可靠。

（3）具有双向电能累加记录功能，能够精确测量正、反两个方向的功率，且以一个方向累计电量，能有效防止反向窃电。

（4）宽电压使用范围，当电源电压下降到160 V时，仍能保证测量精度。

（5）误差曲线平直，轻载和过矩误差很小。

（6）计度器采用齿轮传动，力矩大，运行可靠。

静止式电能表按电压分为单相电子式、三相电子式和三相四线电子式等，按用途又分为单一式和多功能（有功、无功和复合型）等。

静止式电能表的安装使用要求与一般机械式电能表大致相同，但接线宜粗，避免因接触不良而发热烧毁。静止式电能表安装接线如图 3.29 所示。

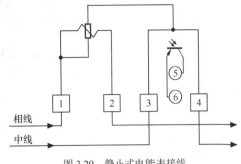

图 3.29 静止式电能表接线

3. 电卡预付费电能表（机电一体化预付费电能表）简介

电卡预付费电能表又称 IC 卡表或磁卡表。它不仅具有电子式电能表的各种优点，而且电能计量采用先进的微电子技术进行数据采集、处理和保存，实现先付费后用电的管理功能。单相电卡预付费电能表的接线如图 3.30 所示。

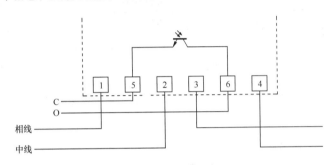

图 3.30 单相电卡预付费电能表的接线

动脑又动手

□ 议一议 电能表的铭牌

一般每个家庭都接有一只电能表或电度表（俗称小火表），它是用来计量每个家庭用电量的依据。计量电能消耗的单位为"度"，即"kW·h"。

在电能表或电度表的铭牌上，都标有两种使用电流数据的字样（见图 3.31），请你与同学一起议一议：家用电度表上为什么标有两种使用电流数据？

□ 记一记 电能表的使用情况

回家连续 2～3 个月观察电能表的使用情况，将结果填入表 3.11 中。

图 3.31 家用电度表上标有两种使用电流数据

表 3.11 家庭电能表使用情况表

月份　　　　读数	上月读数 /kW·h	本月读数 /kW·h	本月用电量 /kW·h

□ 算一算 家里的用电费用

若家里的电能表 7 月的示数值和 8 月的示数值分别如图 3.32 所示，假设居民用电每度为 0.54 元，请你算一算家里 8 月份应付的电费。

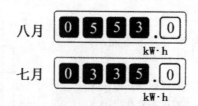

图 3.32 家里电能表所显示的数值

计算结果：_____。

□ **做一做　电能表的安装**

1. 列元器件清单

请根据学校实际，将常用配电板装接所需的元器件及导线的型号、规格和数量填入表 3.12 中。

表 3.12　　　　　　　　　　　　　　电能的测量元器件清单

序号	名称	符号	规格	数量	备注
1	单相电能表	kW·h			
2	闸刀开关	QS			
3	熔断器	FU			
4	连接导线				

2. 安装配电板

在木板上安装配电板，配电板的接线图如图 3.33 所示。

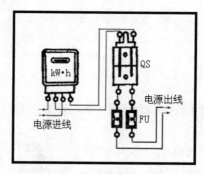

图 3.33　家庭配电板的接线图

□ **评一评　"议、记、算、做"工作情况**

将"议、记、算、做"工作的评价意见填写在表 3.13 中。

表 3.13　　　　　　　　　　　"议、记、算、做"工作评价表

项目　评定人	实训评价	等级	评定签名
自己评			
同学评			
老师评			
综合评定等级			

_____年____月____日

思考与练习

一、填空题

1. 电工常用工具有_____、_____、_____、_____等，电工辅助工具有_____、_____等。

2. 验电笔使用时注意握持方法要正确，即右手_____，食指_____，验电笔的小窗口_____。

3. 电工刀是用来剖削电工材料绝缘层的工具，如_____、_____等。

4. 用万用表测直流电流时，应将万用表与被测电路_____，即将电路相应部分断开后，将万用表表笔接在断点的两端，红表笔接在与电路的_____相连的断点，黑表笔接在与电路的_____相连的断点。

5. 万用表是一种用来测量_____、_____和_____等参数的测量仪表。

6. 兆欧表，又称_____，是一种测量电动机、电器、电缆等_____的仪表。兆欧表上有两个接线柱，一个是_____，另一个是_____，此外还有一个铜环，称_____。

二、判断题（对的打"√"，错的打"×"）

1. 尖嘴钳使用时注意不能当作敲打工具；要保护好钳柄绝缘管，以免碰伤而造成触电事故。（　　）

2. 使用万用表时，在通电测量状态下可任意转换量程选择开关。（　　）

3. 用万用表测电阻时，不必要每次进行欧姆调零。（　　）

4. 家用电能表是一种计量家用电器电功率的仪表。（　　）

5. 万用表的红表笔要插入正极插孔（－），黑表笔插入负极（＋）插孔。（　　）

6. 选择万用表量程的原则是：在测量时，使万用表的指针尽可能在中心刻度线附近，因为这时的误差最小。（　　）

三、问答题

1. 验电笔的用途有哪些？举例说明。

2. 怎样正确维护万用表？

3. 兆欧表的使用前应作哪些准备工作？

4. 怎样使用钳形电流表？

5. 对电能表安装和使用有哪些具体要求？

电工基本操作技能

导线是将电能输送到各家各户用电设备上的、必不可少的导电材料。选择、敷设、连接导线是电工的基本操作技能。

通过本项目的学习和实际操练，了解常用绝缘导线的型号、规格、种类，学会合理选择导线，掌握导线连接、敷设（固定）及其绝缘层剥削的基本技能和电工图识读的方法。

知识目标

- 了解常用导线型号与主要用途。
- 熟悉导线连接和室内导线敷设的一般要求与工序。
- 了解电工图的种类与特点等基本知识。

技能目标

- 掌握导线的基本操作技能（如导线的连接、导线敷设等）。
- 掌握电工图的识读方法。

任务一 导线的连接

情景模拟

7月20日，是小任同学小明的生日。几个要好的同学为给小明一个惊喜，决定到野外开一个露天生日Party。大家分头行动，终于找到了一个好地方：离小任爸爸公司不远的一块山地，那儿平整、宽阔又幽静，大家很喜欢。可高兴了一阵子，大家犯愁了：20日是农历初一，晚上的月亮不够亮，靠蜡烛又怕不能尽兴，怎么办？幸好，小任爸爸是位电工，在他的指导和帮助下，同学们买了导线和器材，拉线的拉线，装灯的装灯，不一会儿就拉好了线、装上了灯……这天晚上大家玩得很开心，小明也过了一个难忘的生日。

同学们，你知道他们是如何工作（选用导线，进行导线剥削、连接，绝缘层恢复）的吗？让我们一起来学习有关导线基本操作方面的知识和技能吧！

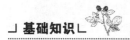
基础知识

导线的选择、导线绝缘层的剥削、导线的连接、导线绝缘层的恢复，以及相关拓展知识等。

知识链接 1 **导线的选择**

导线的种类和型号很多。选用时，应根据它的截面、使用环境、电压损耗、机械强度等方面的要求。例如导线的截面应满足安全电流要求，在潮湿或有腐蚀性气体的场所，可选用塑料绝缘导线，以便于提高导线绝缘水平和抗腐蚀能力；在比较干燥的场所内，可采用橡皮绝缘导线；对于经常移动的用电设备，宜采用多股软导线等。几种常用导线的名称、型号和主要用途如表 4.1 所示。

表 4.1　　　　　　　　　　　几种常用导线的名称、型号和主要用途

名　称	型　号	主　要　用　途
铜芯塑料线	BV	用于交流额定电压 500 V 或直流额定电压 1 000 V 的室内固定敷设线路
铜芯塑料护套线	BVV	用于交流额定电压 500 V 或直流额定电压 1 000 V 的室内固定敷设线路
铜芯塑料软线	BVR	用于交流额定电压 500 V，并要求电线比较柔软的敷设线路
双绞型塑料软线	RVS	用于交流额定电压 250 V，连接小型用电设备的移动或半移动室内敷设线路
橡皮绝缘导线	BX	用于交流额定电压 250 V 或 500 V 线路，供干燥或潮湿的场所固定敷设
铜芯橡皮软线	BXR	用于交流额定电压 500 V 线路，供干燥或潮湿的场所连接用电设备的移动部分
铜芯橡皮花线	BXH	用于交流额定电压 250 V 线路，供干燥场所连接用电设备的移动部分

知识拓展　　　——电线选购要诀

1. 电线优劣的鉴别

电线在电气安装中担负着连接、输送电流的重要任务，因此在选用时要引起足够重视。鉴别电线优劣应该做到"三看、一试和一量"。

（1）三看。一看电线应有厂名、厂址、检验章，应印有商标、规格、电压；二看电线导体颜色，铜导体应呈淡紫色，铝导体应呈银白色。若铜表面发黑或铝表面发白则说明金属被氧化；三看线芯应位于绝缘层的正中。

（2）一试。取一根电线头用手反复弯曲，手感柔软、抗疲劳强度好、塑料或橡胶手感弹性大且电线绝缘体上无龟裂的才是优等品。

（3）一量。测量一下实际购买的电线与标准长度是否一致。一般说，国家对成圈成盘的电线电缆交货长度标准有明确规定：成圈长度应为 100 m，成盘长度应大于 100 m，其长度误差不超过总长度的 0.5%，若达不到标准规定下限即为不合格。

2. 电线选购注意事项

（1）了解导线的安全载流量，即能承受的最大电流量。电流通过电线会使电线发热，这本来是正常现象，但如果超负载使用，细导线通过大流量，就容易引起火灾。

（2）了解线路允许电压损失。导线通过电流时产生电压损失不应超过正常运行时允许的电压损失，一般不超过用电器额定电压的 5%。

（3）注意导线的机械强度。在正常工作状态下，导线应有足够的机械强度，以防断线。

知识链接 2 **导线绝缘层的剖削**

（1）塑料硬线绝缘层的剖削方法。塑料硬线绝缘层的剖削方法，如表 4.2 所示。

表 4.2 塑料硬导线绝缘层的剖削方法

剖削要求	操作示意图
进行塑料导线端头绝缘层的剖削	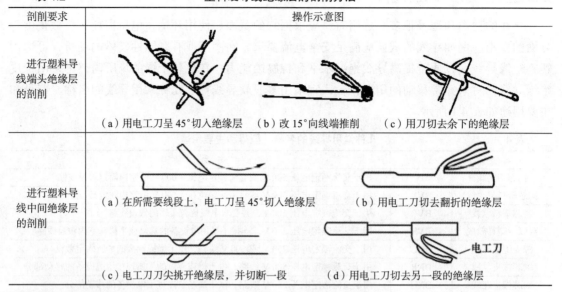 （a）用电工刀呈 45°切入绝缘层　（b）改 15°向线端推削　（c）用刀切去余下的绝缘层
进行塑料导线中间绝缘层的剖削	（a）在所需要线段上，电工刀呈 45°切入绝缘层　　（b）用电工刀切去翻折的绝缘层 电工刀 （c）电工刀刀尖挑开绝缘层，并切断一段　　（d）用电工刀切去另一段的绝缘层

（2）塑料软线绝缘层的剖削方法。塑料软导线绝缘层的剥离方法，如表 4.3 所示。

表 4.3 塑料软导线绝缘层的剥离方法

剖削要求	操作示意图
进行塑料软导线绝缘层的剥离	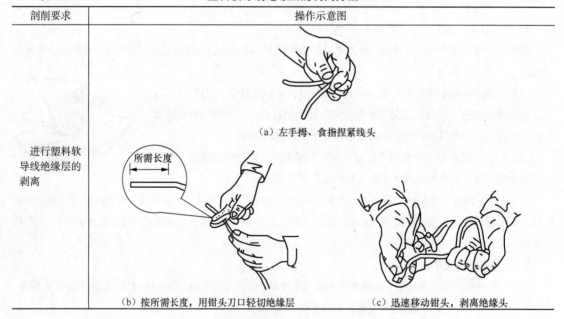 （a）左手拇、食指捏紧线头 所需长度 （b）按所需长度，用钳头刀口轻切绝缘层　　（c）迅速移动钳头，剥离绝缘头

（3）塑料护套线的剖削方法。塑料护套线绝缘层的剥离方法，如表 4.4 所示。

表 4.4 塑料软导线绝缘层的剥离方法

剖削要求	操作示意图
进行塑料软导线绝缘层的剥离	所需长度界线 （a）用刀尖划破凹缝护套层　（b）剥开已划破的护套层　（c）翻开护套层并切断

（4）橡胶软电缆线的剖削方法。橡胶软电缆线绝缘层的剖削方法，如表 4.5 所示。

表 4.5　　　　　　　　　　　　　橡胶软电缆线绝缘层的剖削方法

剖削要求	操作示意图
进行橡胶软电缆线绝缘层的剖削	 （a）用刀尖划破凹缝护套层 芯线　加强麻线　护套层　护套层 （b）剥开已划破的护套层　　（c）翻开护套层并切断

知识拓展　　　——绝缘胶带

电工常用绝缘材料和用途，如表 4.6 所示。

表 4.6　　　　　　　　　　　　　电工常用绝缘材料和用途

名称	常用材料	主要用途
绝缘粘带	电工胶布	电工用途最广、用量最多的绝缘粘带
	聚氯乙烯胶带	可代替电工胶布，除包扎电线电缆外，还可用于密封保护层
	涤纶胶带	除包扎电线电缆外，还可用于密封保护层及胶扎物件
电工塑料	ABS 塑料	用于制作各种仪表和电动工具的外壳、支架、接线板等
	尼龙	用于制作插座、线圈骨架、接线板以及机械零部件等，也常用作绝缘护套、导线绝缘层
	聚苯乙烯（PS）	用于制作各种仪表外壳、开关、按钮、线圈骨架、绝缘垫圈、绝缘套管
	聚氯乙烯（PVC）	用于制作电线电缆的绝缘和保护层
	氯乙烯（PE）	用于制作通信电缆、电力电缆的绝缘和保护层
电工橡胶	天然橡胶	适合制作柔软性、弯曲性和弹性要求较高的电力电缆的绝缘层和保护层
	人工橡胶	用于制作电线电缆的绝缘层和保护层

知识链接 3 **导线的连接**

1. 导线连接的要求

对导线连接的基本要求是"连接可靠、强度足够、接头美观、耐腐蚀"，具体要求如下。

（1）连接可靠。接头连接牢固、接触良好、电阻小、稳定性好。接头电阻不应大于相同长度导线的电阻值。

（2）强度足够。接头机械强度不应小于导线机械强度的 80%。

（3）接头美观。接头整体规范、美观。

（4）耐腐蚀。对于连接的接头要防止电化腐蚀。对于铜与铝导线的连接，应采用铜铝过渡（如用铜铝接头）。

2. 导线连接的方法

导线线头连接的方法一般分为：单股导线与导线的连接、多股导线与导线的连接、导线与接线桩（端子）的连接等几种。

（1）单股导线与导线的连接。单股导线与导线的连接有直接连接和分支连接两种。

① 单股硬导线直接连接的操作步骤，如表4.7所示。

表4.7　　　　　　　　　　　　　　　　单股硬导线直接连接的操作步骤

步骤	示意图	说明
第1步		将两根线头在离芯线根部的1/3处呈"×"状交叉
第2步		把两线头如麻花状相互紧绞两圈
第3步		把一根线头扳起与另一根处于下边的线头保持垂直
第4步		把扳起的线头按顺时针方向在另一根线头上紧绕6～8圈，圈间不应有缝隙，且应垂直排绕。绕毕切去线芯余端
第5步		另一线端头的加工方法按上述第3、4两个步骤要求操作

② 单股硬导线分支连接的操作步骤，如表4.8所示。

表4.8　　　　　　　　　　　　　　　　单股硬导线分支连接的操作步骤

步骤	示意图	说明
第1步		将剖削绝缘层的分支线芯，垂直搭接在已剖削绝缘层的主干导线的线芯上
第2步		将分支线芯按顺时针方向在主干线芯上紧绕6～8圈，圈间不应有缝隙

续表

步骤	示意图	说明
第 3 步	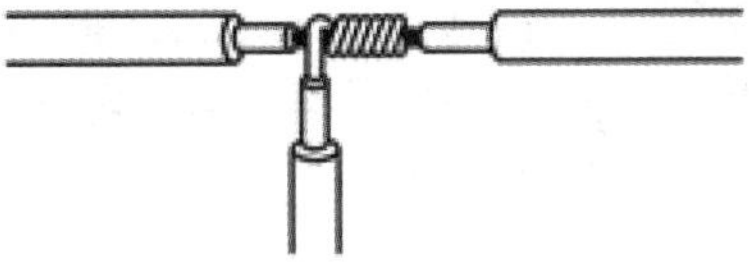	绕毕，切去分支线芯余端

（2）多股导线与导线的连接。多股导线与导线的连接有直接连接和分支连接两种。

① 多股导线直接连接的操作步骤，如表 4.9 所示。

表 4.9　　　　　　　　　　多股导线直接连接的操作步骤

步骤	示意图	说明
第 1 步	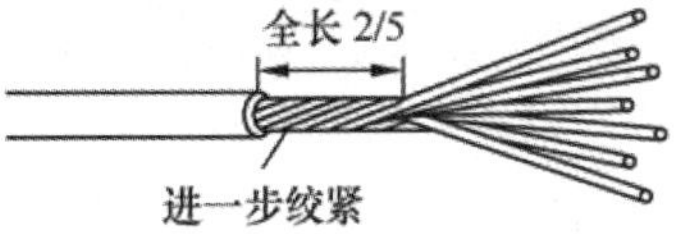 全长 2/5　进一步绞紧	把离剖削绝缘层切口约全长 2/5 以内的线芯进一步绞紧，接着把余下 3/5 的线芯松散呈伞状
第 2 步	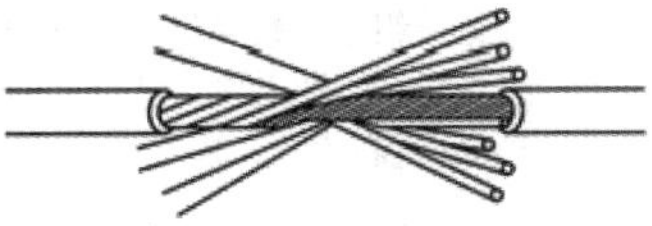	把两伞状线芯隔股对叉，并插到底
第 3 步	 叉口处应钳紧	捏平叉入后的两侧所有芯线，并理直每股芯线，使每股芯线的间隔均匀；同时用钢丝嵌紧叉口处，消除空隙
第 4 步	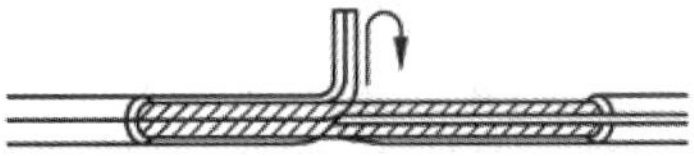	将导线一端居芯线叉口中线的 3 根单股芯线折起，成 90°（垂直于下边多股芯线的轴线）
第 5 步		先按顺时针方向紧绕两圈后，再折回 90°，并平卧在扳起前的轴线位置上
第 6 步		将紧挨平卧的另两根芯线折成 90°，再按第 5 步方法进行操作
第 7 步		把余下的三根芯线按第 5 步方法缠绕至第 2 圈后，在根部剪去多余的芯线，并嵌平；接着将余下的芯线缠足 3 圈，剪去余端，嵌平切口，不留毛刺
第 8 步		另一侧按步骤第 4～7 步方法进行加工。注意：缠绕的每圈直径均应垂直于下边芯线的轴线，并应使每两圈（或三圈）间紧缠紧挨

② 多股导线分支连接的操作步骤，如表 4.10 所示。

表 4.10   多股导线直接连接的操作步骤

步骤	示意图	说明
第1步	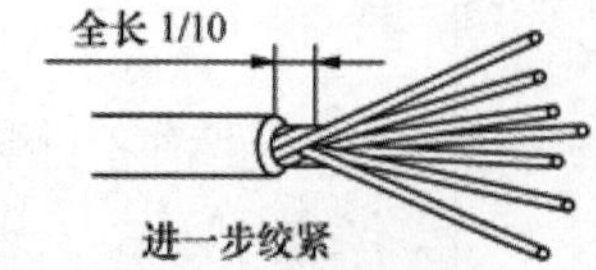 全长1/10 进一步绞紧	剖削支线线头绝缘层后，把支线线头离绝缘层切口根部约1/10的一段芯线做进一步的绞紧，并把余下9/10的线芯松散呈伞状
第2步	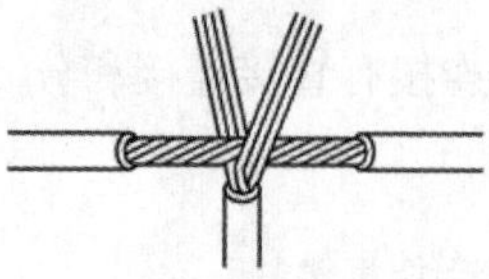	剖削干线中间芯线绝缘层后，在干线芯线中间用螺丝刀插入使芯线股间有缝隙，并将分成均匀两组中的一组芯线插入干线芯线的缝隙中，同时移正位置
第3步	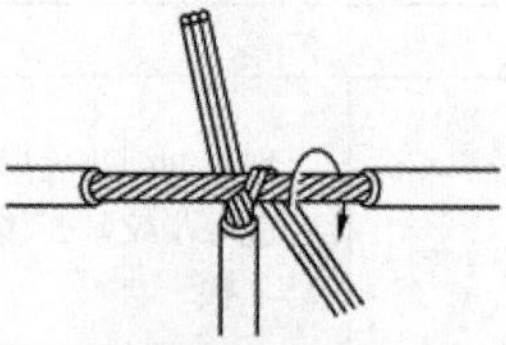	先嵌紧干线插入口处，接着将一组芯线在干线芯线上按顺时针方向垂直地紧紧排绕，剪去多余的芯线端头，不留毛刺
第4步		另一组芯线按第3步方法紧紧排绕，同样剪去多余的芯线端头，不留毛刺。注意：每组芯线绕至离绝缘层切口处5 mm左右为止，剪去多余的芯线端头

（3）导线与接线桩（端子）的连接。导线与接线桩（端子）的连接有螺钉式连接、针式连接及压板式连接和接线耳式连接等。

① 螺钉式连接。通常利用圆头螺钉进行压接，其间有加垫片与不加垫片2种。在灯头、灯开关和插座等电器上的螺钉式连接操作步骤，如表4.11所示。

表 4.11   螺钉式连接的操作步骤

步骤	示意图	说明
第1步	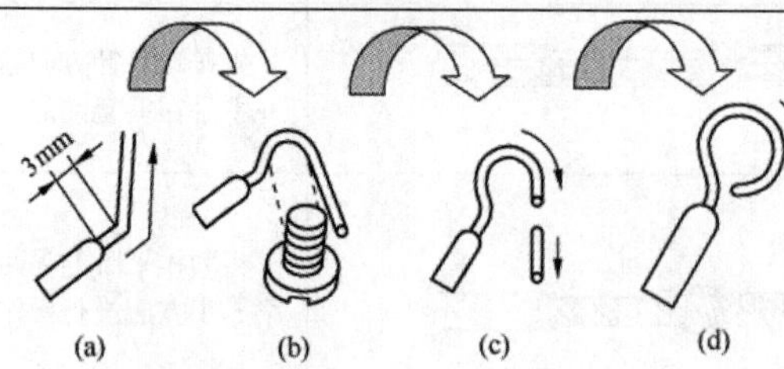 3mm (a)　(b)　(c)　(d)	羊眼圈的制作，如左图所示
第2步	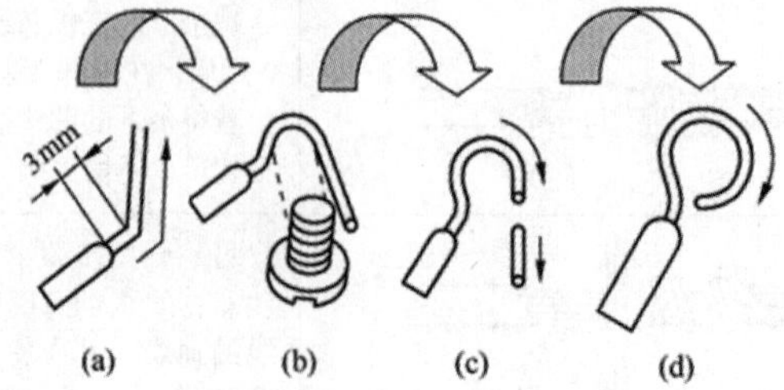 3mm (a)　(b)　(c)　(d)	导线的装接，如左图所示

② 针式连接。通常利用黄铜制成矩形接线桩，端面有导线承接孔，顶面装有压紧导线的螺钉。针式连接的操作步骤，如表4.12所示。

表 4.12　　　　　　　　　　　针式连接的操作步骤

步骤	示意图	说明
第 1 步		用剥线钳或尖嘴钳、钢丝钳剖削导线端头的绝缘层
第 2 步		当导线端头芯线插入承接孔后，再拧紧压紧螺钉就实现了两者之间的电气连接

此外，还有其他一些形式的接线桩（端子）连接，如压板式连接和接线耳式连接等，如图 4.1 所示。

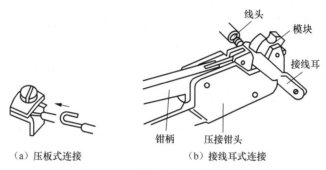

（a）压板式连接　　　　　　（b）接线耳式连接

图 4.1　其他 2 种形式的连接

⌐ 注意 ⌐

导线连接基本要求是"导线接头应紧密，接触电阻要小；导线接头的机械强度不小于原导线机械强度的 80%"。

知识拓展 ——电工结的打制

电工结的打制操作步骤，如图 4.2 所示。

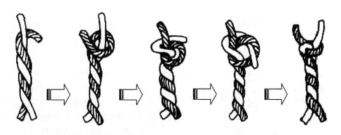

图 4.2　电工结的打制操作步骤

知识链接 4 导线绝缘层的恢复

导线连接后，必须进行导线绝缘层的恢复工作。导线绝缘恢复的基本要求是：绝缘带包缠均匀、紧密，不露铜芯。

1. 导线直接点的绝缘层恢复

导线直接点绝缘层恢复的操作步骤，如表 4.13 所示。

表 4.13　　　　　　　　　　导线直接点绝缘层恢复的操作步骤

步骤	示意图	说明
第 1 步	30~40mm 约45° 绝缘带（黄蜡带或涤纶薄膜带）接法	用黄蜡带或涤纶薄膜带从导线左侧的完好的绝缘层上开始顺时针包缠
第 2 步	1/2 带宽 使得绝缘带半幅相叠压紧	进行包扎时，绝缘带与导线应保持 45°的倾斜角并用力拉紧，使得绝缘带半幅相叠压紧
第 3 步	两端捏住作反方向扭旋（封住端口）	包至另一端也必须包入与始端同样长度的绝缘层，然后接上黑胶带，并让黑胶带包出绝缘带至少半根带宽，即必须使黑胶带完全包没绝缘带
第 4 步	黑胶带应包出绝缘带层 黑胶带接法	黑胶带的包缠不得过疏过密，包到另一端也必须完全包没绝缘带，收尾后应用双手的拇指和食指紧捏黑胶带两端口，进行一正一反方向拧紧，利用黑胶带的粘性，将两端口充分密封起来

2. 导线分支接点的绝缘层恢复

导线分支接点的绝缘层恢复的操作步骤，如表 4.14 所示。

表 4.14　　　　　　　　　　导线分支接点的绝缘层恢复的操作步骤

步骤	示意图	说明
第 1 步		用黄蜡带或涤纶薄膜带从导线左端完好的绝缘层上开始顺时针包缠
第 2 步		包至碰到分支线时，应用左手拇指顶住左侧直角处包上的带面，使它紧贴转角处芯线，并应使处于线顶部的带面尽量向右侧斜压

步骤	示意图	说明
第 3 步		绕至右侧转角处时，用左手食指顶住右侧直角处带面，并使带面在干线顶部向左侧斜压，与被压在下边的带面呈"×"状交叉。然后把带再回绕到右侧转角处
第 4 步		黄蜡带或涤纶薄膜带沿紧贴住支线连接处根端开始在支线上缠包，包至完好绝缘层上约两根带宽时，原带折回再包至支线连接处根端，并把带向干线左侧斜压
第 5 步		当带围过干线顶部后，紧贴干线右侧的支线连接处开始在干线右侧芯线上进行包缠
第 6 步		包至干线另一端的完好绝缘层上后，接上黑胶带后，再按第 2～5 步方法继续包缠黑胶带

3. 导线并接点的绝缘层恢复

导线并接点绝缘层的恢复操作步骤，如表 4.15 所示。

表 4.15　　　　　　　　　　导线并接点绝缘层的恢复操作步骤

步骤	示意图	说明
第 1 步		用黄蜡带或涤纶薄膜带从左侧的完好的绝缘层上开始顺时针包缠
第 2 步		由于并接点较短，绝缘带叠压宽度可紧些，间隔可小于 1/2 带宽
第 3 步		包缠到导线端口后，应使带面超出导线端口 1/2～3/4 带宽，然后折回伸出部分的带宽
第 4 步		把折回的带面揿平压紧，接着缠包第二层绝缘层，包至下层起包处止
第 5 步		接上黑胶带，并使黑胶带超出绝缘带层至少半根带宽，并完全压住绝缘带

续表

步骤	示意图	说明
第6步		按第2步方法把黑胶带包缠到导线端口
第7步		按第3、4步方法把黑胶带缠包端口绝缘带层，要完全压没住绝缘带；然后折回缠包第二层黑胶带，包至下层起包处止
第8步		用右拇、食两指紧捏黑胶带断带口，使端口密封

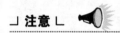

」注意 L

导线绝缘层恢复基本要求是"绝缘带从左均匀、紧密包扎，不得露出铜芯"。

知识拓展 ——手工锡焊技能

1. 锡焊的基本要求

电器维修中，电工往往需要对导线线头（或电气元件）进行可靠的连接。它们的连接除上述方法外，还有各种钎焊，其中锡焊是钎焊中最常见的一种。由于锡焊具有成本低、可靠性高、操作方便，又适用于手工操作的特点，要求电工必须掌握。电烙铁是锡焊的基本工具，其外形结构，如图4.3所示。

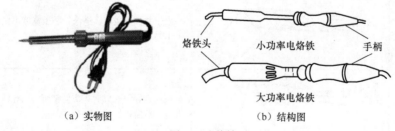

（a）实物图 　　　（b）结构图

图4.3　电烙铁

锡焊的基本要求如下。

（1）焊点表面应光滑。焊点不得出现凹凸不平、毛刺、空隙和变色及光泽不均的现象。

（2）焊点上的焊料要适当。注意焊点表面清洁，不应留有污垢，特别是有害残留物。

（3）焊点应有一定的机械强度和具有良好导电性，无松动或脱落现象，以确保焊件与焊点良好的连接。

2. 焊料和焊剂的选择

（1）焊料的选择。电烙铁钎焊的焊料是锡铅焊料。在焊接时应考虑：①焊料必须适应被焊接的金属性能；②焊料的熔点必须与被焊金属的热性能相适应；③由焊料形成的焊点应能保证良好的导电性能和机械强度。

（2）焊剂的选择。在选择焊剂时除考虑被焊金属的性能及氧化、污染情况外，还要考虑焊剂对焊接物方面的影响，如焊剂的腐蚀性、导电性及对元器件损坏的可能性等。

3. 手工锡焊姿势

（1）电烙铁的握法。电烙铁的握法有握笔法、直握法和反握法等几种，如图 4.4 所示。

（2）焊锡丝的握法。焊锡丝的握法，如图 4.5 所示。

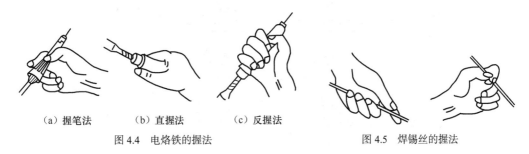

（a）握笔法　　　（b）直握法　　　（c）反握法

图 4.4　电烙铁的握法　　　　　　　图 4.5　焊锡丝的握法

4. 手工锡焊步骤与注意事项

（1）手工锡焊步骤。手工锡焊的一般操作步骤如图 4.6 所示。

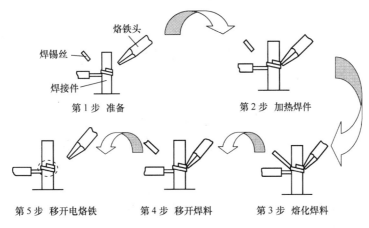

图 4.6　手工锡焊的一般操作步骤

（2）手工锡焊注意事项。

① 根据焊接物体的大小来选择相应功率的电烙铁。

② 注意焊接表面的清洁和搪锡。焊接前一定要清除焊接面的绝缘层、氧化层及污垢，直到完全露出金属表面，并迅速在焊接面搪上锡层，以免表面重新氧化。

③ 掌握好焊接的温度和时间。不同的焊接对象，要求烙铁头的温度不同，焊接的时间长短也不一样。如电源电压 220 V，20 W 烙铁头在 290 ℃～480 ℃，45 W 烙铁头在 400 ℃～510 ℃，我们可以选择适当瓦数的电烙铁，使其焊接时在 3～5s 内达到规定的工作温度要求。

④ 恰当把握焊点形成的火候。焊接时不要将烙铁头在焊点上来回磨动，应将烙铁头搪锡面紧贴焊点，待焊锡全部熔化，并在表面形成光滑圆点后迅速移开烙铁头。图 4.7 所示为点接焊上的几种焊接状态。

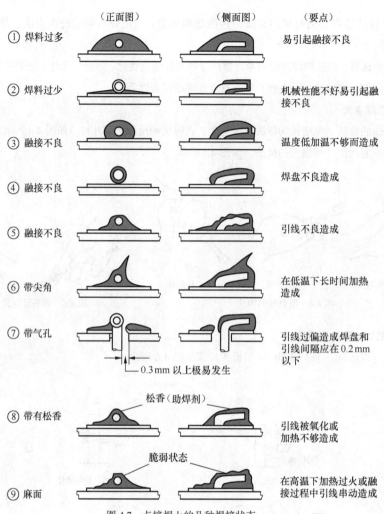

图 4.7　点接焊上的几种焊接状态

注意

锡焊时，由于焊锡不会马上凝固，因此在焊锡凝固前一定不要移动被焊件，否则焊锡会凝成砂粒或焊接不牢而造成虚焊。

动脑又动手

□ 想一想　导线绝缘层剖削要领

下列导线绝缘层的剖削需要哪些工具？并将操作要领填入表 4.16 中。

表 4.16　　　　　　　　　　　　几种导线绝缘层的剖削

导线名称	所需工具	操作步骤
塑料软导线		
塑料护套线		

□ 做一做　导线连接与绝缘层恢复

做一下导线的连接及其绝缘层的恢复工作，并将"导线连接"与"绝缘层恢复"的操作步骤填入表 4.17 中。

表 4.17 导线连接及其绝缘层的恢复

导线的连接	操作步骤	
	线头的连接	绝缘层的恢复
单股硬导线的 直接连接		
多股导线的 分支连接		

□ **练一练 电工结的打制**

按图 4.2 所示学习电工结的打制，并将"电工结"应用场合填写在下面空格中。

□ **评一评："想、做、练"工作情况**

将"想、做、练"工作的评价意见填入表 4.18 中。

表 4.18 "想、做、练"工作评价表

项目 评定人	实训评价	等级	评定签名
自己评			
同学评			
老师评			
综合评 定等级			

____年____月____日

任务二 导线的敷设

一条两条三四条，条条导线送电忙。导线送"粮"供能量，盏盏灯具露光彩。当电光源照耀环境和美化生活时，你想过没有，导线是怎样通过各种敷设方式，把电能输送到城市和农村？

同学们，让我们一起来学习导线室内敷设方面的知识和技能吧！

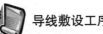

导线敷设工序与要求、室内导线敷设的方法，以及相关拓展知识等。

知识链接 1 导线敷设工序与要求

1. 导线敷设的一般工序

导线敷设一般包括以下几道工序。

（1）按设计图纸选用并确定灯具、插座、开关、配电板（箱）、起动设备等的位置。

（2）沿建筑物确定导线敷设的路径、穿过墙壁或楼板的位置和所有敷设的固定位置。

（3）在建筑物上，将敷设所用的固定点打好孔眼，预埋木枕（或木砖）、膨胀螺栓、保护管、角钢支架等，预埋件如图4.8所示。

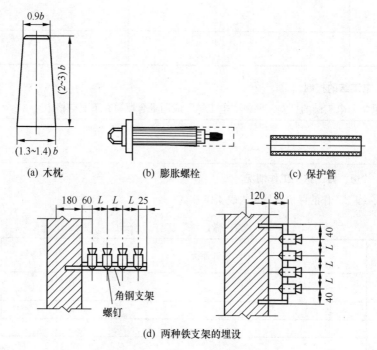

(a) 木枕　　　　　　　　(b) 膨胀螺栓　　　　　　　　(c) 保护管

(d) 两种铁支架的埋设

图4.8　建筑物上的预埋件

（4）装设绝缘支持物、线夹或管子。

（5）敷设导线。

（6）导线连接、分支、恢复绝缘和封端，并将导线的出线与设备连接。

2. 导线敷设的一般要求

导线敷设应安全可靠，敷设合理，整齐美观，能满足使用者的不同需要。因此应做到以下几点。

（1）导线敷设应减少弯曲而取直。当导线交叉时，为避免碰线，每根导线均应套以绝缘管，并将套管牢固固定。

（2）导线的额定电压应大于线路的工作电压。

（3）导线绝缘层应符合线路的安全方式和敷设的环境条件。

（4）导线截面应满足供电容量要求和机械强度的要求。

（5）导线敷设中应尽量减少接头，以减少故障点。水平敷设的导线（线路）距地面低于2 m或垂直敷设的导线（线路）距地面低于1.8 m的线段，应采用套管加以保护，以防止机械损伤。

（6）为了减少接触电阻和防止脱落，截面在10 mm^{2}以下的导线可将线芯直接与电器端子压接。截面在16 mm^{2}以上的导线，可将线芯先装入接线端子内，然后再与电器端子连接，以保证有足够的接触面积。

（7）导线敷设应尽可能避开热源。

（8）导线敷设的位置，应便于检查。

⌐ 注意 ⌐

室内敷设的基本要求是"线路敷设合理、安全可靠、整齐美观，能满足使用者的不同需要"。

知识拓展 ——管线套丝与弯曲工艺

1. 管线的套丝技能

在现场敷管线中，因所需管线的长度要求不同，必须进行锯管和管线套丝。管线与管线间或管线与接线盒间的连接，应用管接头相连。

管线套丝操作方法如下。

（1）将钢管固定在台虎钳上，调整管子绞板上的活动刻度盘，使板牙符合需要的尺寸，用固定螺钉把它固定，再调整管子绞板上的 3 个支持脚，把管子绞板套入钢管端部，使其紧贴管子。

（2）用手握住管子绞板手柄，平稳地向里按顺时针方向转动，并及时注油，以便冷却板牙，保持丝扣光滑。

（3）待绞出的丝扣长度等于管接头长度的 1/2 多 1～2 个牙距后，即可松开板牙，退出管子绞板。

（4）再将尺寸调整到比第一次小一点，用同样的方法再套一次，快要套完时，稍微松开板牙，边转边松，使其成锥形丝扣。钢管套丝如图 4.9 所示。

2. 管线的弯曲技能

对管线的弯曲方法一般有冷弯法和热弯法两种，如图 4.10 所示。钢管弯管一般采用冷弯法。硬质塑料管一般采用热弯法，其具体操作方法如下。

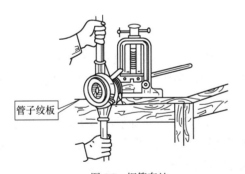

图 4.9 钢管套丝

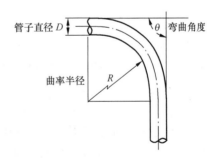

图 4.10 管线的弯曲

（1）管线的冷弯操作方法。先将钢管需要弯曲的部位的前端放在弯管器内，再用脚踩住钢管，手扳弯管器手柄，稍加一定压力，逐点移动弯管器，使钢管弯成所需的弯曲半径。注意手扳弯管器仅适用直径 50 mm 以下的钢管，如能采用电动弯管机或液压弯管机则更好。

（2）管线的热弯操作方法。先将管线放在热源加热，待至柔软状态时，把管线放在坯具内弯曲成型。对管径在 50 mm 以上的管子，为防止弯曲后弯形（弯扁），可在管内充填干砂子，两端用木塞塞住，用同样方法进行局部加热后再进行操作。管子冷却后倒出砂子即可使用。注意管线加热时的温度，不要把管子烤伤。

知识链接2 **室内导线敷设的方法**

室内导线敷设方法常有明线和暗线两种。明敷设就是将导线沿屋顶、墙壁等处的敷设；暗敷设就是将导线敷设在墙内、地下、顶棚上面等看不到的地方。常见的明敷设方式有瓷瓶线敷设、塑料护套线敷设和明管线敷设3种；暗敷设方式有灰层线敷设和暗管线敷设2种。

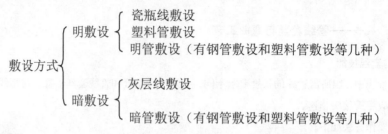

1. 明线敷设

（1）瓷瓶线的敷设工艺。瓷瓶线敷设是利用瓷瓶对导线进行固定的一种明线敷设方法。瓷瓶敷设中分直接法、转弯法、分支法和交叉法等4种基本形式，如图4.11所示。

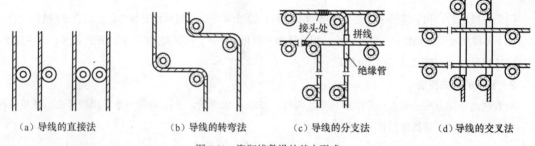

(a) 导线的直接法　　(b) 导线的转弯法　　(c) 导线的分支法　　(d) 导线的交叉法

图4.11　瓷瓶线敷设的基本形式

瓷瓶线敷设工艺如下。

① 定位。定位工作应在土建未抹灰前进行，首先按施工图确定灯具、开关、插座和配电柜（箱）等设备的安装地点，然后再确定导线的敷设位置、穿过墙壁或楼板的位置，以及起始、转角、分支、终端点瓷瓶位置，最后再确定中间固定点的位置。

② 划线。划线工作应考虑所配线路适用、整洁与美观，尽可能沿房屋线脚、墙角等处敷设，并与用电设备的进线口对准。划线时，沿线确定的瓷瓶固定位置以及每个开关、灯具、插座固定点中心处画一个"×"号。如果室内已粉刷，划线时应注意不要弄脏建筑物表面。

③ 凿眼。凿眼时应在划定位置进行凿眼。在砖墙上可采用钢凿或冲击电钻。凿眼的深度应按实际需要确定，尽可能避免损坏建筑物。用钢凿操作时，钢凿要放直，用铁锤敲击，边敲边转动钢凿，不可用力过猛，以防发生事故。

④ 埋设紧固件。紧固件的埋设应在眼孔凿制后进行，埋设前应在眼孔中洒水淋湿，再装入紧固件（如铁支架或开脚螺栓），用水泥砂浆填充，如图4.12所示。待水泥砂浆干硬后，再装上瓷瓶（绝缘子）。

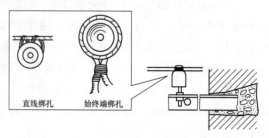

直线绑扎　始终端绑扎

图4.12　铁支架的埋设与瓷瓶的固定

⑤ 埋设保护管。穿墙保护管埋设时，其防水弯头应朝下。若在同一穿越点需要排列多根穿墙保护管，应一管一孔，均匀排列，所有穿墙保护管在墙孔内应用水泥封固。

⑥ 导线的敷放。导线敷放应从一端开始，将导线一端紧固在瓷瓶（绝缘子）上，调直导线再逐级敷设，不能有下垂松弛现象，导线间距及固定点距离应均匀。导线敷放时，若线径较粗、线路较长，可用放线架放线，如图 4.13（a）所示；若线径不太粗、线路较短，可用手工放线，如图 4.13（b）所示。

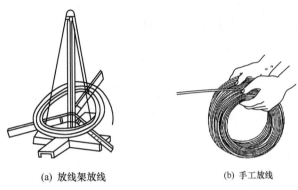

(a) 放线架放线   (b) 手工放线

图 4.13   导线的敷放放线

⑦ 导线的固定。导线固定在瓷瓶上的绑扎方法有：直线段单绑扎、双绑扎和终端线绑扎等方法，如图 4.14 所示。绑扎时，两根导线应放在瓷瓶同侧或同时放在瓷瓶外侧，不允许放在瓷瓶内侧。表 4.19 所列为不同截面导线所需绑扎圈数。

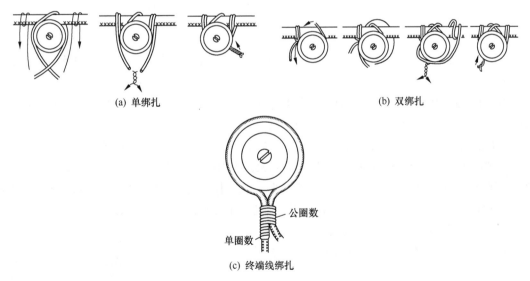

(a) 单绑扎   (b) 双绑扎

(c) 终端线绑扎

图 4.14   导线的绑扎方法

表 4.19   绑扎圈数

导线截面（mm²）	1.5～2.5	4～25	35～70	95～120
公圈数	8	12	16	20
单圈数	5	5	5	5

（2）塑料护套线敷设工艺。塑料护套线是利用有双层塑料绝缘保护层的导线进行明线敷设的一种方法，具有防潮、耐酸和耐腐蚀等性能。由于敷设塑料护套线方法简单，线路整齐美观，造价低廉，被广泛地用于室内明敷设工程上。

塑料护套线敷设工艺如下。

① 定位划线。先确定线路起点、终点和线路装置（如灯头、吊线盒、插头、开关等）的位置，以就近建筑面的交接线为标划出水平和垂直基准线，再根据护套线安装要求，每隔 150～300 mm 划出固定铝片卡或塑料线卡子的位置。距开关、插座、灯具等木台 50 mm 处或导线转弯两边的 80 mm 处，都应确定固定铝片卡或塑料线卡子的位置，如图 4.15 所示。

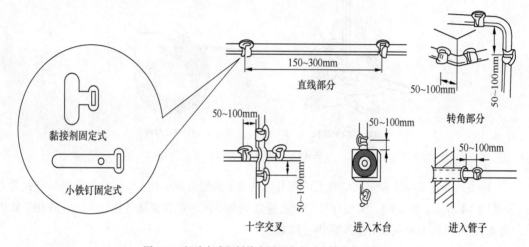

图 4.15　铝片卡或塑料线卡子固定点（支持点）的位置

② 铝片卡或塑料线卡子的固定。在木结构上，铝片卡或塑料线卡子可用钉子直接钉住；在抹灰层的墙壁上，可用短钉固定铝片卡或塑料线卡子；在混凝土结构上，可采用环氧树脂粘接铝片卡。

铝片卡粘接前应将建筑物粘接面用钢丝刷刷净，然后将配制好的黏接剂用毛笔涂在固定点的表面和铝片卡底部的接触面上。黏接剂涂抹要均匀，涂层要薄。操作时，可用手稍加压力，使两个粘接面接触良好。铝片卡粘完后，应养护 1～2 天，待粘接处牢固后才可敷线。

③ 塑料护套线的敷设。塑料护套线的敷设要做到"横平竖直"，并要逐一夹持好支持点。转角处敷线时，弯曲护套线用力要均匀，其弯曲半径不应小于导线宽度的 3 倍。在同一墙面上转弯时，次序应从上而下，以便操作。图 4.16 所示为铝片卡夹卡护套线操作示意图。

护套线的接头应放在开关、插座和灯头内部，以求整齐美观，如接头不能放入这些地方时，应装设接线盒，将接头放在接线盒内。

导线敷放完毕后，需检查所敷设线路是否横平竖直，对不符要求的导线可用螺丝刀柄轻敲调整，让导线边缘紧靠划线条，使线路更平整美观。

（3）明管线敷设工艺。明管线敷设是指直接将硬质管（金属管或塑料管）敷设在墙上的一种方式。这种敷设方式安全可靠，可避免腐蚀和遭

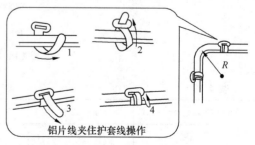

图 4.16　铝片卡夹卡护套线操作示意图

受机械损伤，被广泛用于公共建筑和厂房装置的敷设中。

明管线敷设工艺，如图 4.17 和图 4.18 所示。

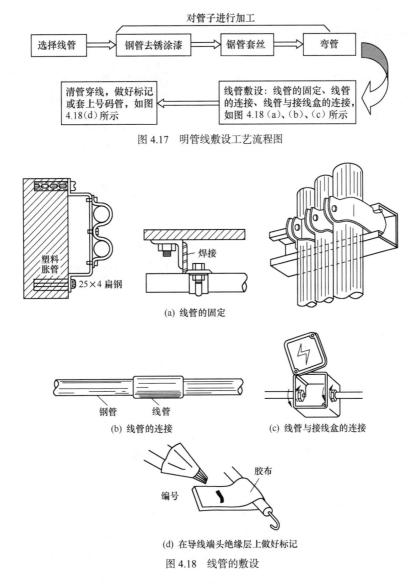

图 4.17　明管线敷设工艺流程图

(a) 线管的固定

(b) 线管的连接

(c) 线管与接线盒的连接

(d) 在导线端头绝缘层上做好标记

图 4.18　线管的敷设

2. 暗线敷设

（1）灰层线的敷设。灰层线敷设是一种非正规的室内暗敷设方式，由于这种敷设方式比较简单，又能避免导线机械损伤和保持墙面平整清洁，目前它仍普遍采用，特别是民宅线路装修工程中。

灰层线敷设工艺如下。

① 根据室内线路设计要求，沿灰墙的线脚、墙角、横梁画出线路走线。

② 按画出线路走线，并凿制出导线敷设的沟槽。

③ 将导线敷设在凿制的沟槽内，用铁钉和铝片卡或线卡子固定牢固。同时在接线盒孔中预埋

好接线盒。图 4.19 所示为接线盒与接线盒预埋的示意图。

④ 待线路敷放完毕后，将预留的导线端绕入预埋的接线盒内，如图 4.19（b）所示，预留导线端长度一般为 200～300 mm，也可根据需要选定。

⑤ 用石灰或水泥砂浆将线路（导线沟槽、接线盒孔）覆盖，抹平。

⑥ 待灰浆完全硬固后，即可与开关、插座或配电板等进行相连接。

（2）暗管线敷设。如图 4.20 和图 4.21 所示，暗管线敷设工艺与明管线敷设工艺相似，不同的是在对管子进行加工的同时，还要在建筑物所确定的埋设路径上凿沟槽，待线管埋设后，再进行穿线以及线路检验、导线沟槽和接线盒孔的覆盖、抹平等工作。

(a) 接线盒   (b) 接线盒的预埋

图 4.19　接线盒与接线盒的埋设

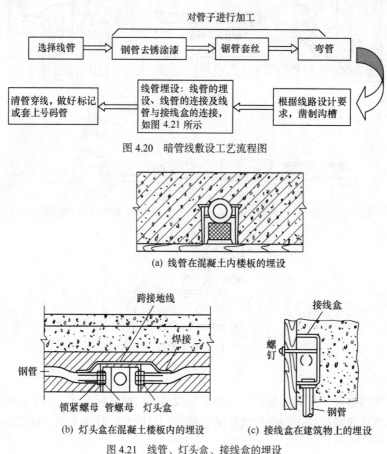

图 4.20　暗管线敷设工艺流程图

(a) 线管在混凝土内楼板的埋设

(b) 灯头盒在混凝土楼板内的埋设　　(c) 接线盒在建筑物上的埋设

图 4.21　线管、灯头盒、接线盒的埋设

 注意

电气布线宜采用暗管敷设，导线在管内不得有接头和扭结，导线距电话线、闭路电视线不得少于 50 cm，吊顶内不允许有明露导线，严禁将导线直接埋入抹灰层内。

知识拓展————塑料管线的连接

塑料管线由于具有表面平滑、不结垢，操作方便、省工省时等优点，在住宅装修中应用较多。其连接方式有"冷接"和"热接"两种。

（1）"冷接方法"。利用黏合剂，对管子进行冷涂胶黏的一种工艺，如图 4.22 所示。

(a) 外层刷丁腈橡胶 1 层　　(b) 管件口内端刷丁腈橡胶 1 层　　(c) 管子与管件对接

图 4.22　塑料管线的连接（胶黏）操作示意图

对塑料管线连接（胶黏）时应注意：①操作人员应站在上风处，且宜佩戴防护手套、防护眼镜和口罩。②胶黏剂和清洁剂的瓶盖应随用随盖。管线胶黏场所应通风，严禁明火。

（2）"热接方法"。它是利用融管器内的发热元件对塑料管进行加热，使塑料管热融自动黏合的一种工艺。由于"热接方法" 胶黏牢固、工作效率高，目前越来越被装修公司采用。

动脑又动手

□ **说一说　导线敷设的方法**

将所说的导线敷设方法填写在下面空格中。

□ **做一做　导线明敷设工作**

在模拟场地完成塑料护套线明敷设的任务，具体步骤如下。

① 确定线路走向，并按塑料护套线的安装要求（每隔 150～300 mm）划出固定铝片线卡的位置。

② 凿打整个线路中的木楔孔，并安装削制好的木楔。

③ 固定铝片线卡。

④ 进行塑料护套线明敷设，在明敷时要做到"横平竖直"。

□ **写一写　导线明敷设的体会**

把塑料护套线明敷设后的操作体会填入表 4.20 中。

表 4.20　　　　　塑料护套线明敷设操作记录

器材与工具名称	适用范围	塑料护套线明敷设注意事项
体会		

□ 评一评 "说、做、写"工作情况

将"说、做、写"工作的评价意见填入表4.21中。

表4.21 "说、做、写"工作评价表

评定人＼项目	实训评价	等级	评定签名
自己评			
同学评			
老师评			
综合评定等级			

____年____月____日

任务三 电工图的识读

情景模拟

新华电气材料公司又要新建厂房和工人新村。为了保证新厂房和工人新村的用电，小任爸爸每天拿着一大叠电工图纸在厂房与工人新村之间来回地奔跑。

"爸爸，你累不累？"爸爸回家时，小任终于按捺不住地问："图纸有什么用场？它们与厂房、新村中的电气有什么关系？"

爸爸笑了一笑，摸着小任的头，指着图纸说："这些图纸用场可大呢！它是电工活动的工程语言，是电工技术中应用最广泛的资料。在电工图纸上有各种图形、符号，分别表示了线路或设备的电气组成、连接方式，有文字语言不可替代的作用。电工图纸能帮助我们尽快地了解厂房或工人新村的电气情况，能帮助我们对设备的故障进行准确、迅速地判断和排除。"

同学们，你想知道电工图在工作、生产上是怎样以图形、符号等形式传递和交换信息的吗？让我们一起来学习有关电工读图方面的知识和技能吧！

基础知识

电工图种类及识读方法、室内照明线路图的识读范例、工厂动力线路图的识读范例，以及相关拓展知识等。

知识链接1 电工图种类及识读方法

1. 电工图的种类

电工图的种类有许多，如电气原理图、安装接线图、端子排图和展开图等，其中电气原理图和安装接线图是最常见的两种电工图。

（1）电气原理图。电气原理图简称电原理图，是用来说明电气系统的组成和连接的方式，以及表明它们的工作原理和相互之间的作用，它不涉及电气设备和电气元件的结构或安装情况。

图 4.23 所示为某住宅楼供电系统电气原理图。它表示该住宅照明的电源是取自供电系统的低压配电线路。进户线穿过进户开关后，先接入配电线（屏），再接到用户的分配电箱（屏）经电度表、刀开关或空气开关，最后接到灯具和其他用电设备上。为了使每盏灯的工作不影响其他灯具（用电器），各条控制线路都并接在相线和中性线上，并在各自线路中串接单独控制用的开关。

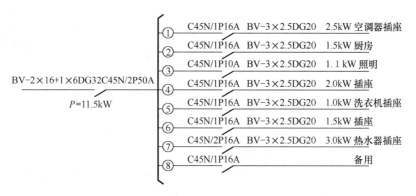

图 4.23　某住宅楼供电系统电气原理图

图 4.24 所示为某机床电气原理图。图中电源线路一般画在图面的左方或上方，三相交流电源 L_1、L_2、L_3 按相序由上而下（或从左往右）依次排列，中性线 N 和保护线 PE 画在相线下面。直流电源则以上正下负画出。电源开关要水平方向设置。主电路垂直电源电路画在电气原理图的左侧。控制电路和辅助电路跨在两相之间，依次垂直画在主电路的右侧，并且电路中的耗能元件（如接触器和继电器的线圈、电磁铁、信号灯、照明灯等）要画在电气原理图的下方，而线圈的触点则画在耗能元件的上方。

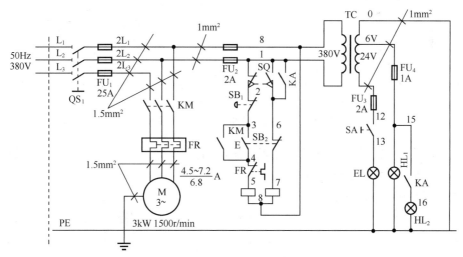

图 4.24　某机床电气原理图

其中，电气原理图中各线圈的触点都按线路未通电或器件未受外力作用时的常态位置画出。分析工作原理时，应从触点的常态位置出发。各元器件不画实际外形图，而采用国家规定的统一图形符号画出。同一电器的各元件不按实际位置画在一起，而是根据它们在线路中所起的作用分别画在不同部位，并且它们的动作是相互关联的，必须标以相同的文字符号。

（2）安装图。安装图或称安装接线图，它是电气安装施工的主要图纸，是根据电气设备或元件的实际结构和安装要求绘制的图纸。在绘制时，只考虑元件的安装配线而不必表示该元件的动作原理。

图4.25所示为某住宅楼供电（照明）系统安装图。它表示各房间电气安装的走线情况。

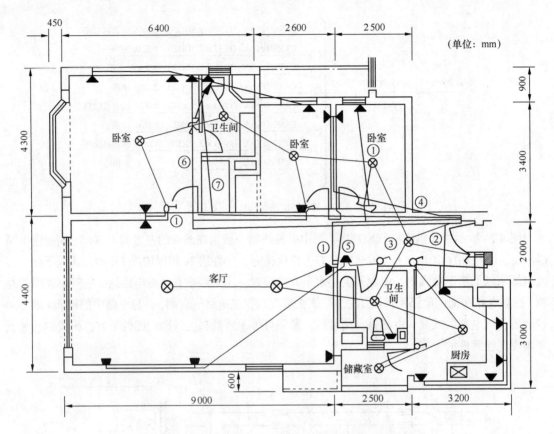

注：1. 空调插座距地面1.8m   2. 冰箱、洗衣机、厨房插座距地面1.3m
     3. 开关距地面1.3m   4. 卫生间电热水器、排风扇距地面2.4m
     5. 油烟机距地面2.4m   6. 其他插座距地面0.3m

图4.25　某住宅楼供电（照明）系统安装图

图4.26所示为某机床电气安装图。它表示各电气设备及电器件实际连线的情况，其中中间的方格即为端子排，用以连接电气元件（或设备）。

2. 电工图识读的基本方法

识读电工图应弄清读图的基本要求，掌握好读图步骤，才能提高读图的水平，加快分析线路的速度。

（1）读图的基本要求。

① 结合相关图形符号读图。电工图的设计、绘制与读识，离不开相关图形符号。只有认识相关图形符号（见知识拓展——常用电气图形符号），才能理解图纸含义。

② 结合电工基本原理读图。电工图的设计，离不开电工的基本原理。要看懂线路图的结构和基本工作原理，必须懂得电工原理的有关知识，才能运用这些知识，分析线路，理解图纸所含内容。

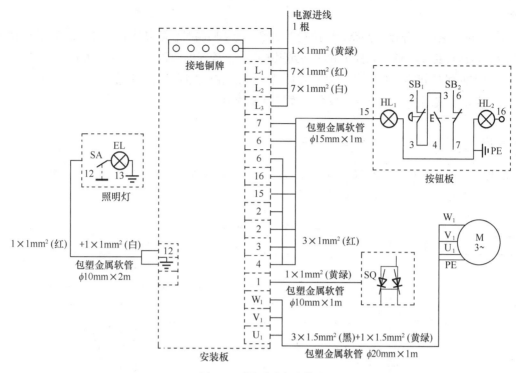

图 4.26　某机床电气安装图

③ 结合电气器件的结构和原理读图。在线路图中往往有各种相关的电器件，如熔断器、控制开关、接触器、继电器等，必须先懂得这些电器件的基本结构、性能、动作原理、电器件间的相互关系及其在整个电路中的地位和作用等，才能读懂并理解电路图。

④ 结合典型电路读图。典型线路是构成电路图的基本电路，如 1 只开关控制 1 盏灯的线路、2 只开关控制 1 盏灯的线路、荧光灯控制线路，电动机启动、正反转控制、制动线路等。分析出典型线路，就容易看懂图纸上的完整线路。

⑤ 结合线路图的绘制特点读图。线路图的绘制是有规律性的，如工厂机床动力控制图的主辅电路，它在图纸上的位置及线条粗细有明确规定。在垂直方向绘制图纸时是从上向下，在水平方向则是从左到右，懂得这些绘制图纸的规律，有利于看懂图纸。

（2）读图的一般步骤。

① 阅读图纸的有关说明。图纸的有关说明包括图纸目录、技术说明、器件（元件）明细表及施工说明书等。阅读图纸的有关说明，可以了解工程的整体轮廓、设计内容及施工的基本要求。

② 识读电气原理图。根据电工基本原理，在图纸上首先分出主回路和辅助回路、交流回路和直流回路。然后一看主回路，二看辅助回路。看主回路时，应从用电设备开始，经过控制器件（元件）往电源方看。看辅助回路时，应从左到右或自上而下看。

在对主回路识读中，要掌握工程的电源供给情况。电源在送往用电设备中要经过哪些控制器件（元件），这些器件（元件）各有什么作用，她们在控制用电设备时是怎样动作的。在对辅助回路识读中，应掌握该回路的基本组成，各器件（元件）之间的相互联系以及各器件（元件）的动作情况，从而理解辅助回路对主回路的控制原理，以便读懂整个电路工作程序及原理。

③ 识读安装图。先读主回路，后读辅助回路。读主回路时，可以从电源引入处开始，根据电流流向，依次经控制器件（元件）和线路到用电设备。读辅助回路时，仍从一相电源出发，根据假定电流方向经控制器件（元件）巡行到另一相电源。在读图时还应注意施工中所有器件（元件）的型号、规格、数量和布线方式、安装高度等重要资料。

知识拓展 ——常用电气图形符号

配电线路和照明灯的标志格式如表 4.22 所示，一些电气设备图形符号如表 4.23 所示，一些建筑图例符号如表 4.24 所示，一些文字符号及意义等如表 4.25 所示。

表 4.22　　　　　　　　　　　　　　配电线路和照明灯的标志格式

在配电线上的标志格式	对照明灯的标志格式
$a-b\,(c \times d)\,e-f$	$a-b\dfrac{c-d}{e}-f$
a——网路标号	a——灯具数
b——导线型号	b——型号
c——导线根数	c——每盏灯的灯泡数
d——导线截面	d——灯泡容量（W）
e——敷设方式	e——安装高度（m）
f——敷设部位	f——安装方式

表 4.23　　　　　　　　　　　　　　一些电气设备图形符号

图形符号	名称	图形符号	名称
	电铃		暗装三极开关
	电话机一般符号		荧光灯一般符号
	单相插座		三管荧光灯
	暗装单相插座		分线盒
	密封（防水）单相插座		分线箱
	带接地插孔的三相插座		球形灯
	单极开关		壁灯
	暗装单极开关		启辉器
	双极开关		保护接地
	暗装双极开关		接地
	三极开关		电流表

表 4.24　　　　　　　　　　　　　一些建筑图例符号

图例	名称	图例	名称
	窗户		钢筋混凝土
	窗户		金属
	单扇门		木材
	双扇门		玻璃
	双扇弹簧门		松上夯实
	高窗		空门洞
	不可见孔洞		墙内单扇推拉门
	可见孔洞		污水池
	标高符号（用 m 表示）		楼梯　底层　中间层　顶层
	轴线号与附加轴线号		

表 4.25　　　　　　　　　　　　　一些文字符号及意义

文字符号	名称	文字符号	名称
M	明敷设	ZM	沿柱敷设
A	暗敷设	CM	沿墙敷设
CT	用瓷夹瓷卡敷设	PM	沿天花板敷设
CB	沿隔板敷设	DM	沿地敷设

知识链接 2 **室内照明线路图的识读范例**

　　从图 4.23 所示的某住宅楼供电系统电气原理图可识读出：单元总线为 2 根 16 mm² 加 1 根 6 mm² 的 BV 型铜芯电线，设计使用功率 11.5 kW，经空气开关（型号 C45N /2P50A）控制，安装管道直径为 32 mm。电气线路分 8 路控制（其中一只在配电箱内，配用），各由空气开关（型号：C45N/1P16A）控制一路。每条支路（线路）由 2.5 mm² 直径的 BV 铜芯线 3 根，穿线管道直径为 20 mm。各支路设计使用功率分别为 2.5 kW、1.5 kW、1.1 kW、2 kW、1 kW、1.5 kW、3 kW。

　　在"注"标示中，标出空调器插座、厨房冰箱插座、洗衣机用插座及开关等电器件距地面的安装技术数据。

　　从图 4.25 所示的某住宅楼供电（照明）系统安装图可识读出：有客厅 1 间、卧室 3 间、卫生间 2 间和厨房、储藏室各 1 间等，共计 8 间。在门厅过道由配电箱 1 个，分 8 路（其中 1 路在配电箱内作备用）引出，室内天棚灯座 10 处、插座 24 处，开关及连接这些灯具（电器）的线路。所有的开关和线路为暗敷设，并在线路上标出①、②、③、④、⑤、⑥、⑦字样，与图 4.23 中的①、②、③、④、⑤、⑥、⑦字样一一对应。此外，还有门厅墙壁座灯 1 盏。

注意

隐蔽工程验收时，装饰公司应约设计师一起参与并向用户提供一套电路竣工简图，标明导线规格及暗管走向。

知识拓展——端子与端子排（板）的识读

端子与端子排（板）是电气附件中重要的接线器件，是用以连接电器件和外部导线的导电装置。在成套设备的故障中，接线端子与端子排（板）的故障约占 50%，检查这些连接点是电工维修的首要步骤之一。因此，正确识读端子与端子排（板）连接图，将有助于电工准确、迅速地判断和排除故障。

（1）端子与端子排（板）的分类。端子与端子排（板）的种类很多，如图 4.27 所示。

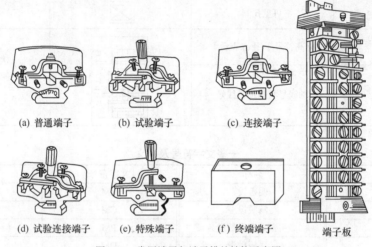

(a) 普通端子　　(b) 试验端子　　(c) 连接端子

(d) 试验连接端子　　(e) 特殊端子　　(f) 终端端子　　端子板

图 4.27　常用端子与端子排的结构示意图

（2）端子排（板）连接图识读。图 4.28 所示为某简单机床通过端子排（板）连接的图纸。在图纸中的 QS、FU、KM、SB 和 M 分别是刀开关、熔断器、接触器、按钮和电动机等。

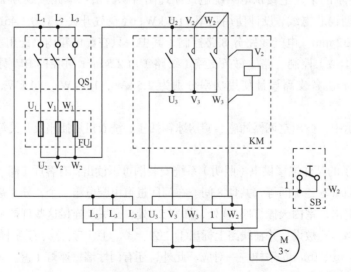

图 4.28　利用端子排连接的简单机床接线图

知识链接 3 工厂动力线路图的识读范例

（1）工厂线路（外线布置）图的识读。读图 4.29 所示工厂线路图时，应由高压配电到低压配电的次序进行，具体如下。

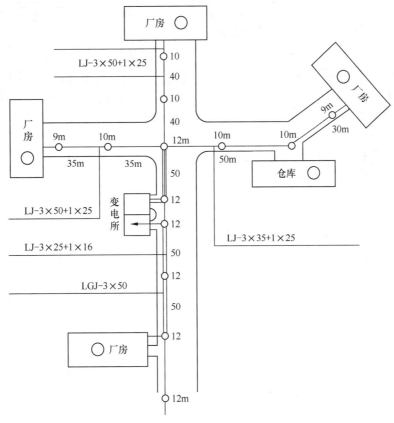

图 4.29 工厂外线布置图

① 根据图形符号找出变（配）电所。变（配）电所在厂区中间，由高压配电室和低压配电室两部分组成。

② 从高压配电室引出的走向由西拐弯再向南的线路是高压线路，采用 3 根线径为 50 mm² 的钢芯铝绞线（见图 4.29 中 LGJ-3 × 50）。

③ 从低压配电室引出的走向分东南西北 4 根线是低压线路，分别通往 4 个厂房。其中 LJ-3 × 50 + 1 × 25 和 LJ-3 × 25 + 1 × 16 分别表示 3 根线径为 50 mm² 的加 1 根 25 mm² 的铝绞线和 3 根线径为 25 mm² 的加 1 根 16 mm² 的铝绞线。

④ 线路中的圈点表示电线杆，圈点边标注的 "10"、"12" 等数字表示电线杆的高度（如 "10"、"12" 分别表示 10 m、12 m）；两圈点之间的 "35"、"40" 等数字表示电线杆的间距（如 "35"、"40" 分别表示电线杆的间距为 35 m、40 m）。

（2）车间动力线路布置图的识读。从图 4.30 所示车间动力线路平面布置图上可以看出，动力线路是由西北角进入，导线为型号 BBLX 的棉纱编织橡皮绝缘铝线，共 3 根，截面积是 75 mm²，用直径 70 mm² 焊接钢管敷设，线路电源为 380V。进入车间总控制屏后分 3 路线通往设备，一路在墙上引向上一层车间。

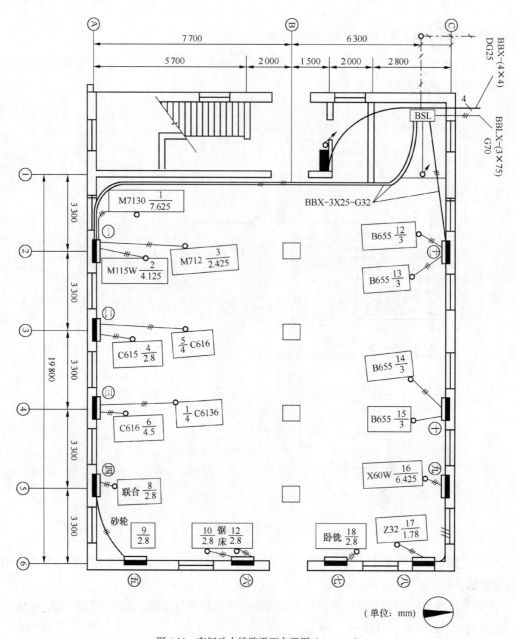

图 4.30　车间动力线路平面布置图（1∶100）

　　车间内有设备 18 台，11 个分配电箱，分别供给动力用电。如图 M7130、M115 W、M7112 3 台设备由西南面一号配电箱供电，其中分式编号 $\dfrac{1}{7.625}$、$\dfrac{2}{4.125}$ 及 $\dfrac{3}{3.425}$，分子为设备编号，分母为电动机的容量，单位是 kW。

　　（3）车间动力设备控制线路图的识读。应先看主线路，后看控制线路。

　　① 车间动力设备控制线路图一般包括电源电路、主电路、控制电路、辅助电路（信号电路、照明电路）。在识读电气原理图时，应分清电气原理图中的主电路、控制电路和辅助电路（信号电路、照明电路）。通常电源电路画在图面的左侧或上方；控制电路、辅助电路（信号、照明电路）跨接在两相电源之间，依次垂直画在主电路的右侧。

② 识读主线路时，通常从下往上看，即从电气设备（如电动机）开始。经控制元件，依次到电源，搞清电源是经过哪些元器件到达用电设备。即按下列 4 步进行。

第 1 步：看电路及设备的供电电源（车间机械生产多用 380V、50Hz 三相交流电），应看懂电源引自何处。

第 2 步：分析主线路共用了几台电动机，并了解电动机的功能。

第 3 步：分析各台电动机的工作状况（如启动方式，是否有可逆、调速、制动等控制）和它们的制约关系。

第 4 步：了解主线路中所有的控制电器（如闸刀开关和交流接触器主触点等）及保护电器（如熔断器、热继电器与自动开关中的脱扣器等）。

③ 识读控制线路时，由于它按动作程序画在两条水平（或垂直）线之间，通常可以从上到下（或从左向右）巡行，即先看电源，再依次到各条回路，分析各回路元件的工作情况及对主电路的控制关系。搞清回路构成，各元件间的联系、控制关系以及在什么条件下回路通路或断路等。

对于复杂线路，还可以将它分成几个功能（如启动、制动、循环等）识读。在识读控制线路时要紧扣主线路动作与控制线路的联动关系，不能孤立地识读控制线路。

知识拓展 ——展开图的识读

定子绕组是电动机的主要组成部分。电动机长期运转后，由于受潮、过载、老化等原因都有可能使绕组损伤，甚至烧毁。因此，绕组修理是电工在维修电动机中不可缺少的环节。正确识读电动机绕组的展开图是了解绕组、修理与重绕绕组的基础。

（1）展开图识读的基本要求。

① 定子的术语。

a. 线圈、极相、绕组。线圈是以绝缘导线（如漆包线、纱包线）按一定形式绕制而成，线圈可由一匝或多匝导线组成，如图 4.31 所示。同一相中由多个线圈构成的一组单元称极相组（或线圈组）。由多个线圈或极相组构成一相或整个电磁电路的组合称绕组。因此，线圈是电动机绕组的基本元件，绕组是电动机电磁部分的主要部件。

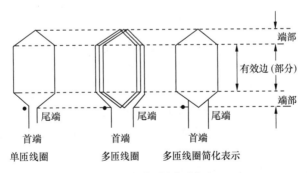

图 4.31　线圈的表示方法

构成绕组的一个线圈又称为绕组元件。它有 2 个直线部分，嵌入铁心槽内的部分称为线圈的有效边，是实现机电能量转换的有效部分；两端伸出铁心槽外，不参与能量转换，仅起连接两有效边作用的部分称端部。为了便于绘制绕组图，一般用简化方法表示一个多匝线圈。

b. 极距。极距是指沿定子铁心内圆磁极与磁极之间的距离，即每个磁极所占的范围，如图 4.32 所示。

极距的大小可以用其所占的内圆弧长或其所占的槽数表示。极距 τ 是电动机铁心总槽数 Z 与 2 倍的磁极对数 p 的比值，如一台 24 槽 4 极（$p=2$）三相异步电动机的极距为 6。

c. 节距。节距是指一个线圈两有效边之间的距离，即线圈两有效边所跨的槽数，如图 4.32 所示。如果线圈的一个有效边在第 1 槽，另一个有效边在第 8 槽，则节距 $Y=7$，或以 $Y=1\sim8$ 表示。按照节距与极距的关系，节距可分为整节距（节距等于极距）、短节距（节距小于极距）和长节距（节距大于极距）。

d. 每极每相槽数。每极每相槽数是指每相绕组在一个磁极下所占的槽数。每极每相槽数 q 是电动机铁芯总槽数 Z 与 2 倍的磁极对数 p 和相数 m 的乘积的比值，也就是极距 τ 与相数 m 的比值。如一台 24 槽 4 极（$p=2$）三相异步电动机的每极每相槽数为 2。

e. 机械角度和电角度。机械角度是指一个圆周对应的几何角度，为 360° 或 2π 弧度。电角度是指电气在圆周上对应的角度。从电磁观点来看，一对磁极是一个交变周期，因此一对磁极所对应的机械角度为 360°。

② 定子绕组的分类。定子绕组的分类很多，其分类如图 4.33 所示。

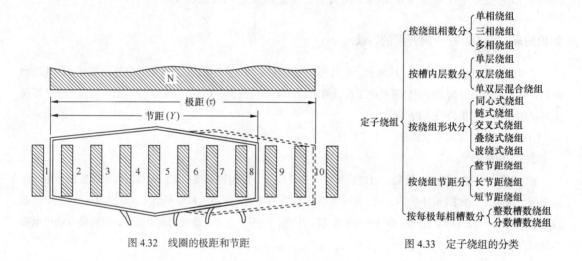

图 4.32　线圈的极距和节距　　　　图 4.33　定子绕组的分类

③ 绕组的端面图和展开图。

为了便于分析绕组结构和接线，通常需识读绕组的端面图和展开图，如图 4.34 所示。

（2）展开图识读的基本方法。

① 识读方法。

a. 识读磁极和相带。三相绕组根据各相绕组在空间互差 120° 电角度的要求，即按 U_1、W_2、V_1、U_2、W_1、V_2 相带排列；单相绕组按主、副绕组，即按 U_1、Z_1、U_2、Z_2 相带排列，根据相带排列读出各槽号所属磁极和相带。

b. 识读线圈组。根据绕组的连接方式和形式，读出线圈组的槽号。

c. 识读每相绕组的连接顺序。根据相带和电流方向，读出每相绕组的连接顺序。

d. 识读电源引线。根据每相绕组的连接顺序，读出电源引线的槽号。

② 识读实例。以图 4.35 为例，识读三相 24 槽 4 极单层链式绕组展开图。

(a) 定子铁心端面图

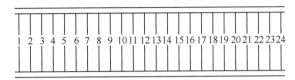

(b) 定子铁心展开图

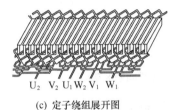

(c) 定子绕组展开图

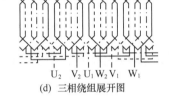

(d) 三相绕组展开图

图 4.34　端面图和展开图

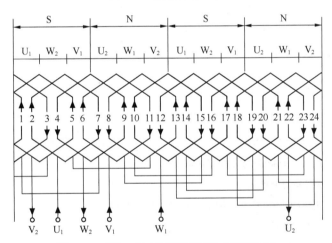

图 4.35　三相 24 槽 4 极绕组展开图（单层链式）

　　a. 识读磁极和相带。图 4.35 中的 24 根平行线段，表示电动机的 24 槽，标在每根平行线段上的数字为定子铁芯的槽号。24 槽分成 4 个极，每极下各有 6 个槽，每极占 180° 电角度，分属 U、V、W 三相，即相带为 60°；每极每相有 2 个槽，每个槽占 30° 电角度。各槽号所属磁极和相带，如表 4.26 所示。

表 4.26　　　　　　　　　　　　　各槽号所属磁极和相带

极距	τ/S			τ/N		
相带	U_1	W_2	V_1	U_2	W_1	V_2
第一对磁极槽号	1、2	3、4	5、6	7、8	9、10	11、12
第二对磁极槽号	13、14	15、16	17、18	19、20	21、22	23、24

b. 识读线圈组。U 相绕组包含第 1、2、7、8、13、14、19、20 共 8 个槽，从节省端部接线考虑，节距取短节距 $Y = 5$。各相线圈的槽号，见表 4.27。

表 4.27   各相线圈槽号

相序	U 相	V 相	W 相
线圈槽号	2 与 7、8 与 13、14 与 19、20 与 1	6 与 11、12 与 17、18 与 23、24 与 5	10 与 15、16 与 21、22 与 3、4 与 9

c. 识读绕组的连接顺序。根据电流参考方向，U 相绕组连接顺序如图 4.36 所示。同理，也可以读出 V、W 相绕组连接顺序。

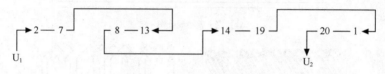

图 4.36 U 相绕组连接顺序

d. 识读电源引线。各电源引线的槽号，如表 4.28，各相间隔 8 槽。

表 4.28   各电源引线的槽号

相序	U 相		V 相		W 相	
引出线端（首或尾）	U_1	U_2	V_1	V_1	W_1	W_1
槽号	2	20	6	24	10	4

动脑又动手

□ **认一认 车间线路平面图**

某车间电气线路平面（布置）图，如图 4.37 所示。看：西门厅工具间外墙上是否安装了一个照明配电箱？该配电箱引出了几路照明线路，具体线路走向如何？

□ **说一说 配电箱安装的位置**

图 4.37 所示中的配电箱安装位置？从配电箱引出了几条线路？

□ **指一指 线路的具体走向**

从车间电气线路平面（布置）图上可以看出，该配电箱几条引出线路的具体走向。

第一路向车间左半边各灯具、插头供电。它们分别是 10 只 40 W 的荧光灯，距地面 2.5 m 用吊链吊装；楼梯间照明用吸顶灯 2.5D，东门厅照明用吸顶灯 60D。这些灯分别由暗装单极开关控制。另外，在车间南侧墙上安装两只带接地插孔的暗装单相插座。

第二路向车间右半边各灯具、插头供电。它们分别是 10 只 40 W 的荧光灯，距地面 2.5 m 用吊链吊装，另外一只安装在储藏室内。这些灯分别由暗装单相开关控制。在车间北侧墙上安装两只带接地插孔的暗装单相插座，一只暗装单相插座安装在工具室。

第三路在西大厅、工具室内，分别装有 60 W、40 W、25 W 吸顶灯各一只，分别由暗装单极开关控制。在此还设置有向上层引出的两条照明线路的标志。

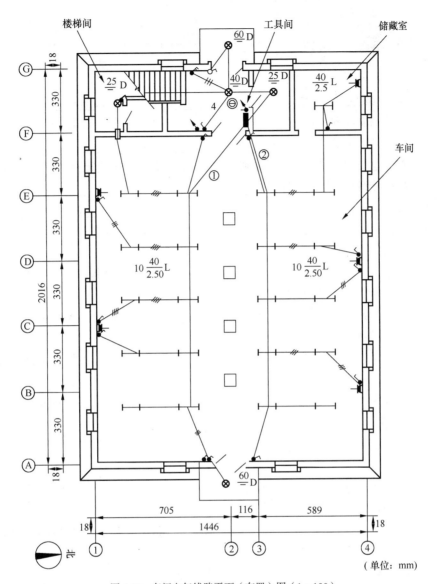

图 4.37 车间电气线路平面（布置）图（1：100）

□ 评一评 "认、说、指" 工作情况

请把 "认、说、指" 工作评价填写在表 4.29 中。

表 4.29 "认、说、指" 工作评价表

项目 评定人	实训评价	等级	评定签名
自己评			
同学评			
老师评			
综合评 定等级			

年＿＿月＿＿日

思考与练习

一、填空题

1. 导线线头连接的方法一般有_____、_____、_____和_____等。

2. 导线绝缘层的剥离方法有：用_____、_____和_____等几种。

3. 导线连接的基本要求是：① _____；② _____；③ _____。

4. 在照明控制电路的接线中，为了做到用电安全，我们一定要牢记：_____的法则。

5. 安装的插座接线孔的排列顺序是：_____。

6. 避免线路上接头，所有接头应尽量装接在_____。

7. 在灯具安装时，为了不使接头处承受灯具的重力，吊灯电源线在进入挂线盒后，在离接线端头_____处应打一个保险结（即电工结）。

8. 室内布线应做到_____、_____、_____，并满足使用者的不同需要。

二、判断题（对的打"√"，错的打"×"）

1. 分支接点常出现在导线分路的连接点处，要求分支接点连接牢固、绝缘层恢复可靠，否则容易发生断路等电气事故。　　　　　　　　　　　　　　　（　　）

2. 安装扳把开关时，开关的扳把应向上为"分"，即电路接通；扳把向下为"合"，即电路断开。　　　　　　　　　　　　　　　　　　　　　　　（　　）

3. 单相二孔插座：二孔垂直排列时，相线接在上孔，零线接在下孔；水平排列时，相线接在左孔，零线接在右孔。　　　　　　　　　　　　　　　　　（　　）

4. 安装单相三孔插座的接线孔排列顺序是：保护线接在上孔，相线接在右孔，零线接在左孔。　　　　　　　　　　　　　　　　　　　　　　　　（　　）

5. 吊线灯具重量不超过 1kg 时，可用电灯引线自身作为电灯吊线；吊线灯具重量超过 1kg 时，应采用吊链或钢管吊装。　　　　　　　　　　　　　　（　　）

6. 采用螺口灯座时，应将相（火）线接顶芯极，零线接螺纹极，否则容易发生触电事故。　　　　　　　　　　　　　　　　　　　　　　　　　　（　　）

7. 配电箱的安装场所应干燥、明亮，不易受震，便于抄表和维护。　（　　）

8. 漏电保护器应有必要的动作速度。一般动作时间小于 0.5s，以达到保护人身安全的目的。　　　　　　　　　　　　　　　　　　　　　　　　（　　）

9. 为了方便接线，可在导线端头绝缘层上做好标记或套上号码管。（　　）

10. 线路敷放时，不应在接线盒内预留一定长度的线头。　　　　　（　　）

三、简答题

1. 怎样剖削塑料硬线、塑料软线、塑料护套线和橡胶软电缆线？

2. 怎样对导线接头进行直接点连接和分支点（T）连接？

3. 导线线头与接线桩的连接有哪几种方法？各自怎样操作？

4. 怎样正确包扎绝缘胶布（带）确保导线的绝缘性能？

5. 室内导线敷设应满足哪些使用和安全要求？

6. 简述电工读图的基本要求和步骤。

项目五

室内电气线路操作技能

室内电气线路施工是实际应用性很强的一项技能，它要求输电安全，布线合理，能满足使用者的不同需要。

通过本项目的学习和训练，了解室内电气线路施工的基本要求和工序，能看懂室内照明电路原理图，初步学会白炽灯、荧光灯和家用电器的安装技能。

知识目标

- 了解室内电气线路施工的要求与工序。
- 熟悉室内电气线路的常见故障。

技能目标

- 掌握室内照明与动力线路安装的基本操作技能。
- 能进行室内照明与动力线路常见故障的分析与处理。

任务一　室内电气线路的施工

情景模拟

新华电气材料公司的厂房和工人新村土建工程已基本竣工，开始进入后期电气线路的施工。在学校和公司的准许下，小任、小明、小尤和小田等几个同学利用假期参加了这项有意义的工作。

你知道他们是怎样在工人师傅的指导下完成这一件件任务的吗？

同学们，让我们一起来学习有关室内电气线路施工方面的知识和技能吧！

基础知识

室内电气线路施工需考虑的问题、室内电气线路施工基本要求和工序、室内电气线路的施工，以及相关拓展知识等。

知识链接 1　室内电气线路施工需考虑的问题

在室内电气线路施工中，应考虑供电电压和各相负荷的平衡，如室内照明（负荷电流为15～20 A）线路供电电压为 220 V 的单相二线制，工厂动力和照明线路供电为 380 V/220 V 的三相三线或三相四线制。在三相三线或三相四线制中，应注意各相负荷的平衡问题。因为，当三相负荷基本平衡时，中性线上的电流较小，有利于安全用电和节约材料，如图 5.1 所示。

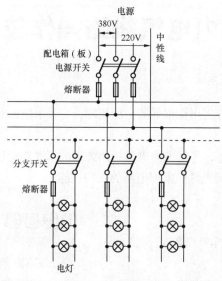

图 5.1　各相负荷平均分配

知识拓展——琳琅满目的照明灯具

太阳光是白色，经过三棱镜折射后发出七彩颜色；水晶是透明的，被经过的光照射后，折射后出七彩颜色。水晶灯，就是这样的完美组合，本无色却缤纷。

现今，水晶灯饰已不再是皇室和贵族的专利品，不少家庭都会考虑选择一盏色彩绚丽的水晶灯来营造家居氛围。在选购水晶灯时，一定要注意根据空间的大小和灯的外形进行选择。业内人员指出：根据空间的要求，$20 \sim 30 \ m^2$ 客厅要选择直径在 1m 左右的水晶灯，可以根据不同的房间有侧重地进行选择。很多富裕家庭主要是为了客厅的使用，所以主要选择大气、美观的吸顶和吊式的水晶灯；一些年轻人或者刚结婚的人们，在对卧室进行装饰时，不妨选择精巧迷人、温色调的多垂饰的壁式水晶灯；如果在厨房安装水晶灯的话，可以安装一款既节能又体现温馨生活的吊式水晶灯。在美学逐渐深入人心的社会，提升生活品质已经成为一种必然趋势。琳琅满目的照明灯具，如图 5.2 所示。

（a）台灯

（b）壁灯

（c）吸顶灯

（d）吊灯

（e）射灯

（f）筒灯

（g）LED 灯

图 5.2　琳琅满目的照明灯具

知识链接 2 室内电气线路施工基本要求和工序

1. 线路施工的基本要求

线路施工应根据室内电气设备的具体情况、实际要求进行布设和分配，做到电能传送安全可靠，线路布置合理便捷，整齐美观和经济，能满足使用者的其他不同需要。具体要求如表 5.1 所示。

表 5.1　　　　　　　　　　　　　线路施工要求

序号	操作说明
1	导线额定电压大于线路工作电压；其绝缘层应符合线路的安装方式和敷设环境的条件；其截面应满足供电的要求和机械强度
2	线路敷设的位置，应便于检查和维修
3	导线连接和分支处，不应受到机械力的作用
4	线路中尽量减少线路的接头，以减少故障点
5	导线与电器端子的连接要紧密压实，力求减少接触电阻和防止脱落
6	线路应尽量避开热源和不在发热的表面敷设
7	水平敷设的线路，若距离地面低于 2 m 或垂直敷设的线路距地面低于 1.8m 的线段，均应装设预防机械损伤的装置
8	为防止漏电，线路的对地电阻不应小于 0.5 MΩ

2. 线路施工的基本工序

线路施工分照明线路敷设和动力线路敷设2种，按导线敷设的方式分类有明线敷设和暗线敷设2种。导线沿墙壁、顶棚、梁、柱等处作明敷设的布线方式，称为明敷线；导线穿管埋设于墙壁、地墙、楼板等处内部或装设在顶棚内作暗敷设的布线方式，称为暗敷线。常见的明敷线有塑料护套线敷线，暗敷线有管道敷线、灰层敷线等。在施工时，线路敷设的基本工序如下。

（1）熟悉施工图。

（2）沿建筑物确定导线敷设的路径。明线施工一般沿墙走，横平竖直，其长度可参照建筑照明系统安装接线图的尺寸来计算。暗线施工以最短的距离到达灯具，其长度往往依靠比例尺在建筑照明系统安装接线图上量取后计算。

（3）在建筑物上，作预埋、敷设准备工作。在预埋、敷设前，要做好的工作有：确定配电箱柜、灯座、插座、开关或起动设备等位置，打好孔眼，预埋保护管、木榫、螺栓、角钢支架等。

（4）装设绝缘支持物、线夹或管子。

（5）进行线路敷设。

（6）导线连接、分支、恢复绝缘和封端，并将导线出线接头与设备连接。

（7）检查验收。

知识拓展  **——室内照明设计与布置观赏**

我国的室内照明多种多样，如住宅的布局、结构、分室数量和大小等方面，南方与北方，城市与农村各不相同。即使在同一个城市，一室户、二室户、三室户、四室户、别墅等不同居住条件的住户，也情况各异。但是，尽管居住条件和住户特点千差万别，住宅总有住宅的共同特点。从住宅的功能看，应有以下几种功能室：①起居室；②学习室；③会客室；④健身室；⑤电视室；⑥娱乐室；⑦工作室，如计算机室；⑧厨房；⑨卫生间等。

房间的功能不同，对照明的要求也不同。如果同一房间有多种功能，照明应兼顾各种功能的需要。因此，家庭照明必须以房间的功能特点为依据。

1. 居室照明设计

（1）客厅照明。有一间面积为 15 m^2 的房间，用作客厅兼娱乐和看电视。试设计该房间的照明。照明设计步骤如下。

① 收集房间资料。该房间长 4.7 m、宽 3.2 m、高 2.9 m，粉白墙壁，预置浅绿色转角沙发、茶几、电视机，用作客厅兼娱乐和看电视。

② 确定照明方式和种类，并选择合理的照度。由于家庭经济收入较宽裕，采用混合照明方式，照明种类为直接照明。

照度的选择标准：一般会客用照度选 200lx，看电视用照度选 15lx，娱乐用照度选 150lx。

③ 确定合适的光源。选用白炽灯、荧光灯和高效节能灯这 3 种光源。

④ 确定灯具的类型。灯具为固定式白炽镶嵌灯 4 个，荧光吸顶灯 1 个，白炽壁灯 2 个。

⑤ 灯具的布置如图 5.3 所示。其中，A 为 DBY522，30W 荧光吸顶灯；B 为 4 个 15 W 乳白玻璃罩镶嵌灯；C 为 JXBW26-A 两个 2×15 W 的壁灯。

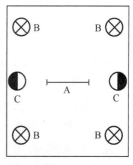

图 5.3 照明灯具布置示意图

⑥ 通过计算，总安装功率是能达到室内照度要求的。照明效果说明，如表 5.2 所示。

表 5.2 照明效果说明

灯使用情况	示意图	说明
单独使用 A 灯	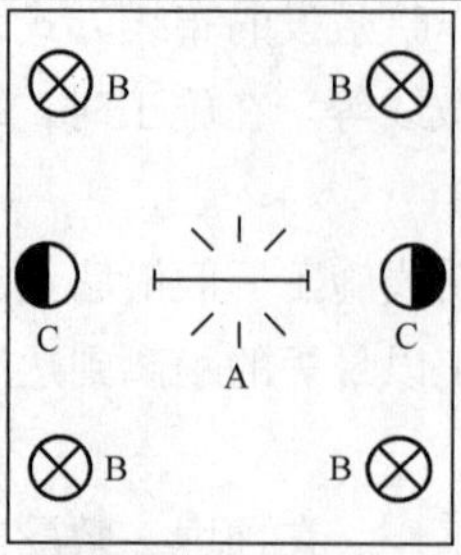	适用于一般家务活动，光线明亮，光效高而且节电
单独使用 B 灯	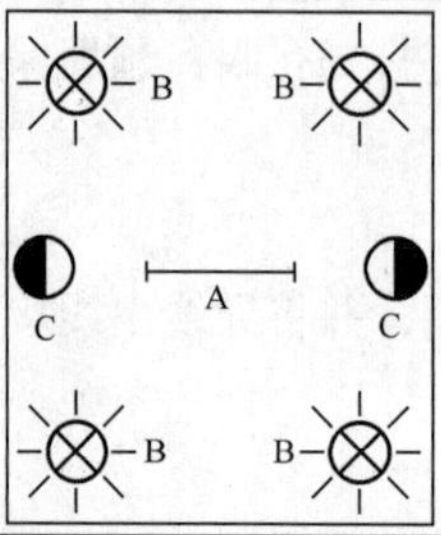	室内照度不均匀，适宜休息或看电视
使用 B 和 C 灯或 A 和 C 灯	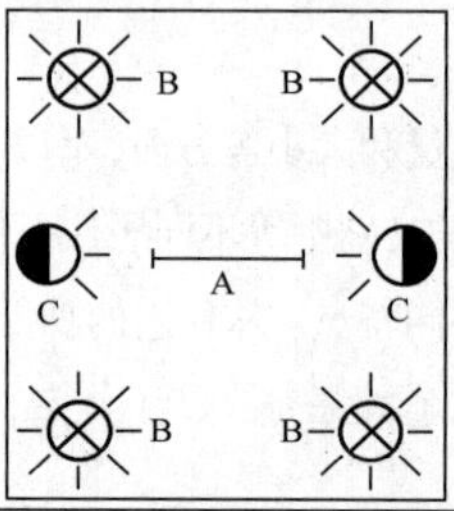 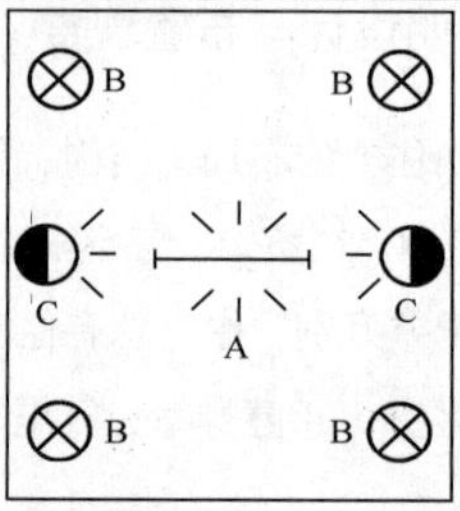	使室内产生一种幽雅或欢快的气氛，适宜于娱乐或欣赏音乐
同时使用 A、B、C 灯	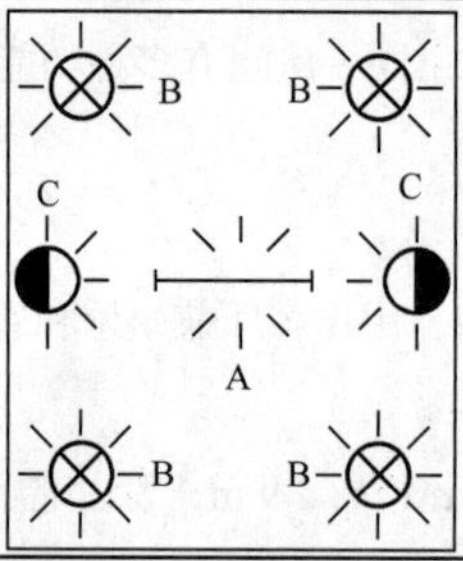	室内照度最高，产生一种明亮、热烈而又亲切愉快的气氛，适宜于节日家庭团聚或朋友聚会

（2）老人卧室照明。有一间 13 m² 的房间，用作老人居室。该房间长 4.06 m、宽 3.2 m、高 2.9 m，粉白墙壁，靠墙单人沙发两个，外罩白色沙发套，木制本色扶手，木制本色茶几，木制本色立柜。采用一般照明方式，漫射照明类型。

老年人居室，照度要求高，设照度为 150 lx，采用 D07A4 型短杆白炽吊灯，功率为 60 W。另外为了老人看报，在茶几上加设 BT301-2 台灯，功率为 40 W。

通过计算，以上设计都能达到照度要求，而且使老人感到明快、适宜、心情舒畅。

2. 室内照明布置观赏

室内照明的模样，在梦中无数遍想象，在手中精心打造，带一份爱意为室内装扮温馨氛围。

现代灯具已经从原来仅满足照明，发展为现代建筑设计必不可少的一部分。灯饰已是体现现代建筑装修风格的点睛之笔。它不仅要满足人们对光照的技术上的需求，而且在造型和色彩上还必须与建筑装饰风格相协调，符合人们的审美要求。表5.3所示为一些室内照明布置图，供观赏。

表5.3 室内照明布置

名称	示图	说明
门厅与走道		门厅是住宅的出入通道，走道是连接居室各房间的交通要道，两者作用都是作为交通联系用，要营造（增加）空间一种宽广的感觉，因此光线一定要比较柔美。门厅与走道的照明方式主要采用吸顶灯或设置光带、光槽、嵌入筒灯，走道也可以采用壁灯
客厅		客厅是待人接待的地方，要求营造一种温暖热烈的氛围，因此客厅的灯一定要明亮、大方，同时又有可调节的亮度，一般以豪华明亮的吊灯或大吸顶灯为主灯，搭配其他多种辅助灯饰，如壁灯、筒灯、射灯
卧室		卧室是休息睡觉的地方，温馨的灯具可以营造气氛，因此光线一定要柔和，最好不要选择带尖头的吊灯，给人不安全感
厨房		厨房是家庭中最繁忙、劳务活动最多的地方，厨房的照明主要是实用，因此选用合适的照度和显色性较高的光源，一般选择白炽灯或荧光灯
餐厅		餐厅是人们用餐的地方，其照明应以餐桌表面为目的，光线应保持明亮又不刺眼，光色应偏暖色为好，这样有利人的欲望。餐厅一般照明采用直接照明的方式，也可采用射灯或壁灯辅助照明

续表

名称	示图	说明
卫生间浴室		浴室是一个使人身心松弛的地方，因此要用明亮柔和的光线均匀地照亮整个浴室。面积小的浴室，只需安装一盏吸顶灯就足够了；面积较大的浴室，可以采用发光天棚漫射照明或采用吸顶灯加壁灯方式。用壁灯作浴缸照明，光线融入浴缸，散发出温馨气息，令身心格外松弛。但要注意，此壁灯应具备防潮性能
书房或办公室		书房或办公室是人们工作、学习的地方，因此光线既要明亮又要柔和，同时要避免眩光，通常书房或办公室照明采用一般照明和局部照明相结合方式。一般照明采用光线柔和的荧光灯或吸顶灯，局部照明采用光线集中的台灯
商店		商店是人们购物的地方，由于商店照明受商品、销售动机所支配，要求突出商品的优点，吸引顾客，并能引起顾客的购买欲。一般照明采用直接照明和辅助照明相结合
橱窗		橱窗是展视、成立重点商品的地方，人们通过橱窗可以了解商店销售商品的类型、档次和风格，因此橱窗内商品的展示和环境气氛应能达到吸引顾客、引导顾客的目的。橱窗对照度要求很高，除使用荧光灯之外，往往采用射灯等
剧院		剧院是人们聚会、观看演出的地方。剧院内的照明，由于剧情的需要，还要配上各种灯光效果的射灯、聚光灯等，而剧院休息厅和门厅则应选用光线柔和，令人身心松弛、温馨的照明，一般照明采用筒灯和槽灯相结合的照明

知识链接 3  **室内电气线路的施工**

施工人员在施工时，首先要看懂电器图、明确施工要求和施工前的一切工作准备，如了解房间的分布、房间需用电情况；导线、器件等材料的选定等。现以图 5.4 所示为例，说明室内电气线路的施工步骤。图中的电器符号说明，如表 5.4 所示。

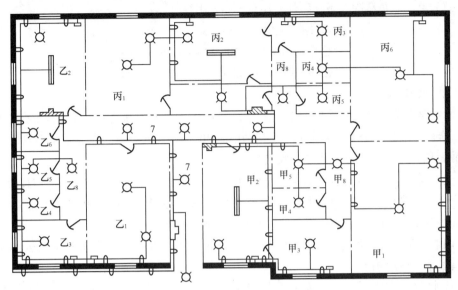

图 5.4　某单元三住户用房和用电情况

表 5.4　　　　　　　　　　　　　　　　电器符号说明

符号	名称	符号	名称	符号	名称
甲	甲户	5	厕所	⊤	插座
乙	乙户	6	储藏室	全	绝缘支持物
丙	丙户	7	公用走廊	——	总线
		8	私用走廊		
1	卧室	⊓	总配电板	——	分支线
2	厅堂	⊟	分配电板	⌐	门
3	厨房	⊗	白炽灯	■□■	墙及窗
4	浴室	▭	日光灯	——	单壁

（1）各户用房的分布情况。甲户住 5 间，即卧室、厅堂、厨房、浴室、厕所各一间；乙户住 6 间，即卧室、厅堂、厨房、浴室、厕所、储藏室各一间；丙户住 6 间，即卧室 2 间，厅堂、厨房、浴室、厕所各 1 间。

（2）各户用电情况。卧室中各设白炽灯 2 盏、插座 1 只；厅堂中各设白炽灯 1 盏、日光灯 1 盏、插座 1 只；厨房中各设白炽灯 2 盏、插座 1 只；浴室、厕所、储藏室各设白炽灯 1 盏；公用走廊共有路灯 5 盏（包括门灯 1 盏）。私用走廊共有路灯 3 盏，甲户、乙户和丙户各 1 盏。

公用走廊的路灯由总电能表计量，其余分别由各户分电能表计量。

（3）各户用电总数。甲户有白炽灯 7 盏、日光灯 1 盏、插座 3 只；乙户有白炽灯 8 盏、日光灯 1 盏、插座 3 只；丙户有白炽灯 9 盏、日光灯 1 盏、插座 3 只。

（4）线路负载计算。

① 每条支路（每户一条支路）。每条支路都以 10 盏灯、每盏灯按 60W 和 3 只插座、每支插座按 120 W 计算。

$$耗电量 = 60 \times 10 + 120 \times 3 = 960（W）$$
$$载流量 = 960/220 = 4.36（A）$$

② 总线路。总负载除 3 条支路外，还有 5 盏公用灯。

$$公用灯耗电量 = 60 \times 5 = 300（W）$$
$$公用灯载流量 = 300/220 = 1.36（A）$$
$$总载流量 = 4.36 \times 3 + 1.36 = 14.44（A）$$

（5）器材的选用。

① 总线路。总电能表用单相 15 A；总开关用 15 A 的胶木刀开关；总保险丝用直径 1.98 mm 的铅锡合金丝（最高安全工作电流 15 A，熔断电流 30 A），装于 15 A 的插盖式保险盒内。总线用铜芯，截面积 2.50 mm² 的单股铜芯橡胶绝缘导线。

② 支（分）线路。各支路电能表用 5 A；开关为 10 A 的胶木刀开关；保险丝用直径 0.98 mm 的铝锡合金丝（最高安全工作电流 5 A，熔断电流 10 A），装于 10 A 的插座式保险盒内；各支路线用截面积为 1.00 mm² 的橡胶绝缘导线或塑料护套线。

③ 用电设备。门灯配用 40 W 白炽灯；路灯配用 25 W 的白炽灯；日光灯配用 40 W 的灯管；室内灯具配用 40 W 的白炽灯。

④ 其他零件。圆形垫木、暗装式开关、单相三孔插座、厕所及厨房内灯用瓷矮脚式灯头、接线盒。

（6）确定敷设路径，包括确定开关、插座、接线盒、灯头等的位置。

（7）做好预埋工作（其中主要内容有电源线的引入方式与位置，保护管的埋设，支持物、线夹、线管及配电箱盒的安装等）。

（8）导线敷设，根据线号进行电器接线和灯具的安装。

（9）检查验收。

注意

电气工程施工完成后，一定要对电气线路进行认真检查和试验，验收合格后，方可交付使用。

知识拓展——典型电器线路操作技能

1. 插座线路的操作

插座是供移动用电设备如台灯、电风扇、电视机、洗衣机及电动机等连接电源线用的一种电器件。

常见的插座如图 5.5 所示。插座分固定式和移动式 2 类，固定式插座又分明装和暗装 2 种，但不管它们的形式如何，其插孔的形状和位置是统一的。

(a)淘汰插座　　　(b)固定插座　　　(c)移动插座

图 5.5　几种常见插座

明装插座用木螺钉安装，导线从木台底座 3 个孔穿入与明装插座接线柱进行连接。暗装插座用安装盒安装，导线从安装盒直接连接到暗装插座面板的背面。暗装插座面板安装应与墙壁平齐。由于暗装插座面板的色调与墙壁颜色相近，所以它比明装式插座美观，目前在新建筑中已普遍采用这种方式。

按照我国的现行标准，插座的型式是扁形的，插头选用型式应与之对应。插座有三极、二极 2 种。插座上的标志：相线用"L"表示，零线用"N"表示，接地线用"E"或用"⊥"表示。插座在安装时应注意以下两点。

（1）单相三孔插座。接地线"E"接上孔，零线"N"接左孔，相线"L"接右孔，如图 5.6（a）所示。

（2）单相二孔插座。二孔垂直排列时，相线接在上孔，零线接在下孔；水平排列时，相线接在右孔，零线接在左孔，如图 5.6（b）所示，不能接错。

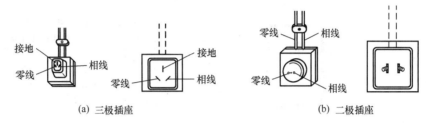

（a）三极插座　　　　　　　　　　　　　　　　　　（b）二极插座

图 5.6　明装、暗装插座的接线

明装插座和暗装插座的安装步骤，如表 5.5 所示。

表 5.5　　　　　　　　　　　　　　　　插座的安装步骤

形式	步骤	示意图	安装说明
明装	第 1 步	相线　木枕	在墙上准备安装插座的地方居中打 1 个小孔安装木枕，如左图所示 高插座木枕安装距地面为 1.8 m，低插座木枕安装距地 0.3 m
	第 2 步	在木台上钻孔	对准插座上穿线孔的位置，在木台上钻 3 个穿线孔和 1 个木螺丝孔，再把穿入线头的木台固定在木枕上，如左图所示
	第 3 步	接地保护线（E）（黄绿双色）　零线（N）（蓝色）　相线（L）（红色）	卸下插座盖，把 3 根线头分别穿入插座的 3 个穿线孔。然后，再把 3 根线头分别接到插座的接线柱上，插座大孔接插座的保护接地 E 线，插座下面的 2 个孔接电源线（左孔接零线 N，右孔接相线 L），不能接错。左图所示，是插座孔排列顺序

续表

形式	步骤	示意图	安装说明
暗装	第1步	墙孔　埋入　接线暗盒	将接线暗盒按定位要求埋设（嵌入）在墙内，如左图所示。埋设时用水泥砂浆填充，但要注意埋设平整，不能偏斜，暗装插座盒口面应与墙的粉刷层面保持一致
	第2步	接地保护线（PE）（黄绿双色）　零线（N）（蓝色）　相线（L）（红色）	卸下暗装插座面板，把穿过接线暗盒的导线线头分别插入暗装插座底板的3个接线孔内并固定牢，插座大孔插入保护接地线线头，插座下面的2个小孔插入电源线线头（左孔插入零线线头，右孔插入相线线头），如左图所示。检查无误后，固定暗装插座底板，并盖上插座面板

注意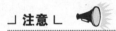

- 单相三孔插座，保护接地线接上孔，零线接左孔，相线接右孔。
- 二极插座的接线，应根据插座接线孔的排列顺序连接。插座水平排列时，零线接左孔、相线接右孔，即"左零右火"；垂直排列时，零线接下孔、相线接上孔，即"下零上火"。

2. 灯座线路的操作

灯座是供照明用白炽灯和其他灯具与电源连接的一种电器件。过去习惯将灯座叫灯头，现在国家标准叫灯座，而把灯泡上的金属部分叫做灯头。

灯座的种类较多，按与灯泡的连接方式分主要有卡口式灯座和螺口式灯座；按安装的形式分有吊挂式和矮脚式等灯座；按外壳材料分有胶木、瓷质和金属灯座；按用途分有普通灯座、防水灯座、安全灯座和多用灯座等。

在灯座上有两个接线柱，一个接线柱与电源的中性线（零线）相连接，另一个接线柱与来自开关的相线相连。对于螺口式灯座，电源的中性线要与灯座螺纹相连的接线柱相连，电源的相线要与灯座顶心铜弹簧片相连。

各种灯座的外形结构和用途，如表5.6所示。

表5.6　　　　　　　　　　　　各种灯座的外形结构和用途

外形结构	用途	外形结构	用途
	用于一般场合的吊式灯		用于一般场合的平装灯

外形结构	用途	外形结构	用途
	户内较潮湿且易被人体触及场合的吊式灯		集体场合一般户内吊式灯
	集体场合一般户内平装灯		户外吊式灯
	户外平装灯，或室内较潮湿、有漏水场合的平装灯		户内用大功率灯泡的场所
	户内易被人体触及场合的吊式灯，或室内较潮湿、易导电场所的吊式灯		户内易被人体触及场合的平装灯，或室内较潮湿、易导电场所的平装灯或行灯

（1）吊挂式灯座的操作。吊挂式灯座的操作步骤，如表 5.7 所示。

表 5.7 吊挂式灯座的操作步骤

步骤	示意图	说明
第 1 步		在准备安装吊线盒的地方居中钻 1 个孔，塞上塑料膨胀管或木枕
第 2 步	在木台上钻孔	用三角钻在木台上钻 3 个小孔（中间是木螺丝孔，两旁的是穿线孔），再在木台一侧开 1 条进线槽。把零线线头和灯头与开关的连接线头分别穿入木台的穿线孔后，用木螺丝把木台连同底座一起紧固在木枕上
第 3 步	吊线盒底座	将 2 根线头分别穿入吊线盒底座，并用木螺丝固定在木台上。然后，再把 2 根线头分别接到底座穿线孔的接线柱上

续表

步骤	示意图	说明
第4步	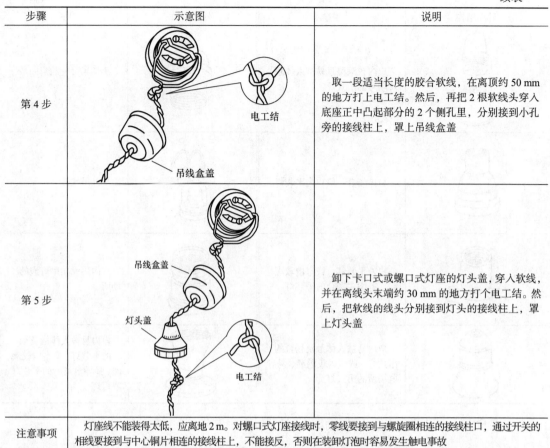	取一段适当长度的胶合软线，在离顶约 50 mm 的地方打上电工结。然后，再把 2 根软线头穿入底座正中凸起部分的 2 个侧孔里，分别接到小孔旁的接线柱上，罩上吊线盒盖
第5步		卸下卡口式或螺口式灯座的灯头盖，穿入软线，并在离线头末端约 30 mm 的地方打个电工结。然后，把软线的线头分别接到灯头的接线柱上，罩上灯头盖
注意事项	灯座线不能装得太低，应离地 2 m。对螺口式灯座接线时，零线要接到与螺旋圈相连的接线柱口，通过开关的相线要接到与中心铜片相连的接线柱上，不能接反，否则在装卸灯泡时容易发生触电事故	

（2）矮脚式灯座的操作。矮脚式灯座的操作步骤，如表 5.8 所示。

表 5.8　　　　　　　　　　　　　　矮脚式灯座的操作步骤

步骤	示意图	说明
第1步		在准备安装矮脚式灯头的地方居中钻 1 个孔，再塞上塑料膨胀管或木枕
第2步	在木台上钻孔	对准灯座穿线孔的位置，在木台上钻 2 个穿线孔和 1 个木螺丝孔，再在木台一边开好进线槽。然后，将已剖削的线头从木台的 2 个穿线孔中穿出，再把木台固定在木枕上

续表

步骤	示意图	说明
第3步	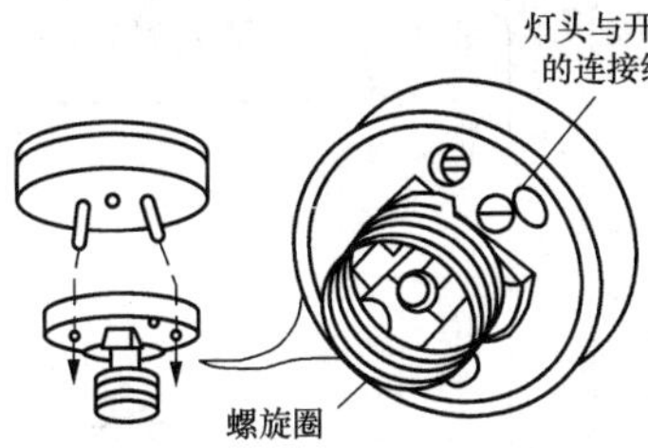	把2根线头分别接到灯头的2个接线柱上
第4步		装上卡口式或螺口式灯座的底座

3. 一只单连开关控制一盏白炽灯线路的操作

1只单连开关控制1盏灯（可以是白炽灯）线路的操作步骤，如表5.9所示。

表 5.9　　　　**1 只单连开关控制 1 盏白炽灯线路的操作步骤**

步骤		示意图	说明
第1步	连接灯头的接线柱	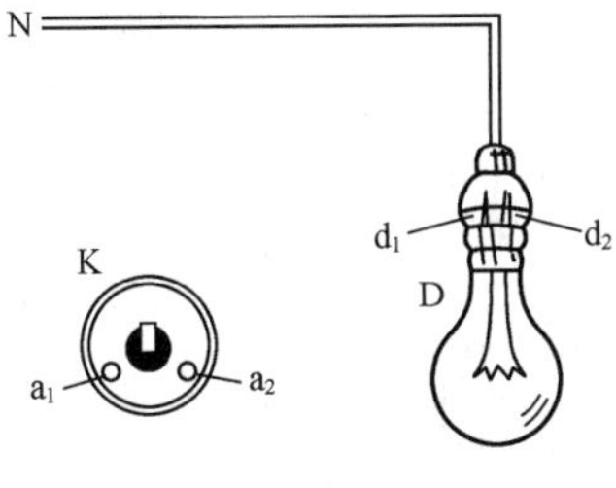	把电源线的零线 N 接到灯头的接线柱 d_2 上，如下图所对应的粗实线 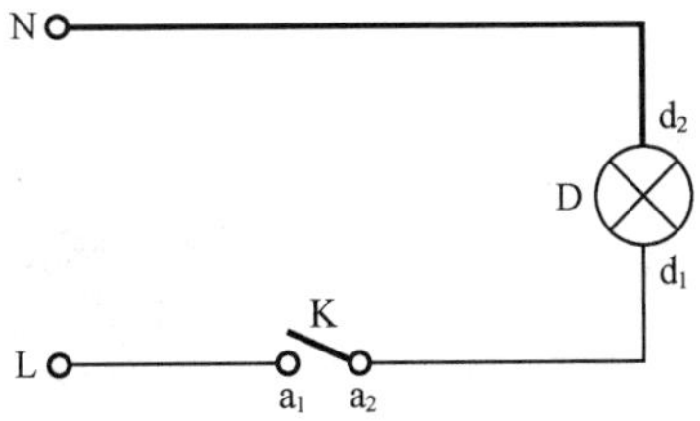
第2步	连接开关的接线柱	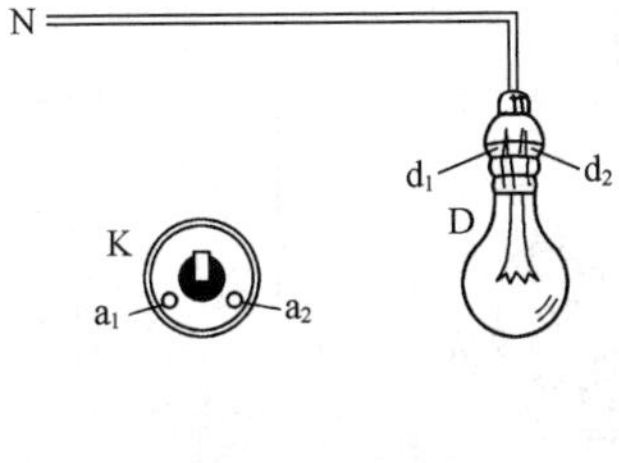	把电源线的相线 L 接到开关的接线柱 d_1 上，如下图所对应的粗实线 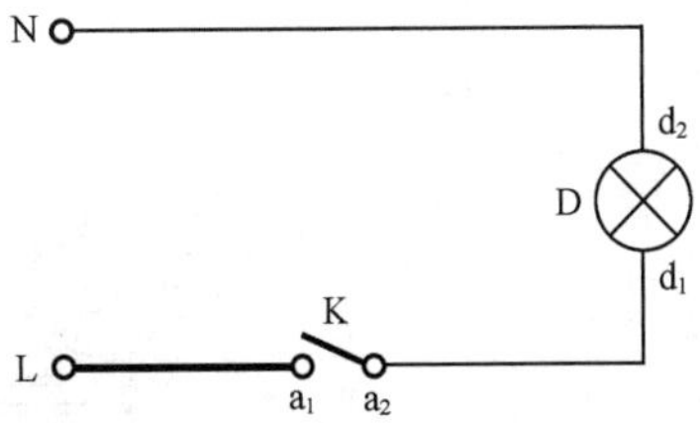

续表

步骤	示意图	说明
第3步	连接开关与灯头的另一接线柱	用导线连接灯头 D 的接线柱 d_1 与开关 K 的接线柱 a_2，如下图所对应的粗实线

4. 二只双连开关控制一盏白炽灯（楼梯灯）线路的操作

楼梯照明线路的安装需要用一种特殊的开关——双连开关，如图5.7（a）所示。这种开关比普通开关多2个接线柱，共有3个接线柱，其中1个接线柱是用铜片连接的，如图5.7（b）所示的①和④。2只双连开关控制1盏灯的具体接线操作步骤，如表5.10所示。

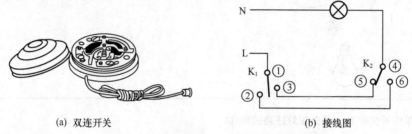

(a) 双连开关 (b) 接线图

图5.7　2只双连开关控制1盏白炽灯的接线图

表5.10　　　　　　2只双连开关控制1盏白炽灯（楼梯灯）线路的操作步骤

步骤	示意图	说明
第1步		相线 L 接开关 K_1 的连铜片接线柱①（如下图所对应的粗实线），即工人师傅所说"相线 L 始终接开关"
第2步		开关 K_1 接线柱②、③分别接开关 K_2 接线柱⑤和⑥，如下图所对应的粗实线

续表

步骤	示意图	说明
第3步	① L ② K₁ ③ ④ K₂ ⑤ ⑥	开关 K₂ 的连铜片接线柱④接灯头，如下图所对应的粗实线
第4步	N ① L ② K₁ ③ ④ K₂ ⑤ ⑥	灯头的另一端接零线 N（如下图所对应的粗实线），即工人师傅所说"零线 N 始终接负载（如灯具）"

┘注意└

牢记：相线 L 始终接开关，零线 N 始终接负载（如灯具）。

5. 荧光灯控制线路的操作

荧光灯又称日光灯，它是继白炽灯之后出现的一种光源，它具有发光效率高、光线柔和、使用寿命长等特点，常作大范围照明。由于荧光灯发光机制与白炽灯不一样，所以安装时还需要一些其他附件，如图5.8所示。

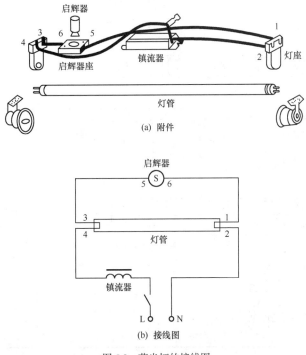

(a) 附件

(b) 接线图

图 5.8 荧光灯的接线图

荧光灯控制线路的操作步骤，如表 5.11 所示。

表 5.11　　　　　　　　荧光灯控制线路的操作步骤

步骤	示意图	说明
第1步		把 2 只灯座固定在灯架左右两侧的适当位置（以灯管长度为标准），再把启辉器座安装在灯架上
第2步		用单导线（花线或塑料软线）连接灯座大脚上的接线柱 3 与启辉器的接线柱 6；启辉器座的另一个接线柱 5 与灯座的接线柱 1，也用单导线连接
第3步		将整流器的任一根引出线与灯座的接线柱 4 连接
第4步		将电源线的零线与灯座的接线柱 2 连接，通过开关的相线与整流器的另一根引出线连接
第5步		把启辉器装入启辉器座中
第6步		把灯管装在灯座上，要求接触良好。为了防止灯座松动时灯管脱落，可用白线把荧光灯管两端绑扎在灯架上，最后再把荧光灯悬挂在预定的地方

动脑又动手

□ **想一想 施工内容**

想一想施工人员在室内电气线路施工前，应看懂什么？明确什么？准备什么？并填入表 5.12 中。

表 5.12　　　　　　　　　　　　电气线路施工前考虑的问题

要求	具体内容
看懂	
明确	
准备	

□ **说一说 施工需注意的问题**

将施工需注意的问题填写在下面空格中。

□ **做一做 居室电气线路施工**

根据教师的要求，进行一室一厅电气线路的施工，并填入表 5.13 中。

表 5.13　　　　　　　　　　　　一室一厅电气线路的施工

施工任务	操作步骤	
（由教师根据实际情况提出室内电气线路任务和相关图纸）	第 1 步	
	第 2 步	
	第 3 步	
施工任务（由教师根据实际情况提出室内电气线路任务和相关图纸）	第 4 步	
	第 5 步	
	第 6 步	
	第 7 步	
	第 8 步	
	第 9 步	

□ **评一评 "想、说、做"工作情况**

将"想、说、做"工作的评价意见填入表 5.14 中。

表 5.14　　　　　　　　　　　　"想、说、做"工作评价表

项目　　评定人	实训评价	等级	评定签名
自己评			
同学评			
老师评			
综合评定等级			

___年___月___日

任务二　室内电气线路的检修

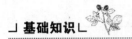
情景模拟

随着新华电气材料公司的厂房和工人新村的竣工，小任爸爸的工作又回到了原来的电气线路检修上。

你知道小任爸爸是如何对室内电气线路的故障进行分析，又是如何进行检修的吗？同学们，请让我们一起来学习有关室内电气线路故障分析与检修方面的知识和技能吧！

基础知识

电气线路故障寻迹图、电气线路常见故障现象与检修方法，以及相关拓展知识等。

知识链接 1 电气线路故障寻迹图

电气线路（以照明线路为例）的故障寻迹图如图 5.9 所示。

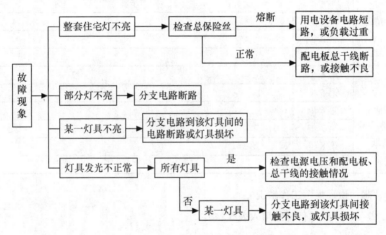

图 5.9　灯具线路故障寻迹图

知识拓展 ——挑担灯校验法

电路的校验方法很多，现介绍"挑担灯校验法"，如图 5.10 所示，具体操作步骤如下。

（1）使总开关和电路里所有的电灯开关都断开。

（2）拔下控制相（火）线的用户保险盒的插盖（另一只保险盒盖不可拔下）。取一只大功率灯泡（这只灯泡的功率要比电路中任何一只灯泡的功率至少大一倍），把灯头的两根连接线分别接到这只保险盒的上下两个接线桩头上，使这盏电灯串联在电路里。

（3）推上总开关，使整个电路通电。

（4）按分路系统，每次合上一盏电灯的开关校验。如果开放了的电灯发光正常，而串联在保险盒上的电灯发光暗淡，就说明这盏电灯安装正确。接着，断开这盏电灯的开关，再合上第 2 盏电灯的开关，进行校验。如果中途发现开放了的电灯不亮，而串联在保险盒上的电灯发光明亮，就说明这部分电路或这盏电灯发生短路，应排除故障后继续校验，其余的电灯也用此法校验。

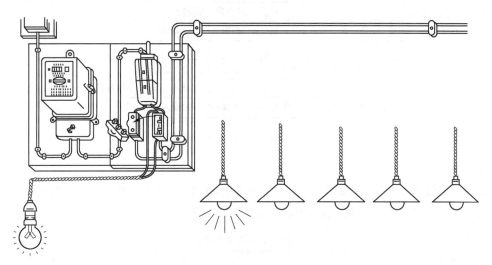

图 5.10 挑担灯校验法

知识链接 2 电气线路常见故障现象与检修方法

电器设备在使用过程中，难免会发生故障，这时应仔细观察、认真分析，及时且正确地排除故障，否则会造成电气线路这样或那样的故障。电气线路常见故障一般有：短路故障、断路故障和漏电故障 3 类。

1. 短路

短路是指电流不经过用电设备而直接构成回路，也叫碰线。在日常生活中，一些可以避免的短路情况，如表 5.15 所示。短路故障检修流程，如图 5.11 所示。

表 5.15 一些可以避免的短路情况

现象	示意图	现象	示意图
导线陈旧，绝缘层包皮破损，支持物松脱等，使 2 根导线的金属裸露部分相碰		家用电器内部的绕组绝缘损坏	
灯座、灯头、吊线盒、开关内的接线柱螺丝松脱或没有把绞合线拧紧，致使铜丝散开，线头相碰		违章作业，未用插头就直接把导线线头插入插座	

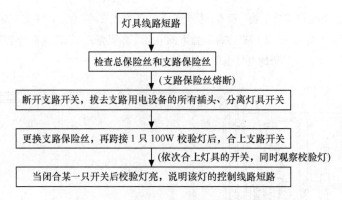

图 5.11　灯具线路短路故障检修流程

2. 断路

断路是指线路中断开或接触不良，使电流不能形成回路。在日常生活中，一些可以避免的断路情况，如表 5.16 所示。断路故障检修流程，如图 5.12 所示。

表 5.16　　　　　　　　　　　　　　　一些可以避免的断路情况

现象	示意图	现象	示意图
灯头线未拧紧，脱离接线柱		接合稍损坏或灯头和灯座的接合缺口断裂脱落	
开关触点烧蚀或弹簧弹性下降，致使开关接触不良		小截面导线因严重过载而损坏，或保险丝熔断	
保险丝盒或闸刀开关的螺丝未拧紧，致使电源线线头脱开		导线受外物撞击、勾拉而损伤或被老鼠咬断	

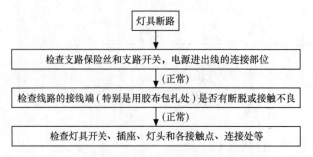

图 5.12　灯具线路断路故障检修流程

3. 漏电

漏电是指部分电流没有经过用电设备而白白漏跑。在日常生活中，一些可以避免的漏电情况，见表 5.17 所示。漏电故障检修流程，如图 5.13 所示。

表 5.17　　　　　　　　　　　　一些可以避免的漏电情况

现象	示意图	现象	示意图
线路遭受化学腐蚀		导线绝缘破损	
线头包扎安装不当		电器外壳损坏	

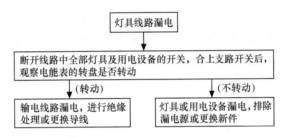

图 5.13　灯具线路漏电故障检修流程

知识拓展 ——白炽灯、荧光灯的故障分析与排除

1. 白炽灯具故障分析与排除方法

白炽灯具的常见故障和排除方法，如表 5.18 所示。

表 5.18　　　　　　　　　　　　白炽灯具的故障与排除速查表

故障现象	原因	排除方法
灯不亮	（1）灯泡损坏或灯头引线断线 （2）开关、灯座（灯头）接线松动或接触不良 （3）电源保险丝烧断 （4）线路断路或灯座（灯头）导线绝缘损坏而短路	（1）更换灯泡或检修灯头引线 （2）查清原因、加以紧固 （3）检查保险丝烧断原因，更换保险丝 （4）检查线路，在断路或短路处重接或更换新线
灯泡忽亮忽暗或忽亮忽熄	（1）开关处接线松动 （2）保险丝接触不良 （3）灯丝与灯泡内的电极虚焊 （4）电源电压不正常或有大电流、大功率的设备接入电源电路	（1）查清原因，加以紧固 （2）查清原因，加以紧固 （3）更换灯泡 （4）采取相应措施
灯光强白	（1）灯泡断丝后灯丝搭接，电阻减小引起电流增大 （2）灯泡额定电压与电源线路电压不相符	（1）更换灯泡 （2）换上相符灯泡
灯泡暗淡	（1）灯泡使用寿命终止 （2）灯泡陈旧，灯丝蒸发后变细，电流减小 （3）电源电压过低	（1）更换灯泡 （2）更换灯泡 （3）采取相应措施，如加装稳压电源或待电源电压正常后再使用

2. 荧光灯具故障分析与排除方法

（1）荧光灯不发光。荧光灯具接入电路后，如果启辉器不跳动，灯管两端和中间都不亮，说明荧光灯管没有工作，其故障原因有如下几点。

① 供电部门因故停电，电源电压太低或线路压降过大。

② 电路中有断路或灯座与灯脚接触不良。

③ 灯管断丝或灯脚与灯丝脱焊。

④ 镇流器线圈断路。

⑤ 启辉器与启辉器座接触不良等。

故障检查步骤如下。

首先用万用表的交流 250 V 挡位检查电源电压。若电源电压正常，则进一步检查启辉器两端的电压，检测线路如图 5.14 所示。如果没有万用表，也可以用 220 V 串灯检查。用万用表检测时，先将启辉器从启辉器座中取出（逆时针转动为取出，顺时针转动为装入），此时万用表的读数即为电源电压；用串灯检查时，灯泡能发光说明电路没有断路，而是启辉器故障，应更换启辉器。

如果用万用表测不出电压，或串灯检查时灯泡不发光，故障可能是荧光灯座与灯脚接触不良。转动荧光灯管，如果仍不能使荧光灯发光，应将灯管取下进一步检查两端的灯丝是否完好。检查线路如图 5.15 所示，可用万用表测量，也可用串灯法进行检查。

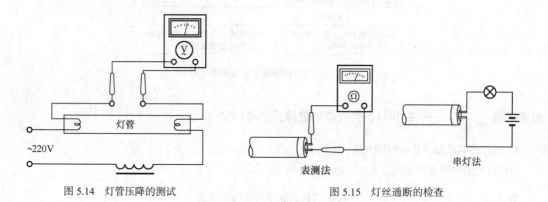

图 5.14　灯管压降的测试　　　　　图 5.15　灯丝通断的检查

如果万用表低阻挡的读数接近表 5.19 中的对应数值，或串灯能发光，说明荧光灯管灯丝完好，否则就有问题。

表 5.19　　　　　　　　　　　常用规格灯管灯丝的冷态直流电阻值

灯管功率（W）	6～8	15～40
冷态直流电阻（Ω）	15～18	3.5～5

注：由于各生产厂的设计、用料不完全相同，表中所列灯管灯丝的阻值范围仅供参考，不作为质量标准。

用导线搭接启辉器座上的 2 个触点，如果能使荧光灯管点亮，说明启辉器有故障或启辉器与启辉器座接触不良；如果用导线搭接后灯管仍不能点亮，就需要检查镇流器。表 5.20 所示为镇流器正常的冷态直流电阻值。

表 5.20　　　　　　　　　　　镇流器正常的冷态直流电阻值

镇流器规格（W）	6～8	15～20	30～40
冷态直流电阻（Ω）	80～100	28～32	24～28

注：由于各生产厂的设计、用料不完全相同，表中所列镇流器阻值范围仅供参考，不作为质量标准。

如果故障是启辉器引起的，可打开启辉器外罩进行检查。观察启辉器氖泡的外接线是否脱焊（如发现脱焊，要重新焊牢），或氖泡是否烧毁（如发现烧毁，要更换）。如果更换启辉器后仍不能使荧光灯发光，说明启辉器与启辉器座接触不良，加以紧固即可。

（2）荧光灯灯管两头发亮中间不亮。这种故障通常有 2 种现象。一是合上开关后，灯管两端发出像白炽灯似的红光，中间不亮，灯丝部分也没有闪烁现象，启辉器不起作用，灯管不能正常点亮。这种现象说明灯管已慢性漏气，应更换灯管。另一种现象是灯管两端发亮，而中间不亮，在灯丝部位可以看到闪烁现象。其故障原因可能有以下几点。

① 启辉器座或连接导线有故障。

② 启辉器故障。

故障检查步骤如下。

如果取出启辉器后仍只有灯管两端发亮，则可能是连接导线或启辉器座有短路故障，应进行检修。如果取出启辉器后，用导线搭接启辉器座的 2 个触点时灯管能正常点亮，说明是启辉器故障。此时，可把启辉器的外罩打开，用万用表的电阻挡位测量小电容器是否短路。测量时，先烫开 1 个焊点，若表针指到零位，说明小电容器已击穿，需换上 1 只 0.005μF 的纸介质电容器。如果一时没有替换的电容器，可除去小电容器，启辉器还能暂时使用。若小电容器是完好的，而氖泡内双金属片与静触片搭接，应更换启辉器。

（3）荧光灯灯管跳闪不亮。灯管接上电源后，如果启辉器的氖泡一直在跳动，而灯管不能正常发光或者很久才能点亮。这种现象是有以下原因引起的。

① 电源电压低于荧光灯管的最低启动电压（额定电压 220 V，规定的最低启动电压为 180 V）。

② 灯管衰老。

③ 镇流器与灯管不配套。

④ 启辉器故障。

⑤ 环境温度太低，管内气体难以电离。

检修时可按以下步骤进行。

先用万用表测量电源电压是否低于荧光灯管的额定电压。如果故障不是由于电源电压或气温过低等原因造成的，那么就要考虑灯管及其主要附件的质量问题。若灯管使用时间较大，灯丝发射电子的能力就会降低，因而难以启动。如果换上新灯管后仍不能正常点亮，就要进一步检查镇流器是否与灯管配套。

另外，如果启辉器的质量不好，使得断开瞬间所产生的脉冲电动势不够高，或起辉电压低于灯管的工作电压，灯管也难点亮，或者点亮后也不能稳定发光。此时，可将启辉器的 2 个触点调换方向后插入座内（等于改变了双金属片的接线位置），如果灯管仍不能点亮，就要更换启辉器。

要注意的是，当启辉器长时间跳动而荧光灯不能正常工作时，应迅速检修排除，否则会影响荧光灯管的使用寿命。

（4）荧光灯灯管出现螺旋形光带。荧光灯正常启动点亮时，如果灯管内出现螺旋形光带（打滚），故障原因可能有以下几点。

① 灯管本身问题。

② 镇流器工作电流过高。

在检修时要注意以下 2 个方面。

当出现螺旋形光带，说明灯管内的气体不纯或出厂前老化不够，通常只要在反复启动几次即可消除。

当新灯管工作数小时后才出现螺旋形光带，而且反复启动也不能消除，说明灯管质量不好，应更换灯管。

如果更换新灯管后仍出现这种现象，说明镇流器可能有故障，需要检修或更换镇流器。

（5）荧光灯灯管有霎光。荧光灯接入 50Hz 的单相交流电源时，流经灯管的电流在 1 s 内要波动 100 次，而光能的输出是随电流周期性变化而变化的，这就引起了霎光。荧光灯的霎光现象与镇流器的参数有关，因此要选用质量较好的镇流器。

新灯管的霎光现象是暂时的，一般多启动几次或使用一段时间后，就会自动消除。

如果需要多支荧光灯同时使用，通常是把灯管分别接在不同的相线上，利用交流电的相位差来减弱霎光。

（6）电源关断后，荧光灯管两端仍有微光。电源关断后灯管两端仍有微光，原因可能有以下几点。

① 接线错误。

② 开关漏电。

③ 新灯管的余辉形象。

在检修时要注意以下几点。

a. 如果开关接在零线上，即使开关没有闭合，灯管一端仍与相线接通。由于灯管与墙壁间存在电容效应，在中性点接地的供电系统中，灯管会出现微光，这时只要将开关改接在相线上就可以消除。

b. 如果接线正确，要检查开关是否漏电，并加以更换或修复，否则会严重影响灯管的使用寿命。

c. 如果接线正确，在断开电源后仍有微光，但不久便能自动消失，这是灯管内壁的荧光粉在高温工作后的余辉现象，不会影响灯管的正常使用。

（7）荧光灯的镇流器蜂音过大。荧光灯在使用中，如果镇流器的蜂音（噪声）很大，主要原因有以下几点。

① 电源电压过高。

② 安装位置不当。

③ 镇流器质量较差或长期使用后内部松动。

在检修时只要采取相应的措施，如降压、改变安装位置、夹紧镇流器铁心钢片等就可以减少噪声。此外，也可以考虑更换镇流器。

（8）荧光灯的镇流器过热。荧光灯的镇流器在使用中如出现过热或绝缘物外溢，原因可能有以下几点。

① 镇流器质量较差。

② 电源电压过高。

③ 启辉器故障。

检修时用万用表检查荧光灯电路的电流（即镇流器的工作电流）。如镇流器阻抗发生变化或线圈有短路，会造成电流过高；应调换镇流器；如镇流器阻抗符合标准，电源电压也正常，则应检查启辉器。当启辉器中的小电容器短路或氖泡内部搭接时，电路中流过的电流就为荧光灯的预热电流，长时间处于这种状态也会造成镇流器过热而烧毁线圈。

（9）荧光灯灯管寿命短。如果荧光灯管的使用寿命低于额定时间（正常寿命为 2 500 h 以上），原因可能有以下几点。

① 电源电压不适合。

② 开关频繁而引起过多闪光。

③ 接触不良。

在维修时，首先检查镇流器上所标明的数额是否与电源电压相等，然后检查线路，注意灯座、灯管、启辉器等安装是否牢固，接触是否良好，同时，还要尽量减少荧光灯的开关次数。

（10）荧光灯灯管亮度减低。如果荧光灯管使用一段时间后，亮度明显减低，其原因有以下几点。

① 灯管使用时间过长或灯光外积尘太多。

② 环境温度过低或过高。

③ 电源电压偏低。

在维修时要注意以下几点。

① 如果荧光灯管使用已久，可以更换灯管。

② 如果灯管上积尘很多，应用干毛巾或掸子擦净。

③ 环境温度很低时，应设法对灯管加以保护，注意避免冷风直吹；如外界温度过高，则应设法改善灯架的通风，防止灯管过热。

④ 如果电源电压过低，应加装升压器。

动脑又动手

□ **读一读　照明的发展史**

1. 光源的沿革

从远古的石器时代到科技高速发展的文明社会，从人类只知道利用火去取暖、烤制食品到火焰照明的第一次革命，再到爱迪生发明白炽灯的第二次照明革命和当今被称为 LED 的半导体照明的第三次照明革命，人类光源沿革经历了漫长的历程，如表 5.21 所示。

表 5.21　　　　　　　　　　　　　　人类照明光源的沿革历程

光源变革历程		光源示意图	说明
一次革命	木材照明 原始时期		用松明做成的火把，点燃后作为照明。左图所示是火把示意图
	燃气照明 春秋时期		用芦苇做芯，外面用布包裹，中间灌以兽脂，形似巨型蜡烛，又称庭燎，点燃后用以照明。左图所示是庭燎示意图
	战国时期		用陶瓷土做成一定形状的陶瓷盘，内盛动植物油，以线绳做灯捻，点燃用以照明。后又发展改用金属（铜、铁）制作。左图所示是一种战国铜灯示意图
	秦汉、六朝时期		除陶制的行灯外，还有铜质、铁质行灯，内盛动植物油后点燃用以照明。左图所示是一种汉代羊灯示意图

光源变革历程			光源示意图	说明
一次革命	燃气照明	隋、唐、宋、元、明时期		出现了各种形态的、具有一定装饰意义的灯具（如左图所示的唐三彩灯），盛动植物油后点燃用以照明
		晚清、民国时期	 煤油灯 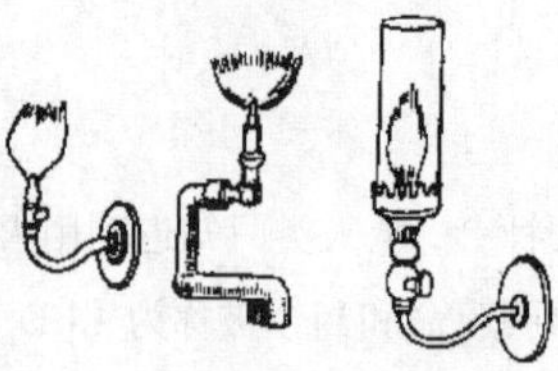 煤气灯	基本上沿用上述形式，直至鸦片战争之后，煤油灯、煤气灯传入我国后，逐渐遍及城乡。左图所示是几种形式的煤油灯和煤气灯示意图
二次革命	电光源照明阶段	白炽灯时期	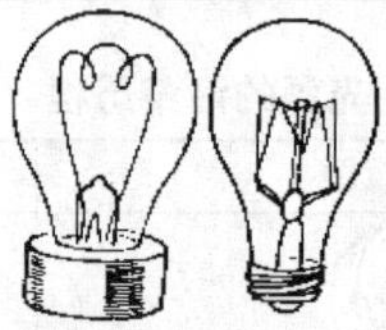 碳丝真空灯、钨丝灯	继1879年爱迪生发明碳丝真空灯，又诞生了钨丝灯，后经不断改进，一直沿用至今。左图所示是碳丝真空灯和钨丝灯示意图
		荧光灯时期	 直管荧光灯	1938年开始出现，后经不断改进，一直应用至今。左图所示是一种常见的直管荧光灯示意图
		气体放电时期	 钠灯  金属卤化物灯	20世纪40年代出现气体放电灯，70年代得到大发展和广泛应用。左图所示是钠灯和金属卤化物灯示意图
		场致发光时期	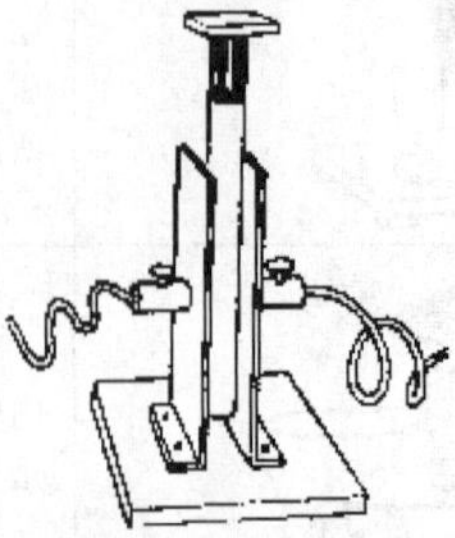	早在1938年就被法国戴斯特略发现，直到70年代，才得到证实和发展。左图所示是一种场致发光灯示意图

续表

光源变革历程		光源示意图	说明
三次革命	固态照明时期		20 世纪 90 年代末，随着第三代半导体材料 GaN 的突破，半导体技术继引发微电子革命之后又在孕育一场新的产业革命——照明革命，其标志是基于半导体发光二极管（LED）的固态照明（亦称"半导体灯"），将逐步代替白炽灯和荧光灯进入普通照明领域。左图所示是一种户外应用的 LED 发光灯示意图

　　总之，人类创造的各种照明光源，是在不同的历史条件下，为满足人类的不同生存要求而服务的。可以预料，随着科学技术的发展，照明光源必将得到进一步改进，相继也会出现越来越多的新光源，为美化和方便人类的生活增添光彩。

　　2. 新光源——LED 灯

　　LED（Lighting Emitting Diode）照明，是发光二极管照明，是一种半导体固体发光器件（灯）。它是利用固体半导体芯片作为发光材料，在半导体中通过载流子发生复合放出过剩的能量而引起光子发射，直接发出红、黄、蓝、绿、青、橙、紫、白色的光。图 5.16 所示为利用 LED 作为光源制造出来的照明产品。

图 5.16　利用 LED 作为光源制造的照明灯具

　　（1）LED 灯的基本原理。LED 是由 III-IV 族化合物，如 GaAs（砷化镓）、GaP（磷化镓）、GaAsP（磷砷化镓）等半导体制成的，其核心是 PN 结。因此，它具有一般 P-N 结的 I-N 特性，即正向导通，反向截止、击穿特性。在一定条件下，它还具有发光特性。在正向电压下，电子由 N 区注入 P 区，空穴由 P 区注入 N 区。进入对方区域的少数载流子（少子）一部分与多数载流子（多子）复合而发光。

　　（2）LED 灯极限参数的意义。

　　① 允许功耗 P_m：允许加于 LED 两端正向直流电压与流过它的电流之积的最大值。超过此值，LED 发热、损坏。

　　② 最大正向直流电流 I_{Fm}：允许加的最大的正向直流电流。超过此值可损坏二极管。

　　③ 最大反向电压 V_{rm}：所允许加的最大反向电压。超过此值，发光二极管可能被击穿损坏。

　　④ 工作环境 topm：发光二极管可正常工作的环境温度范围。低于或高于此温度范围，发光二极管将不能正常工作，效率大大降低。

　　（3）LED 灯的优点。LED 被称为第四代照明光源或绿色光源，具有以下特点。

　　① 高节能：节能能源无污染即为环保。直流驱动，超低功耗（单管 0.03～0.06W）电光功率转换接近

100%，相同照明效果比传统光源节能 80%以上。

② 利环保：环保效益更佳，光谱中没有紫外线和红外线，既没有热量，也没有辐射，眩光小，而且废弃物可回收，没有污染不含汞元素，冷光源，可以安全触摸，属于典型的绿色照明光源。

③ 寿命长：LED 光源有人称它为长寿灯，意为永不熄灭的灯。固体冷光源，环氧树脂封装，灯体内也没有松动的部分，不存在灯丝发光易烧、热沉积、光衰等缺点，使用寿命可达 6 万到 10 万小时，比传统光源寿命长 10 倍以上。

④ 多变幻：LED 光源可利用红、绿、蓝三基色原理，在计算机技术控制下使三种颜色具有 256 级灰度并任意混合，即可产生 $256 \times 256 \times 256 = 16\,777\,216$ 种颜色，形成不同光色的组合变化多端，实现丰富多彩的动态变化效果及各种图像。

⑤ 高新尖：与传统光源单调的发光效果相比，LED 光源是低压微电子产品，成功融合了计算机技术、网络通信技术、图像处理技术、嵌入式控制技术等，所以亦是数字信息化产品，是半导体光电器件"高新尖"技术，具有在线编程，无限升级，灵活多变。

近年来，世界上一些经济发达国家围绕 LED 的研制展开了激烈的技术竞赛。美国从 2000 年起投资 5 亿美元实施"国家半导体照明计划"，欧盟也在 2000 年 7 月宣布启动类似的"彩虹计划"。我国科技部在"863"计划的支持下，2003 年 6 月份首次提出发展半导体照明计划。

总之，随着目前 LED 技术的进步，白光发光二极管将普遍应用在照明上，成为 21 世纪人类照明的曙光。

动脑又动手

□ **想一想　哪种接法安全**

表 5.22 中的 2 种不同的接法，哪一种接法安全?

表 5.22　　　　　　　　　　　　　　　2 种不同的接法

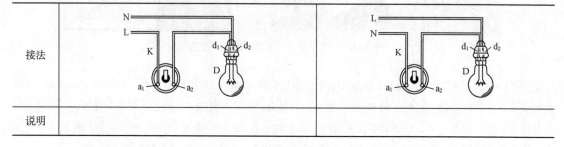

接法	
说明	

□ **做一做　照明线路检修工作**

在现场，完成一只开关控制一盏灯（教师事先设置 1~2 个故障点）的检修工作，并将检修情况填入表 5.23 中。

表 5.23　　　　　　　　　　　　　　一只开关控制一盏灯的检修

故 障 现 象	检 修 方 法	达 成 效 果

□ **评一评　"读、想、做"工作情况**

将"读、想、做"工作的评价意见填入表 5.24 中。

表 5.24   **"读、想、做"工作评价表**

项目 评定人	实训评价	等级	评定签名
自己评			
同学评			
老师评			
综合评 定等级			

＿＿年＿＿月＿＿日

思考与练习

一、填空题

1. 在室内电气线路施工中，应考虑＿＿＿＿＿＿＿和＿＿＿＿＿＿＿。

2. 室内照明线路一般采用＿＿＿＿＿＿＿交流电压；工厂动力线路一般采用＿＿＿＿＿＿＿交流电压。

3. 电气工程施工完成后，一定要进行＿＿＿＿＿＿＿工作，合格后方可交付使用。

4. 安装的插座接线孔的排列顺序是：＿＿＿＿＿＿＿＿＿＿＿＿＿＿＿＿＿＿＿＿。

5. 在照明灯具安装一定要牢记：＿＿＿＿＿＿＿＿＿＿＿＿＿＿＿＿＿＿＿＿＿＿。

6. 电气线路常见故障一般有：＿＿＿＿＿＿＿、＿＿＿＿＿＿＿和＿＿＿＿＿＿＿3类。

二、判断题（对的打"√"，错的打"×"）

1. 短路是指电流不经过用电设备而直接构成回路。 （　　）

2. 导线受外物拉断或被老鼠咬断是一种"短路"现象。 （　　）

3. 对于螺口式灯座，电源的中性线要与灯座螺纹相连的接线柱相连，电源的相线要与灯座顶心铜弹簧片相连。 （　　）

4. 在没有插头的情况下，可以临时采用线头直接插入插座的方法解决设备线路没电的问题。 （　　）

5. 在检修电气线路或设备过程中，一定要做到仔细观察、认真分析，及时而正确地排除故障。 （　　）

6. 接通荧光灯具电源后，发现启辉器不跳动，灯管两端和中间都不亮，表示荧光灯管没有工作。 （　　）

三、简答题

1. 电工在线路施工中，有哪些具体技术要求？

2. 在线路施工中，一般要经过哪些基本操作工序？

項目六

常用低压电器操作技能

低压电器是用于额定电压为交流 1 200 V 以下和直流 1 500 V 以下的、由供电系统和用电设备等组成的在电路中起通断、保护、控制、调节、转换作用的电器。

通过本项目的现场熟悉和学习，了解常用低压电器的工作原理，理解它们在实际电路中的作用，初步掌握低压电器选用与检修基本技能。

知识目标
- 了解低压电器的分类形式。
- 熟悉常用低压配电电器、低压控制电器的外形与主要用途。

技能目标
- 会正确选用低压配电电器。
- 掌握低压控制电器的选用与检修方法。

任务一　低压配电电器的选用

情景模拟

小任上网正起劲，突然电脑显示器不亮，家里停电了。小任打电话给爸爸。爸爸说可能是家里的熔断器或漏电保护器这些低压配电电器故障了。

在爸爸的提示下，小任认真地检查线路和电器，终于找到了电器上的故障，恢复了正常供电。

同学们，你知道小任是怎样找到低压配电电器的故障？你认识低压配电电器吗？让我们一起来学习有关低压配电电器方面的知识和技能吧！

基础知识

常用低压配电电器的种类，刀开关、转换开关选用，熔断器、低压断路器的选用，以及相关拓展知识等。

知识链接 1　常用低压配电电器的种类

1. 低压电器的种类

低压电器是指在交流 1 200 V 以下和直流 1 500 V 以下电路中起保护、控制、调节、转换等功能作用的电器设备。

电器种类很多，被广泛应用于电力输配电系统和电力拖动自动控制系统，其分类如表 6.1 所示。

表 6.1 常用电器的分类

分类形式	名称	用途
按工作电压等级分	高压电器	用于交流电压 1 200 V、直流电压 1 500 V 及以上电路
	低压电器	用于交流电压 1 200 V、直流电压 1 500 V 以下电路
按用途分	低压配电电器	用于供配电系统中实现对电能的输送、分配和保护，主要有刀开关、组合开关、低压熔断器、接触器等
	低压控制电器	用于生产设备自动控制系统中进行控制、检测和保护，主要有熔断器、继电器等
按触电动力来源分	手动电器	通过人力驱动使触点动作，如按钮、刀开关等
	自动电器	通过非人力驱动使触点动作，如接触器、继电器等
按执行机构分	有触点电器	有可分离的动触点和静触点，利用触点的接触和分离来实现电路的通断控制
	无触点电器	没有可分离的触点，主要利用半导体元器件的开关效应来实现电路的通断控制
按工作环境分	一般用途电器	一般环境和工作条件下使用
	特殊用途电器	特殊环境和工作条件下使用

2. 常用低压配电电器

配电电器主要用于电力网系统，技术要求是分断能力强、限流效果好、动热稳定性高及操作电压低。常见的低压配电电器有刀开关、转换开关、熔断器、断路器等，它们的外形与主要用途如表 6.2 所示。

表 6.2 常见的低压配电电器外形与主要用途

电器名称	外形	用途
刀开关		一种常用的手动电器 常用于隔离电源，也可用于不频繁地接通和断开的小电流配电电路或直接控制小容量电动机的启动和停止
转换开关		一种手动控制电器 主要用于电器设备中不频繁地通断电路、换接电源和负载，以及小功率电动机不频繁地启停控制
熔断器		一种常用的安全保护电器 主要用作短路保护，有时也可用于过载保护
断路器		一种重要的控制和保护电器 主要用于交直流低压电网和电力拖动系统中作为常用的一种配电电器，即可手动又可电动分合电路

知识拓展 **——漏电保护器简介**

家用漏电保护器又俗称触电保安器或漏电开关，是用来防止人身触电和设备事故的主要技术装置。在连接电源与用电设备的线路中，当线路或用电设备对地产生的漏电电流到达一定数值时，通过保护器内的互感器捡取漏电信号并经过放大去驱动开关而达到断开电源的目的，从而避免人身触电伤亡和设备损坏事故的发生。漏电保护器外形如图 6.1 所示。

图 6.1　漏电保护器外形

漏电保护器应垂直安装在干燥、通风、清洁的地方，其接线比较简单，只需将电源两根进线连接于漏电保护器进线两个桩头上，再将漏电保护器两个出线桩头与户内原来两根负荷出线相连即可。

安装好后要进行试跳。试跳方法：将试跳按钮按一下，如漏电保护器开关跳开，则为正常。如发现拒跳，则应送修理单位检查修理。

日常因电器设备漏电过大或发生触电时，保护器跳闸，这是正常的情况，决不能因动作频繁而擅自拆除漏电保护器。正确的处理方法是应查清、消除漏电故障后，再继续将漏电保护器投入使用。

注意

漏电保护器的安装接线应符合产品说明书规定，装置在干燥、通风、清洁的室内配电盘上。家用漏电保护器的安装比较简单，只需将电源两根进线连接于漏电保护器进线两个桩头上，再将漏电保护器两个出线桩头与户内原来两根负荷出线相连即可。

漏电保护器垂直安装好后，应进行试跳，试跳方法即将试跳按钮按一下，如漏电保护器开关跳开，则为正常。如发现拒跳，则应送修理单位检查修理。

日常因电器设备漏电过大或发生触电时，保护器动作跳闸，这是正常的情况，不能因动作频繁而擅自拆除漏电保护器，正确的处理方法是检查，消除漏电故障后，再继续将漏电保护器投入使用。

知识链接 2 **刀开关、转换开关选用**

1. 刀开关的选用

刀开关是结构最简单、应用最广泛的一种手动电器，是低压供配电系统和控制系统中最常用的配电电器，常用于隔离电源，也可用于不频繁地接通和断开小电流配电电路或直接控制小容量电动机的启动和停止。在电力拖动控制线路中最常用的是由刀开关与熔断器组合而成的负荷开关。刀开关主要由操作手柄、动触刀、静插座和绝缘底板组成。常见的刀开关外形结构及用途如表 6.3 所示。

刀开关选用时，一般只考虑其额定电压、额定电流 2 个参数，其他参数只有在特殊要求时才考虑。

（1）刀开关的额定电压应不小于电路实际工作的最高电压。

（2）根据刀开关的用途不同，其额定电流的选择也不尽相同，在作隔离开关或控制一般照明、电热等电阻性负载时，其额定电流应等于或略高于负载的额定电流。用于直接控制时，瓷底胶盖闸刀开关只能控制容量小于 5.5kW 的电动机，其额定电流应大于电动机的额定电流；铁壳开关的额定电流应不小于电动机额定电路的 2 倍；组合开关的额定电流应不小于电动机额定电流的 2～3 倍。

表 6.3 常见刀开关外形结构及用途

名称	胶盖闸刀开关（开启式负荷开关）	铁壳开关（封闭式负荷开关）
结构图	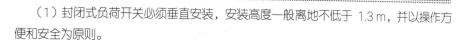（a）结构图　　（b）符号	
用途	应用于额定电压为交流 380 V 或直流 440 V、额定电流不超过 60 A 的电器装置，不频繁地接通或切断负载电路，具有短路保护作用	适用于各种配电设备中，供手动不频繁地接通和分断负载电路，并可控制 15 kW 以下交流异步电动机的不频繁直接启动及停止，具有电路保护功能

刀开关的常见故障及处理方法如表 6.4 所示。

表 6.4 刀开关常见故障及处理方法

种 类	故障现象	故障分析	处理措施
开启式负荷开关	合闸后，开关一相或两相开路	静触头弹性消失，开口过大，造成动、静触头接触不良	整理或更换静触头
		熔丝熔断或虚连	更换熔丝或紧固
		动、静触头氧化或有尘污	清洗触头
		开关进线或出线线头接触不良	重新连接
	合闸后，熔丝熔断	外接负载短路	排除负载短路故障
		熔体规格偏小	按要求更换熔体
	触头烧坏	开关容量太小	更换开关
		拉、合闸动作过慢，造成电弧过大，烧毁触头	修整或更换触头，并改善操作方法
封闭式负荷开关	操作手柄带电	外壳未接地或接地线松脱	检查后，加固接地导线
		电源进出线绝缘损坏碰壳	更换导线或恢复绝缘
	夹座（静触头）过热或烧坏	夹座表面烧毛	用细锉修整夹座
		闸刀与夹座压力不足	调整夹座压力
		负载过大	减轻负载或更换大容量开关

⌐ 注意 ⌐

（1）封闭式负荷开关必须垂直安装，安装高度一般离地不低于 1.3 m，并以操作方便和安全为原则。

（2）开关外壳的接地螺钉必须可靠接地。

（3）接线时，应将电源进线接在静夹座一边的接线端子上，负载引线接在熔断器一边的接线端子上，且进出线必须穿过开关的进出线孔。

（4）分合闸操作时，要站在开关的手柄侧，不准面对开关，以免因意外故障电流使开关爆炸，铁壳飞出伤人。

（5）一般不用额定电流 100 A 及以上的封闭式负荷开关控制较大容量的电动机，以免发生飞弧灼伤手事故。

2. 转换开关选用

转换开关又称组合开关，是一种手动控制电器，主要用于电器设备中不频繁地通断电路、换接电源和负载，以及小功率电动机不频繁地启停控制。HZ10 系列转换开关的外形、结构及符号如图 6.2 所示。

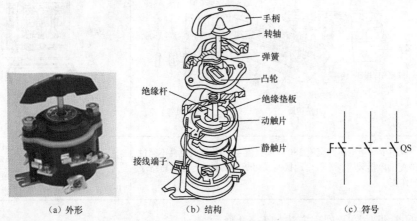

图 6.2　HZ10 系列转换开关的外形、结构及符号

转换开关是由多极触点组合而成的刀开关，有动触片（动触点）、静触片（静触点）、转轴、手柄、定位机构及外壳等。转换开关选用时，应根据电源种类、电压等级、极数及负载的容量进行选择。用于直接控制电动机的开关额定电流应不小于电动机额定电流的 1.5 倍。转换开关的常见故障及处理方法如表 6.5 所示。

表 6.5　转换开关常见故障及处理方法

故障现象	故障分析	处理措施
手柄转动后，内部触点未动	手柄上的轴孔磨损变形	调换手柄
	绝缘杆变形（由方形磨为圆形）	更换绝缘杆
	手柄与方轴，或轴与绝缘杆配合松动	紧固松动部件
	操作机构损坏	修理更换
手柄转动后，动、静触头不能按要求动作	组合开关型号选用不正确	更换开关
	触头角度装配不正确	重新装配
	触头失去弹性或接触不良	更换触头或清除氧化层、尘污
接线柱间短路	因铁屑或油污附着在接线柱间，形成导电层，将胶木烧焦，绝缘损坏而形成短路	更换开关

注意

（1）HZ10 转换开关应安装在控制箱（或壳体）内，其操作手柄最好伸出在控制箱的前面或侧面，应使手柄在水平旋转位置时为断开状态。HZ10 转换开关的外壳必须可靠接地。

（2）若需在箱内操作，开关最好装在箱内右上方，在它的上方最好不安装其他电器，否则，应采取隔离或绝缘措施。

（3）组合开关的通断能力较低，不能用来分断故障电流。用于控制异步电动机的正反转时，必须在电动机完全停止转动后才能反向启动，且每小时的接通次数不能超过 15 次。

（4）当操作频率过高或负载功率因数较低时，降低开关的容量使用，以延长其使用寿命。倒顺开关接线时，应将开关两侧进出线重的一相互换，并看清开关接线端标记，切忌接错，以免产生电源两相短路故障。

知识拓展——模数化终端组合电器简介

模数化终端组合电器是一种能根据用户需要选用合适元件，构成具有配电、控制保护和自动化等功能的组合电器。图 6.3 所示为模数化终端组合电器，它主要由模数化组装式元件以及它们之间的电气、机械连接和外壳等构成。模数化终端组合电器具有诸多功能及优点，被广泛用于配电线路中。

目前，使用较多的 PZ20 和 PZ30 系列两种模数化终端组合电器，具有如下功能。

（1）道轨化安装。如图 6.4 所示，可将开关电器方便地固定、拆卸、移动或重新排列，实现组合灵活化。

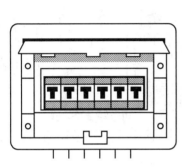

图 6.3 模数化终端组合电器

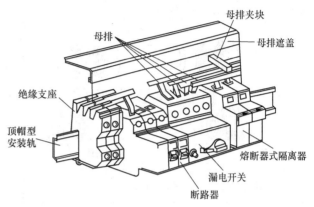

图 6.4 装有各种元件的组合电器结构图

（2）器件尺寸模数化，外形尺寸、接线端位置均相互配套一致。

（3）功能组合多样，能满足不同需要。

（4）壳体外形美观大方，壳内设有可靠的中性线和接地端子排、绝缘组合配线排，接线使用时安全性能好。

模数化终端组合电器的选用与安装，应该根据用户实际使用要求，确定组合方案，计算出所用电器元件的总尺寸，再选择所需外壳容量，并选定型号。然后，将其放入已预留孔洞的墙体中，并根据设计的电气线路图进行连线，连接完成后将其固定到墙体中即可。

知识链接 3 **熔断器、低压断路器的选用**

1. 熔断器的选用

熔断器是低压配电网络和电力拖动系统中最常用的安全保护电器，主要用作短路保护，有时也可用于过载保护。熔断器主要由熔体和安装熔体的熔管、熔座组成，各部分的作用如表 6.6 所示。常见的低压熔断器外形结构及用途，如表 6.7 所示。

表 6.6　　　　　　　　　　　　　　　　　熔断器各部分

各部分名称	材料及作用
熔体	铅、铅锡合金或锌等低熔点材料制成，多用于小电流电路；银、铜等较高熔点金属制成，多用于大电流电路
熔管	用耐热绝缘材料制成，在熔体熔断时兼有灭弧作用
底座	用于固定熔管和外接引线

表 6.7　　　　　　　　　　　　　常见低压熔断器外形结构及用途

名称	插入式熔断器	螺旋式熔断器
结构图		
用途	低压分支电路的短路保护	常用于机床电器控制设备保护
名称	无填料密闭管式熔断器	有填料密闭管式熔断器
结构图		
用途	用于低压电力网或成套配电设备	用来冷却和熄灭电弧，用于大容量的电力网或成套配电设备

熔体串接于被保护的电路中，其主体是用熔点较低、电阻率较高的合金或铅、锌、铜、银、锡等金属材料制作成丝状或片状。

选用熔断器时，一般只考虑熔断器的额定电压、额定电流和熔体的额定电流 3 个参数。

（1）额定电压。额定电压是指能保证熔断器长期正常工作的电压。若熔断器的实际工作电压大于其额定电压，熔体熔断时可能会发生电弧不能熄灭的危险。所以选用熔断器的额定电压值应大于线路的工作电压。

（2）额定电流。额定电流是指保证熔断器能长期正常工作的电流，是由熔断器各部分长期工作时的允许温升决定。熔断器的额定电流应不小于所装熔体的额定电流。

（3）熔体电流。熔体电流是指在规定的工作条件下，长时间通过熔体而熔体不熔断的最大电流值。通常，一个额定电流等级的熔断器可以配用若干个额定电流等级的熔体。因低压熔断器保护对象不同，熔体额定电流的选择方法也有所不同，如表 6.8 所示。

表 6.8　　　　　　　　　　　　　低压熔断器熔体选用原则

保护对象	选用原则
电炉和照明等电阻性负载短路保护	熔体的额定电流等于或稍大于电路的工作电流
保护单台电动机	考虑到电动机所受启动电流的冲击，熔体的额定电流应大于等于电动机额定电流的 1.5 倍。一般，轻载启动或启动时间短时选用 1.5 倍；重载启动或启动时间较长时选 2.5 倍
保护多台电动机	熔体的额定电流应大于等于容量最大电动机额定电流的 1.5 倍与其余电动机额定电流之和
保护配电电路	防止熔断器越级动作而扩大断路范围，后一级的熔体的额定电流比前一级熔体的额定电流至少要大一个等级

⌐ **注意** ∟

（1）安装低压熔断器时应保证熔体和夹头以及夹头和夹座接触良好，并具有额定电压、额定电流值标志。

（2）插入式熔断器应垂直安装，螺旋式熔断器的电源线应接在瓷底座的下接线座上，负载线应接在螺纹壳的上接线座上。这样在更换熔断管时，旋出螺帽后螺纹壳上不带电，保证操作者的安全。

（3）熔断器内要安装合格的熔体，不能用多根小规格熔体并联代替一根大规格熔体。

（4）安装熔断器时，各级熔体应相互配合，并做到下一级熔体规格比上一级规格小。

（5）安装熔断丝时，熔丝应在螺栓上沿顺时针方向缠绕，压在垫圈下，拧紧螺钉的力应适当，以保证接触良好，同时注意不能损伤熔丝，以免减小熔体的截面积，产生局部发热而产生误动作。

（6）更换熔体或熔管时，必须切断电源，尤其不允许带负荷操作，以免发生电弧灼伤。

（7）熔断器兼作隔离器件使用时应安装在控制开关的电源进线端。若仅做短路保护用，应装在控制开关的出线端。

对低压熔断器检修主要是使用万用表电阻挡检测熔体的电阻值来判别熔体是否熔断，若不为零则需要更换熔体。低压熔断器的常见故障及处理方法，如表 6.9 所示。

表 6.9 　　　　　　　　　　**熔断器的常见故障及处理方法**

故障现象	故障分析	处理措施
电路接通瞬间，熔体熔断	熔体电流等级选择过小	更换熔体
	负载短路或接地	排除负载故障
	熔体安装时受机械损伤	更换熔体
熔体未见熔断，但电路不通	熔体或接线座接触不良	重新连接

2. 低压断路器的选用

低压断路器又称自动空气开关或自动空气断路器，是一种重要的控制和保护电器。其主要用于交直流低压电网和作为电力拖动系统中常用的一种配电电器，既可手动又可电动分合电路。它集控制和多种保护功能于一体，对电路或用电设备实现过载、短路和欠电压等保护，也可以用于不频繁地转换电路及启动电动机。低压短路器主要由触点、灭弧系统和各种脱扣器 3 部分组成。常见的低压断路器外形结构及用途，如表 6.10 所示。

低压断路器选用时，一般要考虑的参数有额定电压、额定电流和壳架等级额定电流 3 个参数，其他参数只有在特殊要求时才考虑。

（1）低压断路器的额定电压应不小于被保护电路的额定电压，即低压断路器欠电压脱扣器额定电压等于被保护电路的额定电压，低压断路器分励脱扣额定电压等于控制电源的额定电压。

（2）低压断路器的壳架等级额定电流应不小于被保护电路的计算负载电流。

（3）低压断路器的额定电流应不小于被保护电路的计算负载电流，即用于保护电动机时，低压断路器的长延时电流整定值等于电动机额定电流；用于保护三相鼠笼型异步电动机时，其瞬时整定电流等于电动机额定电流的 8～15 倍，倍数与电动机的型、容量和启动方法有关；用于保护三相绕线式异步电动机时，其瞬间整定电流等于电动机额定电流的 3～6 倍。

表 6.10 常见低压断路器外形结构及用途

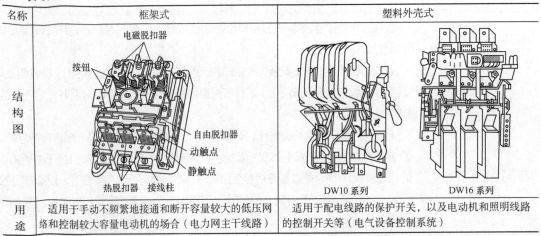

名称	框架式	塑料外壳式
结构图	电磁脱扣器 按钮 自由脱扣器 动触点 静触点 热脱扣器 接线柱	DW10 系列　DW16 系列
用途	适用于手动不频繁地接通和断开容量较大的低压网络和控制较大容量电动机的场合（电力网主干线路）	适用于配电线路的保护开关，以及电动机和照明线路的控制开关等（电气设备控制系统）

（4）用于保护和控制不频繁启动电动机时，还应考虑断路器的操作条件和使用寿命。

低压断路器的常见故障及处理方法，如表 6.11 所示。

表 6.11 低压断路器常见故障及处理方法

故障现象	故障分析	处理措施
不能合闸	欠压脱扣器无电压和线圈损坏	检查施加电压和更换线圈
	储能弹簧变形	更换储能弹簧
	反作用弹簧力过大	重新调整
	机构不能复位再扣	调整再扣接触面至规定值
电流达到整定值，断路器不动作	热脱扣器双金属片损坏	更换双金属片
	电磁脱扣器的衔铁与铁芯距离太大或电磁线圈损坏	调整衔铁与铁芯的距离或更换断路器
	主触头熔焊	检查原因并更换主触头
启动电动机时断路器立即分断	电磁脱扣器瞬动整定值过小	调高整定值至规定值
	电磁脱扣器某些零件损坏	更换脱扣器
断路器闭合后经一定时间自行分断	热脱扣器整定值过小	调高整定值至规定值
断路器温升过高	触头压力过小	调整触头压力或更换弹簧
	触头表面过分磨损或接触不良	更换触头或整修接触面
	两个导电零件连接螺钉松动	重新拧紧

┘注意┕

（1）低压断路器应垂直于配电板安装，电源引线应接到上端，负载引线接到下端。

（2）低压断路器用作电源总开关或电动机的控制开关时，在电源进线侧必须加装刀开关或熔断器等，以形成明显的断开点。

（3）低压断路器在使用前应将脱扣器工作面的防锈油脂擦干净；各脱扣器动作值一经调整好，不允许随意变动，以免影响其动作值。

（4）使用过程中若遇分断短路电流，应及时检查触点系统，若发现电灼烧痕，应及时修理或更换。

（5）断路器上的积尘应定期清除，并定期检查各脱扣器动作值，给操作机构添加润滑剂。

知识拓展  ——快速熔断器与自复式熔断器简介

1. 快速熔断器

快速熔断器又称半导体器件保护用熔断器，用于半导体功率器件或变流装置的过流保护。它具有快速动作的特点，能满足半导体功率器件的过载保护的要求。常见的快速熔断器有 RS0、RS3、RLS2 等系列。应注意，快速熔断器的熔体不能用普通熔体来代替，因为普通的熔体不具有快速熔断的特性。

2. 自复式熔断器

自复式熔断器的熔体是由非线性电阻元件制成，在特大短路电流产生的高温下，熔体气化，阻值剧增，即达到瞬间高阻状态，从而能将故障电流限制在较小的范围内。

动脑又动手

☐ **想一想　低压熔断器的选用**

常见低压熔断器有哪些种类，适用范围如何？请填入表 6.12 中。

表 6.12　　　　　　　　　　　　低压熔断器的选用

序号	1	2	3
名称			
适用范围			
结构特点			

☐ **做一做　低压熔断器的更换**

检测 RC1A 或 RL1 系列低压熔断器并更换其熔体，根据操作填入表 6.13 中。参考操作步骤如下。

（1）检查所给熔断器的熔体是否完好，对 RC1A 型，可拔下瓷盖进行检查；对 RL1 型，应首先查看其熔断指示器。

（2）若熔体已熔断，按原规格选配熔体。

（3）更换熔体。对 RC1A 系列熔断器，安装熔丝时熔丝缠绕方向要正确，安装过程中不得损伤熔丝。对 RL1 系列熔断器，熔断管不能倒装。

（4）用万用表检查更换熔体后的熔断器各部分接触是否良好。

表 6.13　　　　　　　　　　　　低压熔断器的更换

步骤	工具/仪表	操作
1		
2		
3		
4		
5		

☐ **问一问　市场上新配电电器**

请了解到的新配电电器有关信息填写在下面空格中。

□ 评一评 "想、做、问"工作情况

将"想、做、问"工作的评价意见填入表 6.14 中。

表 6.14　　　　　　　　　　对"想、做、问"工作评价表

项目 评定人	实训评价	等级	评定签名
自己评			
同学评			
老师评			
综合评 定等级			

____年____月____日

任务二　低压控制电器的选用

情景模拟

一天，小任去爸爸的车间，看到爸爸修理的机床边放着形状各异的控制电器，小任充满好奇地问："爸爸，这个叫什么。"爸爸告诉小任，"这是按钮、行程开关、接触器、继电器……它们都是低压控制电器，在机床上起电力拖动自动控制的作用。"

同学们，你知道小任是怎样去认识它们吗？让我们一起来学习有关常用低压控制电器方面的知识和技能吧！

基础知识

常用控制电器的种类、按钮和行程开关的选用与检修、继电器的选用与检修，以及相关拓展知识等。

知识链接 1　常用控制电器的种类

对电动机和生产机械实现控制和保护的电工设备叫做控制电器。控制电器的种类很多，按其动作方式可分为手动和自动两类。手动电器的动作是由工作人员手动操纵的，如按钮等。自动电器的动作是根据指令、信号或某个物理量的变化自动进行的，如中间继电器、交流接触器等。对控制电器的主要技术要求是操作频率高、寿命长，有相应的转换能力。常见的控制电器种类及用途，如表 6.15 所示。

表 6.15   常用控制电器种类及用途

电器名称	外　形　图	种类	用途
主令电器		按钮、限位开关、微动开关、万能转换开关	主要用于接通和分断控制电器
接触器		交流接触器、直流接触器	主要用于远距离频繁启动或控制电动机，以及接通和分断正常工作的电路
控制继电器		热继电器、中间继电器、时间继电器、电流继电器、电压继电器	主要用于控制系统中，控制其他电器或做主电路的保护
起动器		磁力起动器、减压起动器	主要用于电动机的启动和正反向控制

知识拓展 ——其他控制电器的选用

1. 电磁铁选用与检修

电磁铁是利用电磁吸力来吸持钢铁零件，操纵、牵引机械装置以完成预期的动作等。电磁铁主要由铁心、衔铁、线圈和工作机构组成。其类型有牵引电磁铁、制动电磁铁、起重电磁铁、电磁离合器等。常见的制动电磁铁与闸瓦制动器配合使用，共同组成电磁抱闸制动器，如图 6.5 所示。

（a）外形　　（b）一般符号（c）电磁制动器符号（d）电磁阀符号

图 6.5　MZD1 型制动电磁铁

电磁铁在选用时应遵循以下原则。

（1）根据机械负载的要求选择电磁铁的种类和结构形式。

（2）根据控制系统电压选择电磁铁线圈电压。

（3）电磁铁的功率应不小于制动或牵引功率。

电磁铁的常见故障及处理方法，如表 6.16 所示。

表 6.16   电磁铁的常见故障及处理方法

故障现象	故障分析	处理措施
电磁铁通电后不动作	电磁铁线圈开路或短路	测试线圈阻值，修理线圈
	电磁铁线圈电源电压过低	调整电源电压
	主弹簧张力过大	调整主弹簧张力
	杂物卡阻	清除杂物
电磁铁线圈发热	电磁铁线圈短路或接头接触不良	修理或调换线圈
	动、静铁心未完全吸合	修理或调换电磁铁铁心
电磁铁线圈发热	电磁铁的工作制或容量规格选择不当	调换容量规格或工作制合格的电磁铁
	操作频率太高	降低操作频率
电磁铁工作时有噪声	铁心上短路不损坏	修理短路环或调换铁心
	动、静铁心极面不平或有油污	修整铁心极面或清除油污
	动、静铁心歪斜	调整对齐
线圈断电后衔铁不释放	机械部分被卡住	修理机械部分
	剩磁过大	增加非磁性垫片

⏌注意⏌

（1）安装前应清除灰尘和杂物，并检查衔铁有无机械卡阻。

（2）电磁铁要牢固地固定在底座上，并在紧固螺钉下放弹簧垫圈锁紧。

（3）电磁铁应按接线图接线，并接通电源，操作数次，检查衔铁动作是否正常以及有无噪声。

（4）定期检查衔铁行程的大小，该行程在运行过程中由于制动面的磨损而增大。当衔铁行程达到正常值时，即进行调整，以恢复制动面和转盘间的最小空隙。不让行程增加到正常值以上，因为这样可能引起吸力的显著降低。

（5）检查连接螺钉的旋紧程度，注意可动部分的机械磨损。

2. 频敏变阻器选用与检修

频敏变阻器是一种利用铁磁材料的损耗随频率变化来自动改变等效阻值的低压电器，能使电动机达到平滑启动。其主要用于绕线转子回路，作为启动电阻，实现电动机的平稳无极启动。BP 系列频敏变阻器主要由铁心和绕组两部分组成，其外形结构与符号如图 6.6 所示。

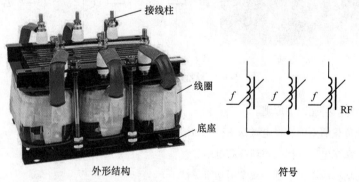

外形结构   符号

图 6.6 频敏变阻器外形结构与符号

常用的频敏变阻器有 BP1、BP2、BP3、BP4 和 BP6 等系列，每一系列有其特定用途，各系列用途如表

6.17 所示。

表 6.17 各系列频敏变阻器选用场合

频繁程度	轻载	重载
偶尔	BP1、BP2、BP4	BP4G、BP6
频繁	BP3、BP1、BP2	

频敏变阻器常见的故障主要有线圈绝缘电阻降低或绝缘损坏、线圈断路或短路及线圈烧毁等情况，发生故障应及时进行更换。

注意

（1）频敏变阻器应牢固地固定在基座上，当基座为铁磁物质时应在中间垫入 10mm 以上的非磁性垫片，以防影响频敏变阻器的特性，同时变阻器还应可靠接地。

（2）连接线应按电动机转子额定电流选用相应截面的电缆线。

（3）试车前，应先测量对地绝缘电阻，如阻值小于 $1M\Omega$，则须先进行烘干处理后方可使用。

（4）试车时，如发现启动转矩或启动电流过大或过小，应对频敏变阻器进行调整。

（5）使用过程中应定期清除尘垢，并检查线圈的绝缘电阻。

3. 凸轮控制器选用与检修

凸轮控制器是一种利用凸轮来操作动触点动作的控制电器。其主要用于容量小于 30kW 的中小型绕线转子异步电动机线路中，控制电动机的启动、停止、调速、反转和制动，广泛地应用于桥式起重等设备。常见的 KTJ1 系列凸轮控制器主要由手柄（手轮）、触点系统、转轴、凸轮和外壳等部分组成，其外形与结构如图 6.7 所示。

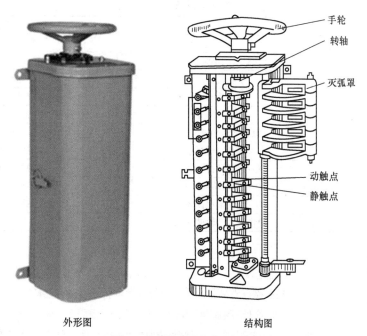

外形图　　　　　　　　结构图

图 6.7　凸轮控制器的外形与结构

凸轮控制器触点分合情况，通常使用触点分合表来表示。KTJ1-50/1 型凸轮控制器的触点分合表，如图 6.8 所示。

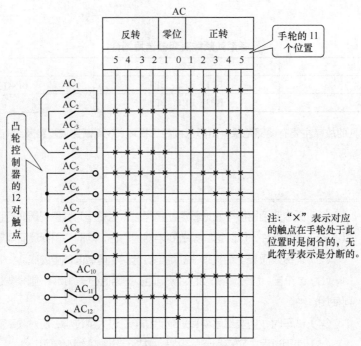

图 6.8 KTJ1-50/1 型凸轮控制器的触点分合表

凸轮控制器在选用时主要根据所控制电动机的容量、额定电压、额定电流、工作和控制位置数目等，可查阅相关技术手册。

凸轮控制器常见故障及处理方法，如表 6.18 所示。

表 6.18　　　　　　　　　　凸轮控制器常见故障及处理方法

故障现象	故障分析	处理措施
主电路中常开主触点间短路	灭弧罩破裂	调换灭弧罩
	触点间绝缘损坏	调换凸轮控制器
	手轮转动过快	降低手轮转动速度
触点过热使触点支持件烧焦	触点接触不良	修整触点
	触点压力变小	调整或更换触点压力弹簧
	触点上连接螺钉松动	旋紧螺钉
	触点容量过小	调换控制器
触点熔焊	触点弹簧脱落或断裂	调换触点弹簧
	触点脱落或磨光	更换触点
操作时有卡轧现象及噪声	滚动轴承损坏	调换轴承
	异物嵌入凸轮鼓或触点	清除异物

注意

（1）凸轮控制器在安装前应检查外壳及零件有无损坏，并清除内部灰尘。

（2）安装前应操作控制器手柄不少于 5 次，检查应无卡轧现象。凸轮控制器必须牢固可靠地安装在墙壁或支架上，其金属外壳上的接地螺钉必须与接地线可靠接地。

（3）应按触点分合表或电路图要求接线，经反复检查，确认无误后才能通电。

（4）凸轮控制器安装结束后，应进行空载试验。

（5）启动操作时，手轮不能转动太快，应逐级启动，防止电动机的启动电流过大。

（6）凸轮控制器停止使用时，应将手轮准确地停在零位。

知识链接 2 按钮和行程开关的选用与检修

1. 按钮的选用与检修

按钮是一种用来短时间接通或断开小电流电路的手动主令电器。由于按钮的触头允许通过的电流较小，一般不超过 5A，因此一般情况下，不作直接控制主电路的通断，而是在控制电路中发出指令或信号去控制接触器、继电器等电器，再由它们去控制主电路的通断、功能转换或电气连锁，常见的按钮如图 6.9 所示。

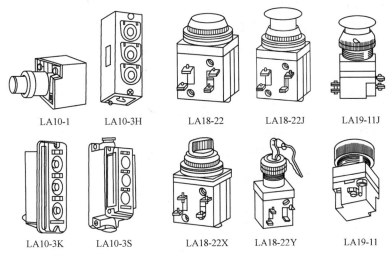

图 6.9 常见按钮的外形

按钮由按钮帽、复位弹簧、桥式触点和外壳等组成。通常被做成复合触点，即具有静触点和动触点。根据使用要求、安装形式、操作方式不同，按钮的种类很多。根据触点结构不同，按钮可分为停止按钮（常闭按钮）、启动按钮（常开按钮）及复合按钮（常闭、常开组合为一组按钮），它们的结构与符号，如表 6.19 所示。

表 6.19　　　　　　　　　　　　　　　　按钮的结构与符号

名称	常闭按钮（停止按钮）	常开按钮（启动按钮）	复合按钮
结构			按钮帽 复位弹簧 支柱连杆 常闭静触点 桥式动触点 常开静触点 外壳
符号	E—⊣_ SB	E—⊣ SB	E—⊣⊢ SB

按钮的常见故障及处理方法，如表 6.20 所示。

表 6.20   **按钮常见故障及处理方法**

故障现象	故障分析	处理措施
触头接触不良	触头烧损	修正触头或更换产品
	触头表面有尘垢	清洁触头表面
	触头弹簧失效	重绕弹簧或更换产品
触头间短路	塑料受热变形，导线接线螺钉相碰短路	更换产品，并查明发热原因，如灯泡发热所致，可降低电压
	杂物和油污在触头间形成通路	清洁按钮内部

选用按钮时，主要考虑以下几点。

（1）根据使用场合选择控制按钮的种类。

（2）根据用途选择合适的形式。

（3）根据控制回路的需要确定按钮数。

（4）按工作状态指示和工作情况要求选择按钮和指示灯的颜色。

⌐ 注意 ⌐

按钮安装在面板上时，应布置整齐，排列合理，如电动机启动的先后顺序，上到下或从左到右排列次序。

同一机床运动部件有几种不同的工作状态时（如上、下、前、后，松、紧等），应使每一对相反状态的按钮安装在一组。

按钮的安装应牢固，安装按钮的金属板或金属按钮盒必须可靠接地。

由于按钮的触点间距较小，如有油污等极易发生短路故障，因此应注意保持触点间的清洁。

2. 行程开关的选用与检修

行程开关也称位置开关或限位开关。它的作用与按钮相同，其特点是触点的动作不靠手，而是利用机械运动部件的碰撞使触点动作来实现接通或断开控制电路。它是将机械位移转变为电信号来控制机械运动的，主要用于控制机械的运动方向、行程大小和位置保护。

行程开关主要由操作机构、触点系统和外壳 3 部分构成。行程开关种类很多，一般按其机构可分为直动式、转动式和微动式。常见的行程开关的外形、结构与符号，如表 6.21 所示。

表 6.21   **常见的行程开关的外形、结构与符号**

	直动式	单轮旋转式	双轮旋转式
外形			

续表

直动式	单轮旋转式	双轮旋转式
结构	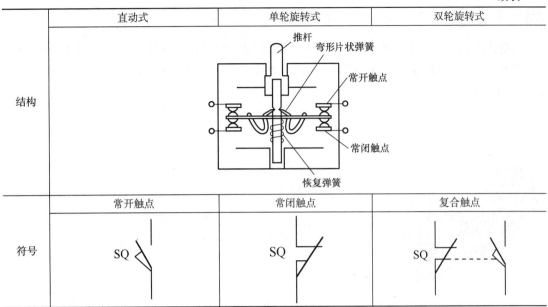	
	常开触点	常闭触点	复合触点
符号	SQ	SQ	SQ

行程开关选用时，主要考虑动作要求、安装位置及触头数量，具体如下。

（1）根据使用场合及控制对象选择种类。

（2）根据安装环境选择防护形式。

（3）根据控制回路的额定电压和额定电流选择系列。

（4）根据行程开关的传力与位移关系选择合理的操作头形式。

行程开关的常见故障及处理方法，如表 6.22 所示。

表 6.22 　　　　　　　　　　　行程开关常见故障及处理方法

故障现象	故障分析	处理措施
挡铁碰撞位置开关后，触头不动作	安装位置不准确	调整安装位置
	触头接触不良或线松脱	清刷触头或紧固接线
	触头弹簧失效	更换弹簧
杠杆已经偏转，或无外界机械力作用，但触头不复位	复位弹簧失效	更换弹簧
	内部撞块卡阻	清扫内部杂物
	调节螺钉太长，顶住开关按钮	检查调节螺钉
	内部撞块卡阻	清扫内部杂物
	调节螺钉太长，顶住开关按钮	检查调节螺钉

 注意

行程开关安装时，安装位置要准确，安装要牢固；滚轮的方向不能装反，挡铁与其碰撞的位置应符合控制线路的要求，并确保能可靠地与挡铁碰撞。

行程开关在使用中，要定期检查和保养，除去油垢及粉尘，清理触点，经常检查其动作是否灵活、可靠，及时排除故障。防止因行程开关触点接触不良或接线松脱产生误动作而导致设备和人身安全事故。

知识拓展 **——万能转换开关选用简介**

万能转换开关是利用多组相同结构的触头组件叠装而成的多回路控制电器。常用作控制线路的转换及电气测量仪表的转换，也可用于控制小容量异步电动机的启动、反转及变速等。万能转换开关的结构及符号，如图6.10所示。

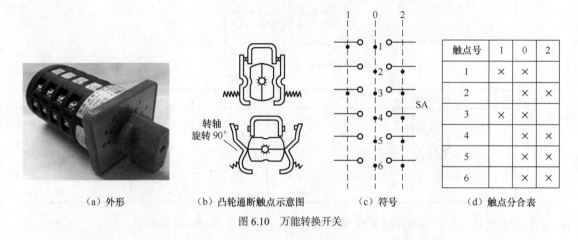

触点号	1	0	2
1	×	×	
2		×	×
3	×	×	
4		×	×
5		×	×
6		×	×

(a) 外形　　　　(b) 凸轮通断触点示意图　　　　(c) 符号　　　　(d) 触点分合表

图6.10　万能转换开关

万能转换开关的选用主要根据用途、接线方式、所需触头挡数及额定电流来选择。

万能转换开关安装时应与其他电器或机床的金属部件有一定间隙，一般水平安装。它的通断能力不高，当用来控制电动机时，LW5系列只能控制5.5 kW以下的小容量电动机。若用于控制电动机的正反转，则只有在电动机停转后才能反向启动。它本身不带保护，使用时必须与其他电器配合。当其有故障时，必须立即切断电路，检查有无妨碍可动部分正常转动的故障，检查弹簧有无变形或失效，触点工作状态和触点是否正常等。

知识链接3 **继电器的选用与检修**

1. 接触器的选用与检修

接触器是一种用途最广泛的开关电器，依靠电磁力的作用使触点闭合或分离来接通或分断交直流主电路和大容量控制电路，并能实现远距离自动控制和频繁操作，具有欠（零）电压保护。其控制对象主要是电动机，也可用于控制其他负载，如电路、电焊机等。接触器是自动控制系统和电力拖动系统中应用广泛的一种低压控制电器。

接触器具有通断电流能力强、动作迅速、操作安全、可频繁操作和远距离控制等优点，但不能切断短路电流，因此它通常与熔断器配合使用。接触器按主触头通过的电流种类，分为交流接触器和直流接触器两种。交流接触器主要由电磁系统、触点系统、灭弧装置及辅助部件等组成。交流接触器的结构及符号如图6.11所示。

接触器选用时，一般需考虑接触器主触头的额定电压、接触器主触头的额定电流、接触器吸引线圈的电压3个参数。参数选择主要考虑如下因素。

（1）根据所控制的电动机或负载电流类型来选择接触器类型，交流负载选用交流接触器，直流负载选用直流接触器。

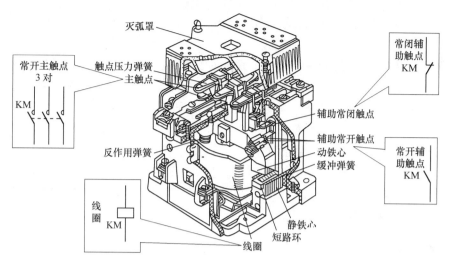

图 6.11　交流接触器的结构及符号

（2）接触器主触点的额定电压应不小于负载电路的工作电压，主触点的额定电流应不小于负载电路的额定电流，也可根据经验公式计算。

（3）接触器吸引线圈的电压选择。交流线圈电压有 36 V、110 V、127 V、220 V、380 V；直流线圈电压有 24 V、48 V、110 V、220 V、440 V。从人身和安全的角度考虑，线圈电压可选择低一些，但当控制线路简单，线圈功率较小时，为了节省变压器，可选 220 V 或 380 V。

（4）接触器的触点数量应满足控制支路数的要求，触点类型应满足控制线路的功能要求。交流接触器的常见故障及处理方法，如表 6.23 所示。

表 6.23　　　　　　　　　　　　　　　交流接触器常见故障及处理方法

故障现象	故障分析	处理措施
触头过热	通过动、静触头间的电流过大	重新选择大容量触头
	动、静触头间接触电阻过大	用刮刀或细锉刀修整或更换触头
触头磨损	触头间电弧或电火花造成电磨损	更换触头
	触头闭合撞击造成机械磨损	更换触头
触头熔焊	触头压力弹簧损坏使触头压力过小	更换弹簧和触头
	线路过载使触头通过的电流过大	选用较大容量的接触器
铁心噪声大	衔铁与铁心的接触面接触不良或衔铁歪斜	拆开清洗、修整端面
	短路环损坏	焊接短路环或更换
	触头压力过大或活动部分受到卡阻	调整弹簧、消除卡阻因素
衔铁吸不上	线圈引出线的连接处脱落，线圈断线或烧毁	检查线路及时更换线圈
	电源电压过低或活动部分卡阻	检查电源、消除卡阻因素
衔铁不释放	触头熔焊	更换触头
	机械部分卡阻	消除卡阻因素
	反作用弹簧损坏	更换弹簧

」注意」

（1）安装前检查接触器铭牌与线圈的技术参数（额定电压、电流、操作频率等）是否符合实际使用要求；检查接触器外观，应无机械损伤；用手推动接触器可动部分时，接触器应动作灵活，灭弧罩应完整无损，固定牢固；测量接触器的线圈电阻和绝缘电阻正常。

（2）接触器一般应安装在垂直面上，倾斜度不得超过5°；安装和接线时，注意不要将零件失落或掉入接触器内部，安装孔的螺钉应装有弹簧垫圈和平垫圈，并拧紧螺钉以防振动松脱；安装完毕，检查接线正确无误后，在主触点不带电的情况下操作几次，然后测量产品的动作值和释放值，所测得数值应符合产品的规定要求。

（3）使用时应对接触器作定期检查，观察螺钉应无松动，可动部分应灵活等；接触器的触点应定期清扫，保持清洁，但不允许涂油，当触点表面因电灼作用形成金属小颗粒时，应及时清除。拆装时注意不要损坏灭弧罩，带灭弧罩的交流接触器绝不允许不带灭弧罩或带破损的灭弧罩运行。

2. 热继电器的选用与检修

热继电器是利用电流的热效应来推动机构使触点闭合或断开的保护电器。其主要用于电动机的过载保护、断相保护、电流的不平衡运行保护及其他电器设备发热状态的控制。常见的双金属片式热继电器的外形结构符号，如图6.12所示。

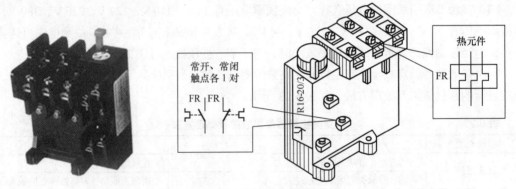

图6.12　热继电器的外形结构符号

热继电器的技术参数主要有额定电压、额定电流、整定电流和热元件规格，选用时，一般只考虑其额定电流和整定电流2个参数，其他参数只有在特殊要求时才考虑。

（1）额定电压是指热继电器触点长期正常工作所能承受的最大电压。

（2）额定电流是指热继电器允许装入热元件的最大额定电流。根据电动机的额定电流选择热继电器的规格，一般应使用热继电器的额定电流略大于电动机的额定电流。

（3）整定电流是指长期通过热元件而热继电器不动作的最大电流。一般情况下，热元件的整定电流为电动机额定电流的0.95～1.05倍；若电动机拖动的是冲击性负载或启动时间较长及拖动设备不允许停电的场合，热继电器的整定电流值可取电动机额定电流的1.1～1.5倍；若电动机的过载能力较差，热继电器的整定电流可取电动机额定电流的0.6～0.8倍。

（4）当热继电器所保护的电动机绕组是Y形接法时，可选用两相结构或三相结构的热继电器；当电动机绕组时△形接法时，必须采用三相结构带端相保护的热继电器。

热继电器的常见故障及处理方法，如表6.24所示。

表 6.24   热继电器常见故障及处理方法

故障现象	故障分析	处理措施
热元件烧断	负载侧短路，电流过大	排除故障、更换热继电器
	操作频率过高	更换上合适参数的热继电器
热继电器不动作	热继电器的额定电流值选用不合适	按保护容量合理选用
	整定值偏大	合理调整整定值
	动作触点接触不良	消除触点接触不良因素
	热元件烧断或脱焊	更换热继电器
	动作机构卡阻	消除卡阻因素
	盗版脱出	重新放入并调试
热继电器动作不稳定，时快时慢	热继电器内部机构某些部件松动	将这些部件加以紧固
	在检查中弯折了双金属片	用两倍电流预试几次或将双金属片拆下来热处理以除去内应力
	通电电流波动太大，或接线螺钉松动	检查电源电压或拧紧接线螺钉
热继电器动作太快	整定值偏小	合理调整整定值
	电动机启动时间过长	按启动时间要求，选择具有合适的可返回时间的热继电器
	连接导线太细	选用标准导线
	操作频率过高	更换合适的型号
	使用场合有强烈冲击和振动	采取防振动措施
	可逆转频繁	改用其他保护方式
	安装热继电器与电动机环境温差太大	按两低温差情况配置适当的热继电器
主电路不通	热元件烧断	更换热元件或热继电器
	接线螺钉松动或脱落	紧固接线螺钉
控制电路不通	触点烧坏或动触点片弹性消失	更换触点或弹簧
	可调整式旋钮在不合适的位置	调整旋钮或螺钉
	热继电器动作后未复位	按动复位按钮

⌐ 注意 ⌐

　　（1）必须按照产品说明书中规定的方式安装，安装处的环境温度应与所处环境温度基本相同。当与其他电器安装在一起，应注意将热继电器安装在其他电器的下方，以免其动作特性受到其他电器发热的影响。

　　（2）热继电器安装时，应清除触点表面尘污，以免因接触电阻过大或电路不通而影响热继电器的动作性能。

　　（3）热继电器出线端的连接导线应按照标准。导线过细，轴向导热性差，热继电器可能提前动作；反之，导线过粗，轴向导热快，继电器可能滞后动作。

　　（4）使用中的热继电器应定期通电校验。

　　（5）热继电器在使用中应定期用布擦净尘埃和污垢，若发现双金属片上有锈斑，应用清洁棉布蘸汽油轻轻擦除，切忌用砂纸打磨。

　　（6）热继电器在出厂时均调整为手动复位方式，如果需要自动复位，只要将复位螺钉顺时针方向旋转 3～4 圈，并稍微拧紧即可。

3. 时间继电器的选用与检修

时间继电器是一种按时间进行控制的继电器，从得到输入信号（线圈的通电或断电）起，需经过一段时间的延时后才输出信号（触点的闭合或分断）。它广泛用于需要按时间顺序进行控制的电器控制线路中。时间继电器有电磁式、电动式、空气阻尼式、晶体管式等。目前电力拖动线路中应用较多的是空气阻尼式时间继电器和晶体管时间继电器，它们的外形结构及特点，如表6.25所示。

表6.25   常见时间继电器外形结构及特点

名称	空气阻尼式时间继电器	晶体管时间式继电器
结构图	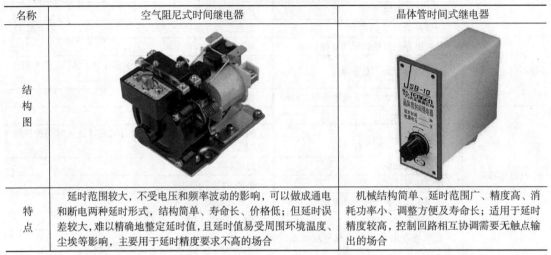	
特点	延时范围较大，不受电压和频率波动的影响，可以做成通电和断电两种延时形式，结构简单、寿命长、价格低；但延时误差较大，难以精确地整定延时值，且延时值易受周围环境温度、尘埃等影响，主要用于延时精度要求不高的场合	机械结构简单、延时范围广、精度高、消耗功率小、调整方便及寿命长；适用于延时精度较高，控制回路相互协调需要无触点输出的场合

空气阻尼式时间继电器是交流电路中应用较广泛的一种继电器，主要有电磁系统、触头系统、空气室、传动机构、基座，其外形结构及符号，如图6.13所示。

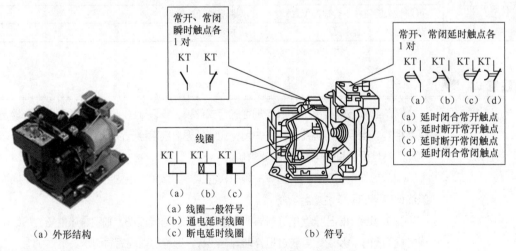

图6.13 空气阻尼式时间继电器的外形结构及符号

时间继电器选用时，应该一般需考虑的因素主要有以下几点。

（1）根据系统的延时范围和精度选择时间继电器的类型和系列。在延时精度要求不高的场合，一般可选用价格较低的空气阻尼式时间继电器（JS7-A系列）；反之，对精度要求较高的场合，可选用晶体管时间式继电器。

（2）根据控制线路的要求选择时间继电器的延时方式（通电延时和断电延时），同时，还必须考虑线路对瞬间动作触头的要求。

（3）根据控制线路电压选择时间继电器吸引线圈的电压。

时间继电器（JS7-A 系列）常见故障及处理方法，如表 6.26 所示。

表 6.26   热继电器常见故障及处理方法

故障现象	故障分析	处理措施
延时触头不动作	电磁线圈断线	更换线圈
	电源电压过低	调高电源电压
	传动机构卡住或损坏	排除卡住故障或更换部件
延时时间缩短	气室装配不严，漏气	修理或更换气室
	橡皮膜损坏	更换橡皮膜
延时时间变长	气室内有灰尘，使气道阻塞	清除气室内灰尘，使气道畅通

⌐ 注意 ∟

（1）时间继电器应按说明书规定的方向安装。

（2）时间继电器的整定值，应预先在不通电时整定好，并在试车时校正。

（3）时间继电器金属底板上的接地螺钉必须与接地线可靠连接。

（4）通电延时型和断电延时型可在整定时间内自行调换。

（5）使用时，应经常清除灰尘及油污，否则延时误差将更大。

知识拓展 ——其他一些继电器的简介

1. CJ20 系列交流接触器（见图 6.14）

该系列产品主要用于交流 50Hz，电压 660V 及以下，电流在 630 A 及以下的电力线路中，供远距离接通和分断电路以及频繁地启动和控制电动机。

产品结构采用立式布局，主触头采用双断点的桥式触头，材料选用银基合金. 具有很高的抗熔焊和耐电磨损性能。不同产品的辅助触头根据额定电流的不同可进行组合，灭弧罩根据额定电压和电流不同采用栅片式和纵缝式灭弧。线圈电压可采用交流 50 Hz，电压为 36 V、127 V、220 V、380 V 或直流 24 V、48 V、110 V 和 220 V 等多种。

图 6.14　CJ20 系列交流接触器

2. B 系列交流接触器（见图 6.15）

该系列产品是引进德国技术生产，可取代 CJ0、CJ10 等系列产品。适用于交流 50 Hz 或 60 Hz，电压 660 V 以下，电流 475 A 及以下的电力线路中，供远距离接通或分断电路及频繁地启动和控制电动机。其工作原理与 CJ10 系列变流接触器基本相同。

其结构特点：有"正装"、"倒装"两种布局形式；通用件多；配有多种可供用户选择的触头配件，方便组合；安装方式可用导轨或螺钉固定。因而，目前工厂电气控制设备中大量采用这种接触器。

图 6.15　B 系列交流接触器

3. 真空接触器（见图 6.16）

该系列产品的特点是主触头在真空灭弧室内，灭弧能力强。因而体积小、寿命长、维修工作量小。

常用的有 CJK 系列产品，适用于交流 50 Hz，额定电压 660 V 或 1 140 V 以下、额定电流 600 A 的电力线路中，供远距离接通或分断电路及频繁地启动和控制电动机。可与各种保护装置配合使用，组成防爆型电磁启动器。

图 6.16　真空接触器

4. 固体接触器（见图 6.17）

固体接触器又称半导体继电器，是利用半导体开关电器元件来完成接触功能的电器，一般由晶闸管构成。其具有体积小的特点，常用于工厂电气控制设备的控制线路板中。

图 6.17　固体接触器

5. 中间继电器

常见中间继电器的结构特点，如表 6.27 所示。

表 6.27　　　　　　　　　常见中间继电器的结构及特点

结构与符号图	用途
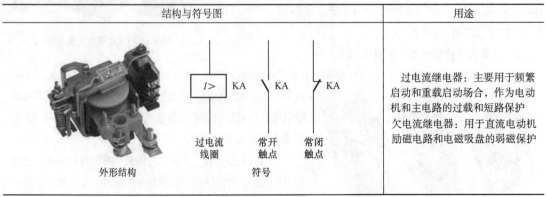 外形结构　　线圈　　常开触点　常闭触点　符号	用于增加控制电路中的信号数量或将信号放大，或将信号同时传给几个控制元件，也可以代替接触器控制额定电流不超过5A 的电动机控制系统

6. 电流继电器

常见电流继电器的结构特点，如表 6.28 所示。

表 6.28　　　　　　　　　常见电流继电器的结构及特点

结构与符号图	用途
外形结构　　过电流线圈　　常开触点　　常闭触点　符号	过电流继电器：主要用于频繁启动和重载启动场合，作为电动机和主电路的过载和短路保护 欠电流继电器：用于直流电动机励磁电路和电磁吸盘的弱磁保护

7. 压力继电器

压力继电器的结构特点，如表 6.29 所示。

表 6.29　　　　　　　　　　压力继电器的结构及特点

结构与符号图		用途
外形结构	符号 KP $\boxed{P}$ ---\　　KP $\boxed{P}$ ---$\neq$	用于机械设备的液压或气压控制系统中，是根据压力源的压力变化情况决定触头的断开与闭合，达到对机械设备提供控制或保护的目的

动脑又动手

□ **想一想　按钮和行程开关的选用**

按钮和行程开关有何区别？请填写在表 6.30 中。

表 6.30　　　　　　　　　　按钮和行程开关的选用

种类	按钮	行程开关
适用范围		
结构特点		

□**做一做　按钮和行程开关的检修**

检测按钮和行程开关，进行正确的拆卸和检修，并填入表 6.31 中，参考操作步骤如下。

1. 用兆欧表测量按钮和行程开关的各触头部分的对地电阻，其值应小于 0.5 MΩ。

2. 用万用表依次测量按钮和行程开关的活动装置置于不同位置时各对触点的通断情况，根据测量结果作出其触头分合判断。

3. 打开按钮和行程开关的外壳，仔细观察其结构和动作过程，以便进行触点的检修。

表 6.31　　　　　　　　　　按钮和行程开关的检修

名称	使用的工具/仪表	操作
按钮		
行程开关		

□ **问一问　市场上新控制电器**

请将在市场上了解到的新控制电器填写在下列空格中。

□ **评一评　"想、做、问"工作情况**

将"想、做、问"工作的评价意见填入表 6.32 中。

表 6.32　　　　　　　　　"想、做、问"工作评价表

项目 评定人	实训评价	等级	评定签名
自己评			
同学评			
老师评			
综合评 定等级			

___年___月___日

思考与练习

一、填空题

1. 配电电器主要用于_____系统，技术要求是分断能力强、限流效果好、动热稳定性高及操作电压低。常见的低压配电电器有_____、_____、_____、_____等。

2. 熔断器是低压配电网络和电力拖动系统中最常用的安全保护电器，主要用作_____，有时也可用于过载保护。

3. 刀开关的额定电压应不小于电路实际工作的_____。

4. 漏电保护器_____安装好后，应进行试跳，试跳方法即将试跳按钮按一下，如漏电保护器开关跳开，则为_____。如发现拒跳，则应送修理单位检查修理。

5. 按钮一般情况下，不作直接控制_____的通断，而是在控制电路中发出指令或信号去控制_____、继电器等电器。

6. 按钮是一种用来短时间接通或断开电路的手动主令电器。按钮的触头允许通过的电流较小，一般不超过_____A。

7. 用兆欧表测量按钮和行程开关的各触头部分的对地电阻，其值应小于_____MΩ。

8. 电磁铁是利用_____来吸持钢铁零件，操纵、牵引机械装置以完成预期的动作等。

二、判断题（对的打"√"，错的打"×"）

1. 电器种类很多，被广泛应用于电力输配电系统和电力拖动自动控制系统。　（　　）

2. 常见的低压配电电器有断路器、熔断器、刀开关、转换开关、继电器等。　（　　）

3. 低压熔断器集控制和多种保护功能于一体，对电路或用电设备实现过载、短路和欠电压等保护，也可以用于不频繁地转换电路及启动电动机。　（　　）

4. 行程开关是将机械位移转变为电信号来控制机械运动的，主要用于控制机械的运动方向、行程大小和位置保护。　（　　）

5. 接触器主触点的额定电压应小于负载电路的工作电压，主触点的额定电流应小于负载电路的额定电流，也可根据经验公式计算。　（　　）

6. 频敏变阻器是一种利用铁磁材料的损耗随频率变化来自动改变等效阻值的低压电器，能使电动机达到平滑启动。　（　　）

7. 凸轮控制器触头分合情况，通常使用触头分合表来表示。　（　　）

三、简答题

1. 什么是低压电器?
2. 低压熔断器熔体如何选用?
3. 行程开关具有哪些特点,它有什么用途?
4. 接触器选用原则有哪些?
5. 时间继电器有何作用,如何选用?

项目七

直流稳压电源操作技能

直流稳压电源由变压、整流、滤波、稳压等部分组成，它不仅在电子技术中应用广泛，而且在机床控制电路中也得到广泛应用。

通过本项目学习和操作，了解常见的直流稳压电源的基本结构和工作原理，熟悉各电子元件在电路中的作用，初步掌握器件识别、组装和典型故障分析、排除的基本技能。

知识目标
- 了解直流稳压电源的基本构成与应用。
- 熟悉电子电路的检修流程和检修方法。

技能目标
- 能对常用电子器件进行正确选用。
- 掌握直流稳压电源的组装与典型故障的分析、处理。

任务一　直流稳压电源的制作

情景模拟

"小任真聪明！能用一些小器件（电子器件），做出一件件小作品。"小明很佩服地说，"他又制作出一台可以任意调节输出电压的直流稳压电源。它不仅供收音机、DVD 等使用，还可以满足同学们所制作的电子作品的用电呐……"

同学们，你想拥有一台输出电压可以任意调节的直流稳压电源吗？让我们一起来学习有关直流稳压电源制作方面的知识和技能吧！

基础知识

直流稳压电源构成与特点、元器件的识别与插装工艺，以及相关拓展知识。

知识链接1　　直流稳压电源构成与特点

直流稳压电源由降压电路、整流电路、滤波电路和稳压电路组成，其基本结构如图 7.1 所示。

直流稳压电源是将交流电压转换为稳定直流电压的装置，电路先通过由变压器组成的降压电路获得低压交流电，然后通过整流电路得到脉动直流电，再通过滤波电路获得较平滑的直流电，最后通过稳压电路输出所需的直流电，工作原理如图 7.2 所示。

图 7.1　直流稳压电源的基本结构

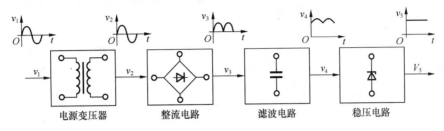

图 7.2　直流稳压电源工作原理方框图

降压电路的作用是将电网中的交流电压变换成整流所需的交流电压。常用的降压电路主要有变压器降压和电容器降压电路，其特点如表 7.1 所示。

<table>
<tr><td>表 7.1</td><td colspan="2" align="center">常用降压电路特点</td></tr>
<tr><td>电路名称</td><td align="center">特点</td><td align="center">电路图</td></tr>
<tr><td>变压器降压电路</td><td>利用变压器初级、次级绕组匝数的不同来实现交流电压的变换，结构简单，但体积较大</td><td></td></tr>
<tr><td>电容器降压电路</td><td>具有体积小、重量轻等优点；但具有印制电路板带电，电流较小等缺点</td><td></td></tr>
</table>

整流电路是利用二极管的单向导电性把交流电变换为脉动直流电。常用的整流电路有半波整流电路、全波整流电路、桥式整流电路等，其电路结构及特点如表 7.2 所示。

<table>
<tr><td>表 7.2</td><td colspan="2" align="center">常用整流电路结构及特点</td></tr>
<tr><td>电路名称</td><td align="center">电路原理图</td><td align="center">电路特点</td></tr>
<tr><td>半波整流电路</td><td></td><td>使用元器件少，结构最简单，但效率低，输出电压脉动系数大</td></tr>
<tr><td>全波整流电路</td><td></td><td>效率高，输出电压的脉动性小，但需用中心抽头变压器的体积相对较大，整流二极管所承受的最大反向峰值电压高</td></tr>
<tr><td>桥式整流电路</td><td></td><td>变压器的利用率高，整流二极管所承受的最大反向峰值电压低，带负载能力较强，但需要 4 只整流二极管</td></tr>
</table>

滤波电路的作用是滤除整流电路输出脉动直流电压中的交流分量，使直流电压变得平滑。常用的滤波电路有电容滤波电路、电感滤波电路和 LC 滤波电路，其电路结构及特点如表 7.3 所示。

表 7.3　　　　　　　　　常用滤波电路结构及特点

电路名称	电路原理图	电路特点
电容滤波电路	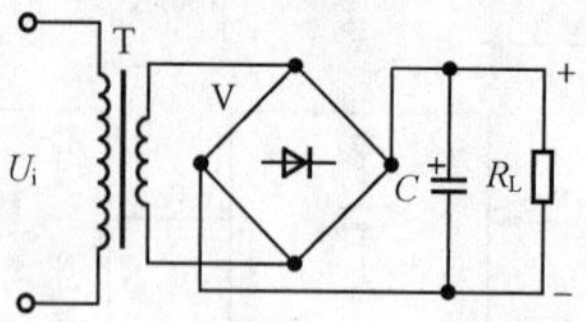	利用滤波电容器充电和放电特点，使直流电压变得比较平滑，且输出电压的平均值提高，但电容量由负载 R_L 的大小来选择
电感滤波电路	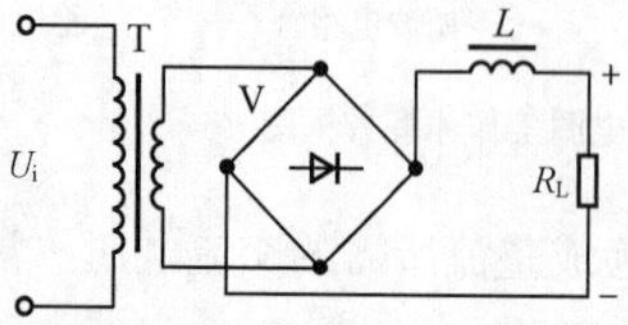	带负载能力好，但输出电压较低
LC 滤波电路	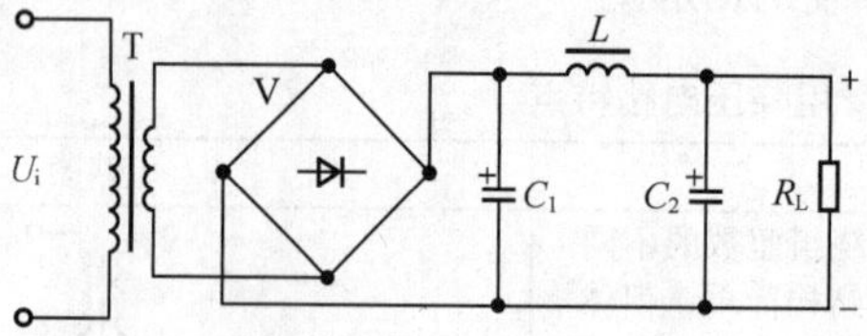	输出电压高，滤波效果好，但输出电流小，带负载能力差

稳压电路是使输出直流电压稳定，不随电网电压或负载变化而波动。常用的稳压电路有串联型稳压电路、并联型稳压电路和集成稳压电路，其电路结构及特点如表 7.4 所示。

表 7.4　　　　　　　　　常用稳压电路结构及特点

电路名称	电路原理图	电路特点
串联型稳压电路	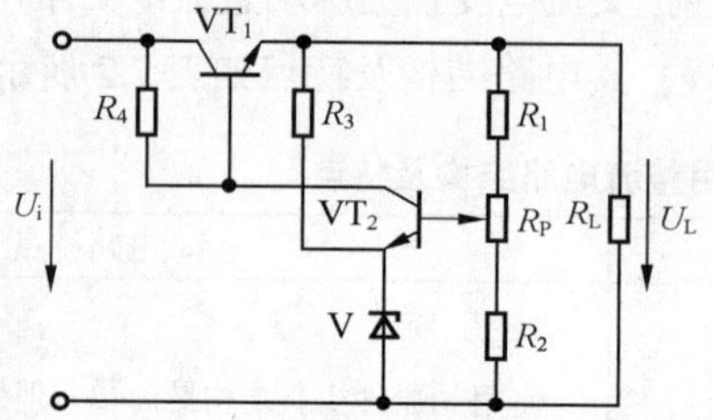	稳压性能好，且可以调整输出电压的高低，输出电流大，但结构复杂
并联型稳压电路	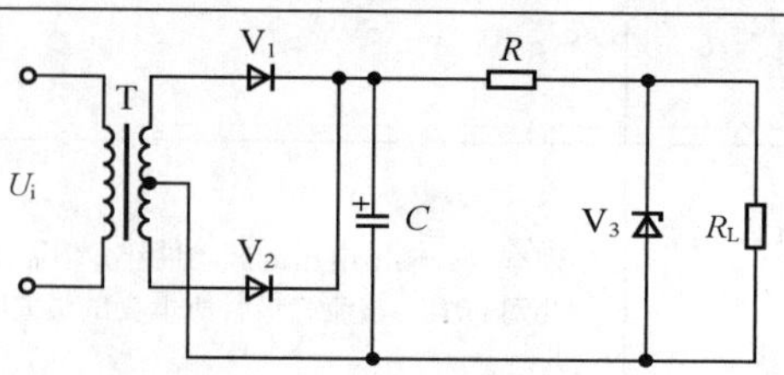	电路结构简单，稳压电路线路简单，调试维修比较方便，但稳压性能较差，输出电压不易调节，输出电流小
集成稳压电路	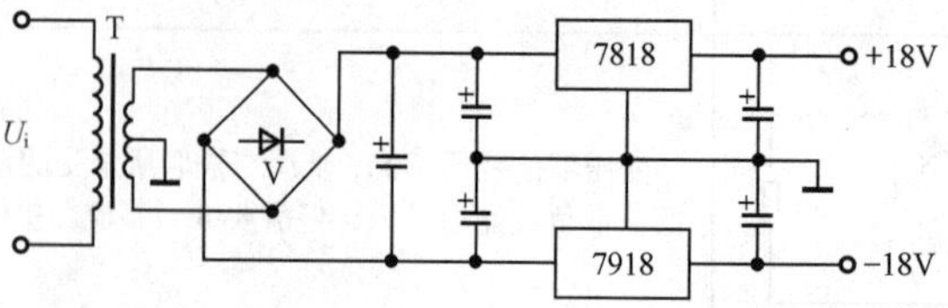	电路简单，稳压性能好，但输出电压不易调节，输出电流小

1. 铜箔板的种类与选用

（1）铜箔板（覆铜箔层压板）的种类。铜箔板又称覆铜箔层压板，是用腐蚀铜箔法制作印制电路板的主要材料。覆铜箔层压板按其基材分纸基板和玻璃布板 2 大类；按其结构还可分为单面铜箔板、双面铜箔板、多层铜箔板和软性铜箔板 4 种，如表 7.5 所示。

表 7.5　　　　　　　　　　　　　铜箔板的结构特点

名称	结构特点	应用场合
单面铜箔板	在单面覆有铜箔的层压板上，通过印制、腐蚀的方法，制成单面印制导线的电路板	用于对电性能要求不高的收音机、收录机、电视机和仪器仪表等上
双面铜箔板	在两面覆有铜箔的绝缘基板上，制成两面都有印制导线的电路板	用于对电性能要求较高的通讯设备（产品）、电子计算机和仪器仪表等上
多层铜箔板	在多面覆有铜箔的绝缘基板上，制成多层（层以上）的印制导线的印制电路板	用于整机小型化及减轻重量设备（产品）上。它常与集成电路（块）配合使用
软性铜箔板	用软性状塑料或其他软质绝缘材料为基材制成的印制电路板	用于电子计算机、自动化仪表、通信设备（产品）上

（2）铜箔板的选用。铜箔板的选用，应根据其结构特点与应用场合选用，如表 7.6 所示。

表 7.6　　　　　　　　　　　　铜箔板的结构特点与应用场合

种类		结构特点与应用场合
酚醛纸基铜箔板		用浸渍过酚醛树脂的绝缘纸或纤维板作为基板，两面加无碱玻璃布，并在一面或两面覆以电解铜箔，经热压而成，分为单层、双层和多层。这类铜箔板机械强度低、易吸水、耐高温性能差（一般不超过 100℃），主要用于低频和一般民用产品中
玻璃布铜箔板	环氧酚醛玻璃布铜箔板	用无碱玻璃布浸以环氧树脂，并在一面或二面覆以电解铜箔，经热压而成，分为单层、双层和多层。这类铜箔板电气和机械性能良好，加工方便，可用于恶劣环境和高频电路中
	环氧玻璃布铜箔板	用玻璃布浸以双氰胺固化剂的环氧树脂，并在一面或二面覆以电解铜箔，经热压而成，分为单层、双层和多层。这类铜箔板机械加工性能好，防潮性能良，工作温度较高，被广泛用于无线电设备电路中
	聚四氟乙烯玻璃布铜箔板	用无碱玻璃布浸渍聚四乙烯分散乳液为基材，覆以经氧化处理的电解铜箔，经热压而成，分为单层、双层和多层。这类铜箔板有良好的介电性能和化学稳定性，是一种耐高温、高绝缘的新型材料。它主要用于高频和超高频电路中

此外，还有软性铜箔板，是以软层状塑料或其他软质绝缘材料为基材制成的印制电路板。它可分为单层、双层和多层三大类。此类板除了重量轻、体积小、可靠性高以外，最突出的特点是具有绕性，能折叠、弯曲、卷绕以及三维空间排列。在电子计算机、自动化仪表、通信设备中应用广泛。

2. 印制电路板的手工制作

印制电路板一般是指在铜箔板上印制有各种线路制作而成的板。印制电路板适用于电子产品中的批量生产，业余制作时则采用手工描制的方法。总之，印制电路板不管采用何种方法（印制还是手工描制）都应了解其制作中的一些专业术语。

（1）印制电路板制作中的专业术语。制作印制线路板中的几个专业术语，如表 7.7 所示。

表 7.7 印制电路板中的专业术语

名称	意义	图示	说明
焊点	元件与印制线路板的连接点	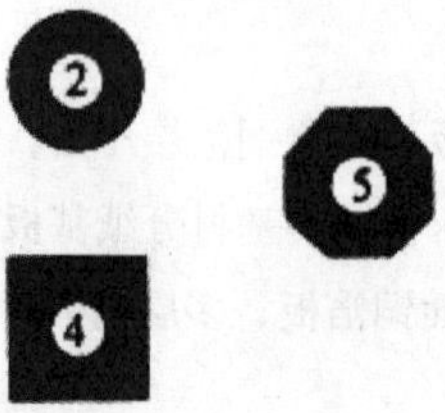	焊点的环宽一般为 0.5～1.5mm，穿线孔直径一般比元件引线的直径大 0.2～0.3mm，太大，则焊接不牢
连线	一个焊点到另一个焊点的线	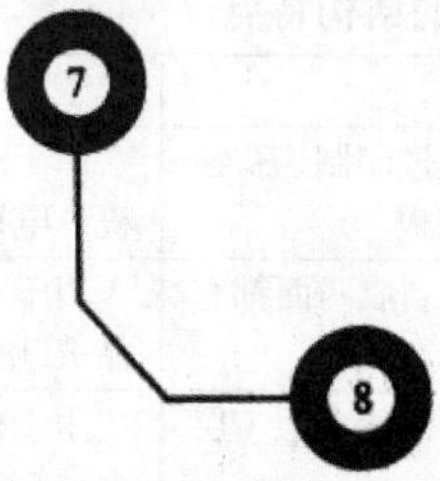	印制线路板导线宽度为 0.5mm 时，允许通过的电流为 0.8A，宽度为 2.0mm 时，允许通过的电流为 1.9A。通常选用 1.5～2.0mm，最窄不要小于 0.5mm，流过大电流印制导线可放宽到 2～3mm。对于电源线和公共地线，在布线允许下可放宽到 4～5mm，甚至更宽
安全距离	导线与导线之间、导线与焊点之间、焊点与焊点之间所保持的绝缘间距	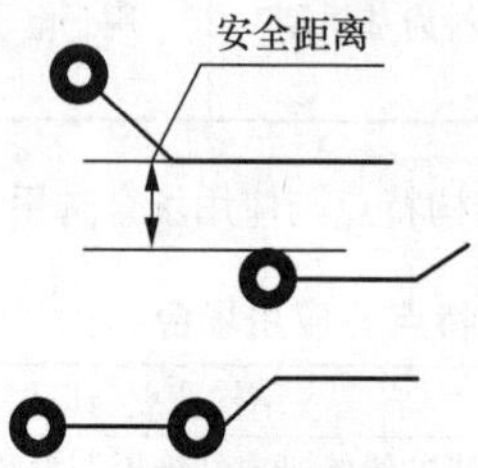	印制线路板导线间的间距直接影响着电路的电气性能。间距过小，绝缘程度就能下降，分布电容就会增大。所以在制作中规定，导线的间距最小不得小于 0.5mm，当线间电压超过 300V 时，其间距应不小于 105mm
过孔	用于改变走线的板层。过孔是为了实现层与层之间的电路连接	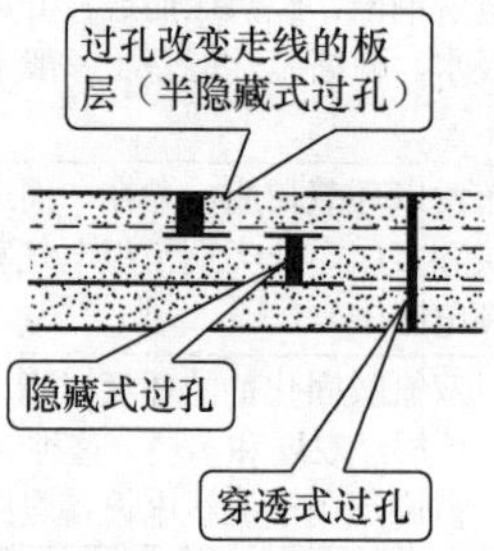	过孔有半隐藏式过孔、隐藏式过孔和穿透式过孔。过孔的主要技术要求是连接可靠
元件封装	实际元件焊接到印制线路板时的外观与引脚位置（焊点位置）	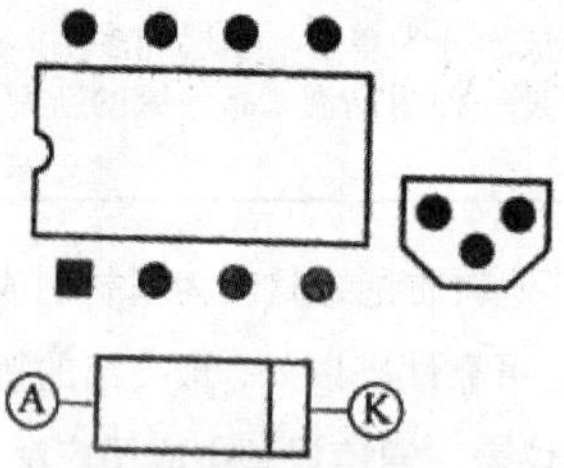	元件封装在印制线路板的设计中扮演着主要角色。因为各元件在印制电路板上都是以元件封装的形式体现的。不知道元件封装，就无法进行设计
阻焊层	不能沾焊锡，甚至会排开焊锡的层面		在焊点以外的地方覆盖一层阻焊层（漆），可以防止焊锡跑到不该有焊锡的地方，并可防止焊锡溢出引起的短路。这种方法适合锡炉或喷锡的焊接，适用于批量生产

（2）制作印制电板的手工方法。制作印制电路板的手工方法，如表7.8所示。

表7.8 印制电路板的手工制作方法

序号	步骤	说明
1	设计	根据印制电路板的设计原则，设计出印制电路板的稿件
2	选材	酚醛纸基板：其颜色一般为黑黄色或淡黄色，价格便宜，但性能不如环氧酚醛玻璃布板　环氧酚醛玻璃布板：此材从外表看为青绿色并有透明感。这种板适用于高频电路，并能耐高温，有较好的绝缘性
3	表面处理	由于加工、贮存等原因，在覆铜箔层压板的表面会形成一层氧化层，氧化层将影响稀薄图的复印，为此，要对覆铜箔层压板表面进行清洗处理
4	复印设计图	
5	描涂防腐层	
6	腐蚀印制电路	将涂有防腐层的电路板放入能腐蚀铜的三氧化铁溶液中，把裸露的部分铜箔腐蚀掉 为了加快腐蚀速度，可缓缓搅动腐蚀液。浸放时间大约为30min
7	清洗	放入清水中冲洗
8	擦除保护层	
9	钻孔	

┘ 注意 └

印制电路板的制作除了要考虑元器件之间的连接之外，还要考虑到元器件布局的合理性和电路安装的可靠性。

（1）元器件布局的合理性：①容易引起相互干扰的元器件要尽可能远离；②布线尽可能短而直，以防自激；③注意发热元器件对周围元器件的影响；④元器件布局不能使印制电路的导线交叉。

（2）电路安装的可靠性：①选取合适的导线间距、焊点样式；②导线与焊点要平滑过渡；③根据封装尺寸确定穿孔位置与直径；④在同一电路板上尽可能取用相同的导线宽度（除电源线）；⑤公共地线不应闭合，以免产生电磁感应。

知识链接2　元器件的识别与插装工艺

常用的实用串联型稳压电源，如图 7.3 所示。它由电源变压器、桥式整流电路、电容滤波电路和串联型稳压电路构成。

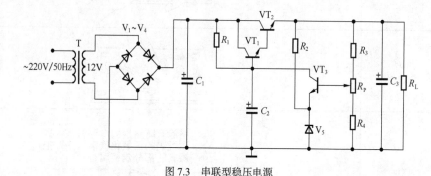

图 7.3　串联型稳压电源

串联型稳压电源所用的电子元器件如表 7.9 所示。

表 7.9　　　　　　　　　　　　　　元器件清单

代号	规格	名称	代号	规格	名称
VT_1、VT_3	9013	小功率三极管	C_2	100μF/25 V	电解电容器
VT_2	D882	大功率三极管	R_1	3 kΩ/0.125 W	金属膜电阻器
$VD_1 \sim VD_4$	1N4001	整流二极管	R_2	560 Ω/0.125 W	金属膜电阻器
VD_5	2CW53	5.3 V 稳压管	R_3、R_4、R_L	470 Ω/0.125 W	金属膜电阻器
C_1、C_3	470 μF/25V	电解电容器	R_P	470 Ω/1 W	实芯电位器

1. 元器件的识别与检测

电子设备装接前，首先要对元器件进行识别和检测。

（1）电阻器识别与检测。串联型直流稳压电源中的电阻器一般均为金属膜的色环电阻器，如图 7.4 所示。

色环电阻通过不同颜色带在电阻器表面标出标称阻值和允许误差。色环靠近电阻器一端的第 1 条色码带的颜色表示第 1 位数；第 2 条色码带的颜色表示第 2 位数；第 3 条色码带的颜色表示倍乘；第 4 条色码带的颜色表示允许误差。如果有 5 条色码带，其中第 1 条、第 2 条、第 3 条色码带表

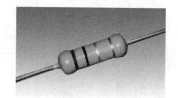

图 7.4　色环电阻器

示第 1 位、第 2 位、第 3 位数，第 4 条色码带表示倍乘，第 5 条色码带表示允许误差，如图 7.5 所示。

电阻器色标符号的规定如表 7.10 所示。

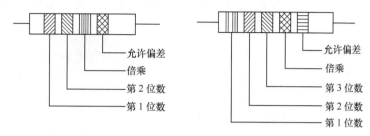

图 7.5 色环电阻器识读

表 7.10 　　　　　　　　　　　　电阻器色标符号对照表

颜色	第 1 位有效数	第 2 位有效数	倍乘数	允许误差/%
棕	1	1	10^1	±1
红	2	2	10^2	±2
橙	3	3	10^3	—
黄	4	4	10^4	—
绿	5	5	10^5	±0.5
蓝	6	6	10^6	±0.25
紫	7	7	10^7	±0.1
灰	8	8	10^8	+20，−50
白	9	9	10^9	—
黑	0	0	10^0	—
金	—	—	10^{-1}	±5
银	—	—	10^{-2}	±10
无色	—	—	—	±20

【例 7.1】 某一电阻器上，从色环靠近的一端开始，色环按顺序排列分别为黄、紫、红、金色，则该电阻器阻值为：$47 \times 10^2 \pm 47 \times 10^2 \times 5\% = 4700 \pm 235$（Ω）。

可使用万用表对电阻器进行检测，看其阻值与标称阻值是否相符，差值是否在电阻器的标称误差范围之内。使用万用表测量电阻器时要注意以下几点。

① 测量时人的手不能同时接触被测电阻器的两根引脚（见图 7.6），以免并入人体电阻影响测量的准确度。

② 测量在电路上的电阻器时，必须切断电源，将电阻器从电路中断开一端，以防止电路中的其他元件对测量结果产生不良的影响。

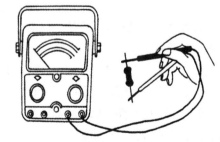

图 7.6 万用表正确测量电阻

③ 测量电阻器的阻值时，应根据电阻值的标称值大小选择合适的量程，否则将无法准确地读出数值。由于万用表的欧姆挡刻度线是非线性的，一般欧姆挡的中间段，刻度分布较细且准确。因此测量电阻时，尽可能将表针落到刻度的中间一段，

以提高测量精度。

（2）电容器识别与检测。电容器是一种储能元件，是组成电子电路的基本元器件之一。它被广泛地用于耦合、滤波、隔直流、调谐电路中，以及与电感组件组成振荡电路。串联型直流稳压电源中的电容器均为电解电容器。电容器标称容量和偏差一般标注在电容器外壳上，如图 7.7 所示。

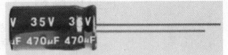

图 7.7　电容器识读

电解电容器极性一般可通过外观判别，未使用过的电解电容器以引线的长短来区分电容器的正、负极，长引线为正极，短引线为负极，还可以通过电容器外壳标注来判别（有些电容器外壳标注负号对应的引线为负极），也可利用电解电容器正向的漏电电阻大于反向的漏电电阻的特性，通过测量电容器的漏电电阻来判别电解电容器的极性。

电解电容器质量可以用万用表的电阻挡 R×1k 或 R×10k 挡（视电容器的容量而定）测量。将两表棒分别接触电容器的两引线，表针会迅速地按顺时针方向偏转，然后再按逆时针方向逐渐退回 "∞" 附近，这时表针所指的是该电容的漏电电阻值。一般，电容器的漏电电阻很大（约几百到几千兆欧）。漏电电阻越大，则电容器的绝缘性能越好。若漏电电阻较小（几兆欧姆甚至更小），表明电容器漏电严重，不能使用。

（3）二极管识别与检测。半导体二极管简称二极管，是由一个 PN 结加上电极引线和管壳构成。P 型区的引出线称为正极或阳极，N 型区的引出线称为负极或阴极。利用 PN 结的单向导电性能，二极管被广泛应用于整流、检波等各种场合。

二极管的极性判断有两种方法：外观识别法和使用万用表进行识别。外观识别是指二极管的极性一般可通过二极管管壳上的标志来识别，如图 7.8 所示。

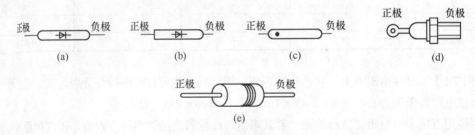

图 7.8　二极管外形判别极性

若壳无标识或标识不清，就需要用万用表进行检测，其检测电路如图 7.9 所示。首先，选择万用表欧姆挡 R×100Ω 或 R×1kΩ 挡（一般不用 R×1Ω 挡，因为电流太大，而 R×10kΩ 挡电压太大，管子会有损坏的危险）将两表棒分别接二极管的 2 个电极，接着交换电极再测一次，从而得到 2 个电阻值。根据二极管反向电阻值（几十千欧到几百千欧）远大于正向电阻值（几百欧到几千欧）的特性，以测量阻值小的一次为准，黑表棒接的是二极管的正极，红表棒接的是二极管的负极（以上测量使用万用表为模拟式万用表，如使用数字式万用表，则红表棒接的是二极管的正极，黑表棒接的是二极管的负极）。

稳压管识别也可根据管壳上的表示型号的标识加以判别。若碰到管壳标识不清的情况，则使用万用表进行检测，如图 7.10 所示。稳压管和二极管工作状态存在明显区别，二极管工作在正向导通态，而稳压管工作在反向击穿状态，其反向伏-安特性曲线非常陡，动态电阻（R_z）很小。

据此，我们可用万用表电阻挡将两者加以区分。

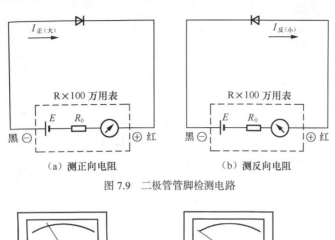

图 7.9　二极管管脚检测电路

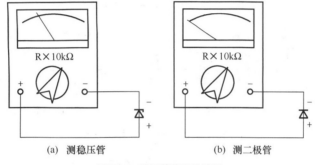

图 7.10　稳压管管脚的检测

（注：此方法仅适用于稳压值小于 9V 稳压管的检测）

具体方法如下：先选择欧姆 R×10k 挡，用黑表棒接待区分管的负极，红表棒接其正极，由**表内叠层**电池向管子提供反向电压。此时，注意观察表针，若基本不动，停在"∞"处或有极小**偏转**的为普通二极管；若表针有一定的偏转，则为稳压管。此方法适用于反向击穿电压比 R×10k 挡的表内叠层电池电压低的稳压管。

（4）三极管识别与检测。半导体三极管简称三极管，是其内部含有两个 PN 结，外部有 3 个引出电极的半导体器件。其具有对电信号的放大、开关控制等作用，在实际电路中被广泛使用。三极管的极性判断有两种方法：外观识别法和用万用表进行识别。外观识别是指三极管一般可通过三极管管壳上管脚的标志来识别，如图 7.11 所示。

若管壳无标识或标识不清，就要用万用表进行检测，一般先判别三极管管型和基极，然后再判别集电极和发射极。

① 三极管的管型判别。利用 PN 结反向电阻远大于正向电阻的特性，可利用万用表来进行三极管管型检测。具体方法如下：先选择万用表欧姆 R×1k 挡，测任意两管脚电阻值，若无阻值则更换某一管脚或交换表棒，直至有测量阻值为止。此时，黑表棒对应为 PN 结的 P 端，而红表棒对应为 PN 结的 N 端（检测时，使用的万用表为模拟式万用表）。然后，再通过以上测量方法判断出，第三脚的极性（是 P 端还是 N 端），而不同极性的一个管脚为三极管的基极。

② 三极管的管脚判别。在判别管型，找到基极后，可以用万用表进一步判别三极管的集电极和发射极。

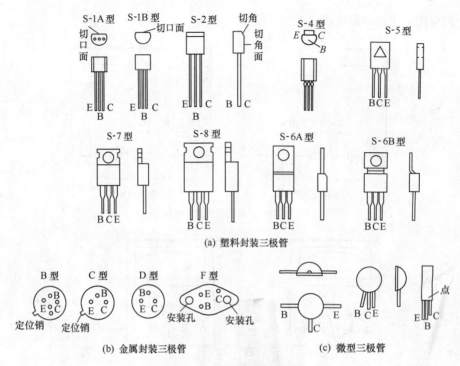

(a) 塑料封装三极管

(b) 金属封装三极管　　　　　　　(c) 微型三极管

图 7.11　常见三极管管型与管脚

将万用表拨到 R×1k 挡，对于 NPN 型管，用手指同时捏住基极与黑表棒搭接的一管脚，如果表针向右方向偏转，就表明红表棒接的是发射极，黑表棒接的是集电极，如图 7.12 所示。假如表针基本保持原状和偏转很小，可将黑、红表棒对调进行重新测试。倘若以上两次测试指针均不动，则表示三极管已失去放大作用。

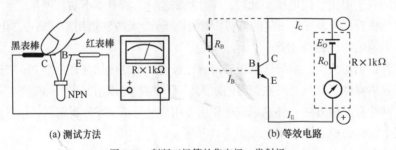

(a) 测试方法　　　　　　　　　　　(b) 等效电路

图 7.12　判断三极管的集电极、发射极

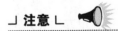

注意

　　电子设备装接前，一定要对元器件进行识别和检测。

　　电子设备装接时，应遵循"先小后大、先轻后重、先低后高、先里后外"的原则。

　　装接的元器件，要位置正确、无损伤、整体美观、无歪斜。

2. 元器件插装工艺要求

（1）电阻的插装。电阻的插装方式一般有卧式和立式两种，如图 7.13 所示。

电阻卧式插装时，应贴紧印制板，并注意电阻的阻值色环向外、同规格电阻色环方向应排列一致；直标法的电阻器标志应向上。

电阻立式插装时，应使电阻离开电路板 1～2 mm，并注意电阻的阻值色环向上、同规格电阻色环方向应排列一致。

（2）电容的插装。电容插装方式可分为卧式和立式两种，如图 7.14 所示。

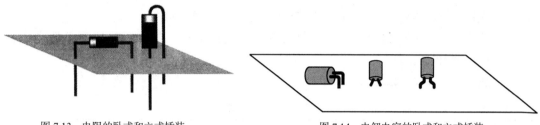

图 7.13　电阻的卧式和立式插装　　　图 7.14　电解电容的卧式和立式插装

瓷片电容插装时，应使电容离开多用电路板 4～6 mm，并且标记面向外，同规格电容排列整齐高低一致。

电解电容插装时，应注意电容离开电路板 1～2 mm，并注意电解电容的极性不能搞错，同规格电容排列整齐高低一致。

（3）二极管的插装。二极管插装方式可分为卧式和立式两种，如图 7.15 所示。

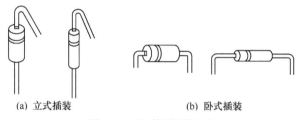

(a) 立式插装　　　　　　(b) 卧式插装

图 7.15　二极管的插装方式

二极管卧式插装时，应使二极管离开电路板 3～5 mm。注意二极管正、负极性位置不能搞错，同规格的二极管标记方向应一致。

二极管立式插装时，应使二极管离开多用电路板 2～4 mm。注意二极管正、负极性位置不能搞错，有标志二极管其标记一般向上。

（4）三极管的插装。三极管插装方式可分为直插式、倒插式、横插式、嵌入式等几种，如图 7.16 所示。

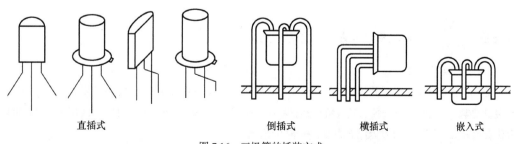

直插式　　　　　　　倒插式　　　　横插式　　　　嵌入式

图 7.16　三极管的插装方式

三极管插装时，应使三极管（并排、跨排）离开电路板 4～6 mm，并注意三极管的 3 个电极不能插错，同规格三极管应排列整齐高低一致。

（5）集成电路插座插装。插装集成电路插座时，应使其紧贴电路板。焊接时应按 1 脚、14 脚或 16 脚顺序焊接。

（6）发热元器件插装。发热元器件插装焊接时，要与印制板保持一定的距离，不允许贴板安装。

（7）热敏元器件插装。热敏元器件插装焊接时，要远离发热元件。

（8）变压器等电感器件插装。变压器等电感器件插装焊接时，要减少对邻近元器件的干扰。

3. 手工锡焊操作步骤

手工锡焊操作步骤，如表 7.11 所示。

表 7.11　　　　　　　　　　　　　手工锡焊操作步骤

步骤	示意图	说明
第 1 步 准备	烙铁头 焊锡丝 焊接件	把成形的元器件事先插入印制板或铆钉板的焊接位置上，调整好元器件的高度，再在焊点上涂上焊剂，右手握电烙铁，将烙铁头放在元器件的引脚焊接处，左手捏焊锡丝，用焊锡丝的另一端去接烙铁头焊锡的多少应根据焊点大小而定
第 2 步 加热焊件		
第 3 步 熔化焊料		
第 4 步 移开焊料		
第 5 步 移开电烙铁		

知识拓展 ——电子技术在节能方面的应用

1. 触摸式延时开关

这是一种新颖的电子触摸式延时开关，使用时只要用手指摸一下触摸电极片，灯就点亮，延时 1 分钟左右灯会自动熄灭。这个延时开关的最大特点是它和普通机械开关一样对外也只有 2 个接线端子，因而可以直接取代普通开关，不必更改室内原有布线，安装方便。

（1）工作原理。触摸式延时开关如图 7.17 所示，虚线右部是普通照明线路，左部是电子开关部分。$VD_1 \sim VD_4$、VS 组成开关的主回路，IC 组成开关控制回路。平时，VS 处于关断状态，灯不亮。$VD_1 \sim VD_4$ 输出 220V

脉动直流电经 R_5 限流，VD_5 稳压，C_2 滤波输出约 12V 的直流电供 IC 使用。此时 LED 发光，指示开关位置，便于夜间寻找开关。

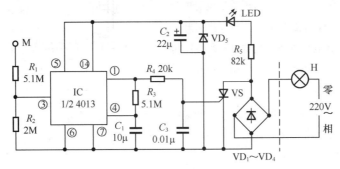

图 7.17　触摸式延时开关电路图

IC 为双 D 触发器，只用其中一个 D 触发器将其接成单稳态电路，稳态时①脚输出低电平，VS 关断。当人手摸一下电极 M 时，人体泄漏电流经 R_1、R_2 分压，其正半周使单稳态电路翻转，①脚输出高电平，经 R4 加到 VS 的门极，使 VS 开通，电灯点亮。这时①脚输出高电平经 R_3 向电容 C_1 充电，使④脚电平逐渐升高直至暂态结束，电路翻回稳态，①脚突变为低电平，VS 失去触发电压，交流电过零时即关断，电灯熄灭。

（2）元器件选择与制作。IC 应采用 CMOS 数字集成电路 CD4013，它为双 D 触发器，本电路里只使用它的一半，另一个 D 触发器悬空。VS 用 2N6565、MCR100-8 等小型塑封单向晶闸管，可控制 100W 以下任何照明电灯。$VD_1\sim VD_4$ 是 1N4004～1N4007 型整流二极管，VD_5 为 12V、1/2W 型稳压二极管。LED 可用普通红色发光二极管，若不需要此弱光照明，则可省去 LED，在电路中只要用短导线将 LED 短接即可。电阻均为 RTX 型 1/8W 碳膜电阻器。C_1、C_2 用 CD11-16V 型电解电容器，C_3 为瓷片电容器。

图 7.18 是延时开关的印制电路板图，印制电路板尺寸为 55mm × 35mm。印制电路板应采用环氧基质覆铜板制作，纸基板因易受潮使绝缘电阻变小，不能使用。

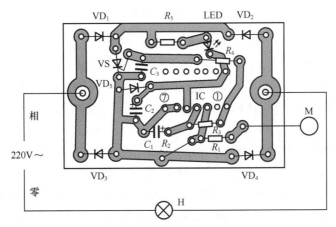

图 7.18　触摸延时开关印制电路板图

整个开关可以安装在一块 86 系列开关的背面，方法是：拆除 86 系列开关上的所有结构件，只要其开关面板，自制两个 "L" 形铜脚，用螺钉、套管将铜脚、印制电路板、开关面板三者紧固在一起，如图 7.19 所示。铜脚就成为开关的两个对外引线。触摸片 M 可用 20mm × 20mm 的马口铁皮用 502 胶粘在开关面上，为确保用户绝对安全，在紧贴马口铁皮的背面焊一只 2MΩ、1/8W 电阻，再引出软导线接到印制电路板 R_1 的开端。这样电路板对外等于有 2 只高阻电阻串联，人体触摸时，流过人体的泄漏电流远小于用试电笔测电时的电流，所以是非常安全的。在面板适当位置再开一个 Φ5mm 的圆孔，以便嵌放发光二极管。延时开关接入市电网路里，交流电相线和零线位置必须按图所示，接反了，有时开关不能正常工作。相线过开关这种接法是符合电工规范的。

　　开关的延时时间主要由 R_3、C_1 数值决定，如要延长或缩短延时时间，可以增大或减小 R_3 及 C_1 数值。

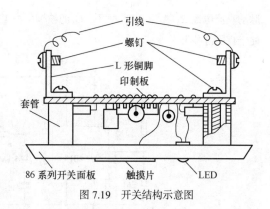

图 7.19　开关结构示意图

2. 触摸式灯开关

　　这是一个新颖实用的触摸式电子开关，人手摸一下电极片，灯就亮；再摸一下，灯就灭。它对外也只有两个接线端，可直接取代普通开关。

　　（1）工作原理。图 7.20 所示为触摸式灯开关的电路图，它主要采用一块新型调光集成块制成。

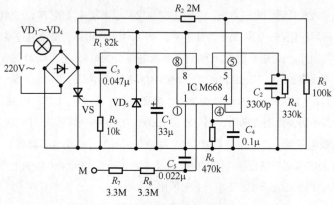

图 7.20　触摸式灯开关电路图

　　$VD_1 \sim VD_4$、VS 构成开关的主回路，开关的控制回路主要由集成电路 IC 组成。$VD_1 \sim VD_4$ 输出的 220V 脉动直流电经 R_1 限流，VD_5 稳压，C_1 滤波输出约 6V 直流电分别送到 IC 的 Vcc 端⑧脚和 Vss 端①脚端，供 IC 用电。人体触摸信号经 M、R_7 和 R_8 送入 IC 的触摸感应输入端 SEN 即②脚，IC 的⑦脚即触发信号输出端 TR 就会输出一系列触发脉冲信号，经 C_3 加到 VS 的门极，使 VS 开通灯亮。再触摸一次 M，⑦脚就停止输出触发脉冲信号，交流电过零时，灯就灭。

　　R_4、C_2 的 IC 内部触发脉冲振荡器的外接振荡电阻和振荡电容。IC 的同步信号由 R_2、R_3 分压后经⑤脚输入。

　　IC 的④脚是功能选择端，现接 Vcc 高电平，触摸功能为：触摸一次 M，灯亮；再触，灯灭。如将④脚改接到 Vss 端低电平，则为 4 挡调光开关，触摸一次改变一次亮度，即为：微亮—稍亮—最亮—熄灭。

　　（2）元器件选择与制作。IC 为 M668 集成电路，它是采用 CMOS 工艺制造而成，为双列直插式塑料封装。工作电压：3~7V，典型值 6V。VS 用 2N6565、MCR100-8 等小型塑封单向晶闸管，可控制功率为 100W 以下的电灯或其他家用电器的关和开。$VD_1 \sim VD_4$ 用 1N4004~1N4007 型整流二极管。VD_5 用 6V、1/2W 型稳压二极管，如 2CW13 等。

　　电阻均为 RTX 型 1/8W 碳膜电阻器。C_1 用 CD11-10V 型电解电容器，C_2、C_3、C_5 用涤纶电容器，C_4 用独石电容器。

　　开关结构可参考图 7.19 所示的制作方法，此开关用于交流电网里，可以不必考虑相、零线位置，均能可靠工作。

3. 声控式延迟开关

夜间回家房间里一片漆黑，寻找电灯开关颇感不便。这里介绍一种新颖电子开关，只要你吹一下口哨或拍一下手掌，电灯就能自动点亮一段时间，给你生活带来不少方便。此开关和前面介绍的开关一样，它对外也只有两个接线端，可以直接取代普通开关。

（1）工作原理。图7.21是声控延迟开关的电原理图，$VD_1 \sim VD_4$、VS组成开关的主回路，开关的控制回路由IC、$VT_1 \sim VT_3$及话筒MIC等组成。R_7、VD_5及C_3组成简单稳压电路输出3.9V直流电压供控制回路使用。

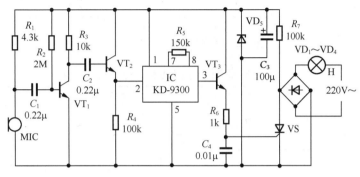

图 7.21　声控延迟开关电路图

平时，VT_2、VT_3截止，VS无触发电压而处于关断状态，电灯不亮。需要开灯时，只要拍一下手掌，话筒MIC接收到声波信号由C_1送到VT_1的基极进行放大，VT_1的集电极电位就出现一个正向脉冲，由C_2耦合到VT_2基极作为VT_2的偏置电压使其瞬间导通。音乐IC就被触发工作，其③脚输出一首乐曲信号注入VT_3基极，使VT_3导通，VS因获得触发电流而开通，电灯通电发光。当一首乐曲终了时，VT_3、VS即进入截止态，电灯就熄灭。开关延迟时间长短，即电灯点亮发光的时间取决于音乐IC音符读出速率，它可以由音乐IC外接振荡电阻R_5调节，R_5阻值大，音符读出速率慢，延时时间就长，反之就短。同学们可根据需要调节，图示数据延迟时间约为1min，已满足一般使用要求。

（2）元器件选择与制作。IC可用KD-9300、CW-9300等普通单曲音乐门铃芯片，它采用软包封装，其外形和管脚，如图7.22所示。

目前有些软包封音乐IC，其振荡电阻R_5已集成在芯片内部，这种IC音符读出速率已被固化，乐曲时间约20s，因此不能调节。采用

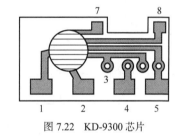

图 7.22　KD-9300 芯片

这种IC制作的延迟开关，延迟时间只能20s，如不能满足要求，可改用单列直插塑封CIC2851或双列直插塑封HY2851等音乐IC，但要相应更改管脚接线。

VT_1、VT_2均为9014型硅NPN三极管，要求$\beta \geqslant 200$；VT_3可用9013型硅NPN三极管，$\beta \geqslant 100$。VD_5用3.9V、1/2W型稳压二极管，如UZ-3.9B或2CW52等。VS用2N6565、MCR100-8等小型塑封单向晶闸管。$VD_1 \sim VD_4$最好采用1N4007型硅整流二极管。

MIC为驻极体电容话筒。电阻均为RTX型1/8W碳膜电阻器。C_3为CD11-6V电解电容器，其余均为独石或玻璃釉电容器。此开关不用调试，即能可靠工作。

动脑又动手

□ 列一列　直流稳压电源器件清单

将串联型直流稳压电源原理图（见图7.23）中的元件名称、型号填写在表7.12所示空格内。

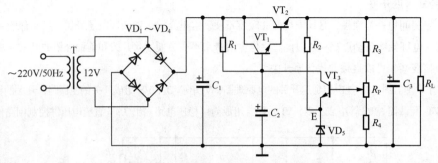

图 7.23　串联型直流稳压电源原理图

表 7.12　　　　　　　　　　　串联型直流稳压电源的器件清单

元件名称	型号	元件名称	型号

□ **测一测　直流稳压电源器件检测**

对照串联型直流稳压电源电路图检测元器件质量（好坏）。

□ **做一做　串联型直流稳压电源**

在印制电路板上进行元器件的正确装焊，并将稳压电源输出调试到 12 V。测量测试点电位，并填写在表 7.13 所示中。

表 7.13　　　　　　　　　　　　各测试点电位

测试点	电位（V）	测试点	电位（V）
A		D	
B		E	
C		F	

□ **评一评　"列、测、做"工作情况**

将"列、测、做"工作的评价意见填写在表 7.14 所示中。

表 7.14　　　　　　　　　　　"列、测、做"工作评价表

评定人＼项目	实训评价	等级	评定签名
自己评			
同学评			
老师评			
综合评定等级			

___年___月___日

任务二　直流稳压电源的检修

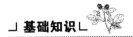情景模拟

　　邻居李奶奶的直流稳压电源坏了，拿去请小任修理。小任用万用表逐一检查。"哦，问题在这里！"小任找到了故障。一旁观看的李奶奶伸出大拇指，直夸小任真能干，将来定是个好人才。

　　同学们，你知道小任是怎样对直流稳压电源进行检修的？让我们一起来学习有关直流稳压电源检修方面的知识和技能吧！

」基础知识∟

　　故障检修方法、典型故障及排除，以及相关拓展知识等。

知识链接 1 **故障检修方法**

　　在电子电路出现故障时，我们经常使用的故障检修方法有：直观法、电阻检测法、电压检测法等。

1．直观法

　　直观法是指不用任何仪器，不改动电路，凭借视觉、听觉、触觉和嗅觉（一看、二听、三摸、四闻）直接观察待修设备的外部和内部，观察电子电路在静态、动态及故障状态下的具体现象，再与设备正常工作时的情况进行比较，从而直接发现故障的部位或原因，或进一步确定故障现象，为下一步检查提供线索，如表 7.15 所示。

表 7.15　　　　　　　　　　　直接观察电路故障

操作方法	说明
一看	眼睛看设备的外表上有无伤痕；电池夹是否生锈；插口、按钮、开关等有无缺损、断线等故障；内部有无插头、引线脱落现象；有无元器件相碰、烧焦、漏液、发霉、断脚、裂碎、两脚扭在一起等现象；有无修理焊接过的痕迹；磁头上有无脏物、磨损现象；通电后有无打火、冒烟的现象等
二听	耳朵听有没有打火的"噼啪"声、电解电容器的"吱吱"声、电动机的"嗡翁"声、机械部分的撞击和摩擦声；对音响等电声设备还要听有无声音，音量如何，有无失真、串扰、噪声等现象
三摸	用手摸有无元器件松动现象，旋钮、开关等有无滑位、卡阻等现象，传送带松紧程度，变压器、线包、滤波电容、大功率管等元件是否温度失常
四闻	鼻子闻一闻有无异常气味，如元器件或导线的焦糊味、高压阳极接触不良而打火产生的臭氧味等

」注意∟

　　（1）用手摸元器件时，要注意安全，拨动某零部件后要恢复原位。
　　（2）通电后如出现打火、冒烟等异常现象，要及时切断电源。

2. 电阻检测法

电阻检测法是通过万用表欧姆挡检测元器件质量、电路的通与断、电阻值的大小来判断具体的故障原因，测量方法如表 7.16 所示。

表 7.16　　　　　　　　　　　　　　电阻检测法检测元件

元件类型	检测操作	注意事项
测量接触电阻或通路电阻	选用 R×1 挡位，测量的电阻值应小于 0.5Ω，否则可认为接触不良；测量断开电阻时，用 R×1kΩ 挡，电阻值应为 ∞	测量电路中的元件时，应将被测元件的一端与电路断开，然后才能测量，否则测试值将包括电路的其他元件的电阻
检测电容器的漏电、绝缘击穿	选用 R×1kΩ 挡位，测量电容器两端电阻，测量值应稳定在很大值（几兆欧），否则可认为电容器漏电	
电感线圈通断	选用 R×1 挡位，测量电感器两端电阻，若其阻值为 ∞，则该电感已断路	
半导体管管脚检测	选用 R×1kΩ 挡位，测量半导体管管脚，若阻值为 0，则该半导体管内部短路；若阻值为 ∞，交换表笔再测，测量值仍是 ∞，则该半导体管内部断路	

⌐ 注意 ⌐

（1）严禁在通电情况下使用电阻检查法。

（2）电阻检查法不适合机械类故障检查。

（3）在检测接触不良故障时，表笔接触测试点，再摆动线路板，若表针不稳，来回摆动，则说明存在接触不良的故障。

3. 电压检测法

使用万用表进行电路的动态检测时，我们往往采用电压检测法。电路在正常工作时，各部分的工作电压值是基本固定的（也有可能在很小范围内波动），当电路出现开路、短路、元器件性能参数变化等问题时，电压值必然会作相应的改变。电压检测法就是通过检查电路中某些点的电压有没有、偏大或偏小，再与电路中有关的工作电压正常值相比较来确定故障所在的电路部位。

经常测试的电压是各级电路的输出电压，再测一些关键点的电压，如各元件上的电压、半导体管的各极电压、集成电路的各脚电压等，与正常电压对比判断出故障部位。

如测得电容两端直流电压为 0 时，考虑该电容器是否短路。若测得电阻器两端直流电压为 0 时，则说明此电阻器所在电路必有故障。电感器两端的直流电压应接近于 0，否则该电感器已经开路。三极管的基极与发射极电压相等，则说明三极管发射结短路。

上面介绍的是电子电路常见的几种检查法，还有其他方法，可参看有关资料。具体应用时应将几种方法配合使用才能准确地查出故障，然后就可以排除故障。

⌐ 注意 ⌐

（1）电压检测法适应各和有源电路故障的检查。

（2）测量交流电压时，要注意安全，分清是交流还是直流，正确选择量程。

知识拓展 ——故障检修流程

电子电路的检修是一项理论与实践性很强的技术工作。检修者必须具备一定的电工及电子电路的理论知识，熟悉电子设备的基本结构、原理及使用，能熟练使用检测所用的各种仪器，并要求能灵活应用各方面的知识指导修理。通常，电子电路的检修流程如图 7.24 所示，各步骤的具体操作，如表 7.17 所示。

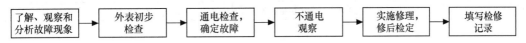

图 7.24　电子电路的检修流程

表 7.17　　　　　　　　　　电子电路的检修流程各步骤

步骤	解释说明
了解、观察和分析故障现象	通过询问的方法了解故障发生的过程、原因及故障现象，在确保不会再扩大故障范围的前提下，再通电观察故障现象，记录故障的确切现象与轻重程度，初步确定故障的性质
外表初步检查	检查设备外部各开关、旋钮等是否正常，有无松脱、断线和接触不良等问题，转动是否灵活，是否起作用，检查外部各接线、插头和插座是否良好
通电检查，确定故障	观察是否有烧焦的元器件，保险丝是否良好，内部连接螺丝有无松脱等不正常现象
不通电观察	先检查内部整机电源是否正常，再运用各种检查方法和检测仪器，确定故障的部位。这一步需要测试各工作点的电压、波形及输出点的总体指标等。这是整个检修过程中最关键的一个环节。若在通电时元器件出现异常现象，应及时断电，以免扩大故障范围
实施修理，修后检定	对有故障的元器件或故障点进行必要的更换、焊接、调整、修补或复制等修理工作，直到设备正常。排除设备故障后，应根据要求对设备进行调试，保证设备完好如初
填写检修记录	填写记录可以对设备的检修结果进行跟踪，同时也为以后的检修工作积累经验

知识链接 2 **典型故障及排除**

串联型稳压电源电路焊接组装完毕后，调节电位器 R_P，输出电压应在一定范围内变化。若在输入端加接调压器，使输入的市电电压在一定范围内波动，输出电压应基本不变，用示波器和电压表测试稳压电源的输出端，输出的纹波电压应尽量小。在串联型稳压电源电路中，常见的故障及排除详，如表 7.18 所示。

⌐ **注意** ⌐

检修是一项理论与实践性很强的技术工作。检修者不能操之过急，要反复操练，不断积累，才能熟练掌握检修技能。

表 7.18　　　　　　　　　　串联型稳压电源电路常见的故障及排除

故障现象	检测	故障点	排除措施
输出电压低且可调	测量 C_1 电压为 11 V，断开电容 C_1 后，VT_1 集电极电压为 11 V	电容 C_1 未接入电路	重新连接
	测量 C_1 电压为 12 V，断开电容 C_1 后，VT_1 集电极电压为 6 V	构成桥式整流电路的 $VD_1 \sim VD_4$ 中有一个开路	检查并重新接入电路
输出电压为 0	用万用表电压挡测试调整管的发射结电压，其值将近 14 V	调整管损坏 VT_1、VT_2	更换
	测 VT_1 基极电位为 0	电阻 R_1 开路	接入电阻 R_1
		电容 C_2 短路	更换
输出电压很低	测量 VD_5 电压，为 0.7 V	稳压管 VD_5 接反	重新安装
	测量 VD_5 电压，为 0 V	稳压管 VD_5 短路	更换

续表

故障现象	检测	故障点	排除措施
输出电压高	测量 R_P 滑臂电压，为 0 V	R_P 开路	重新安装
	测 VT_3 的基极电压为 0，R_P 滑臂电压正常	R_P 与 VT_3 的连接开路	重新连接
	测 VT_3 的基极电压正常，集电极电压为 0	VT_3 损坏	更换

知识拓展 ——镍镉电池充电器及其典型故障排除

1. 镍镉电池充电器的组成

镍镉电池充电电路如图 7.25 所示。它由电源变压器、桥式整流电路、充电电路和充电完成指示电路组成，各部分功能如表 7.19 所示。

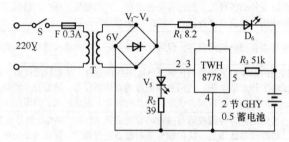

图 7.25　镍镉电池充电电路

表 7.19　　　　　　　　　　　镍镉电池充电电路各部分功能

电路组成部分	功能
电源变压器	接通开关 K，220 V 交流电经变压器 B 降压至 6 V
桥式整流电路	$D_1 \sim D_4$ 构成桥式整流电路，将交流电转变成脉动直流电
充电电路	通过 R_1、D_6 给 2 节 GNY0.5 型电池（5 号镍镉电池）以 500 mA 的电流进行充电，D6 发光指示正在充电
充电完成指示电路	TWH8778 开关集成电路控制极⑤脚开启电压小于 1.6 V，电路不能导通，因此 D_5 不亮。随着充电的继续进行，GNY 电池充电电流渐渐减小，电池端电压逐渐升高，TWH8778 的控制极⑤脚电压也逐渐升高，当等于 1.6 V 时，电路导通，D_5 发光，指示电池已充足电

2. 镍镉电池充电器的典型故障排除方法

镍镉电池充电电路的典型故障与排除方法，如表 7.20 所示。

表 7.20　　　　　　　　　　镍镉电池充电电路的典型故障及排除

故障现象	检测	故障点	排除措施
充电指示灯不亮	变压器输出电压为 0	变压器损坏	更换变压器
	变压器输出电压很小	二极管击穿	更换击穿二极管
	整流输出正常，发光管 D_6 正极电位为 0	R_1 电阻脱焊	重新焊接电阻 R_1
	充电电池有电压，发光管 D_6 两端电压为 0	发光二极管 D_6 损坏	更换发光二极管 D_6
充电结束，充电完成指示灯不亮	测 TWH8778⑤脚开启电压 1.6 V，①脚输出电压为 0	TWH8778①脚接触不良	重新焊接电阻①脚
	测 TWH8778⑤脚开启电压 1.6 V，①脚电压正常，②脚输出电压为 0	TWH8778 损坏	更换 TWH8778
	测 TWH8778②脚输出电压正常，发光二极管 D_5 两端电压为 0	发光二极管 D_5 损坏	更换发光二极管 D_5

动脑又动手

□ **想一想 直流稳压电源故障检测方法**

电子电路出现故障时，经常使用的故障检测方法，并填写在下列表格中。

检测方法	具体说明

□ **找一找 直流稳压电源检测点的位置**

对照图纸（见图 7.26）在印制电路板上找出直流稳压电源检测点的位置。

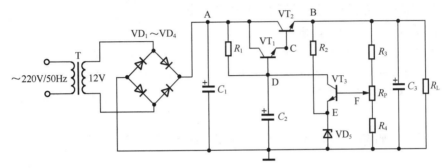

图 7.26 串联型直流稳压电源的检测点

□ **做一做 直流稳压电源检修工作**

将串联型直流稳压电源故障检修步骤填写在表 7.21 中。

表 7.21 串联型直流稳压电源故障检修步骤

序号	检 修 步 骤
1	
2	
3	
4	
5	
6	

□ **评一评 "想、找、做"工作情况**

将"想、找、做"工作的评价意见填写在表 7.22 中。

表 7.22 "想、找、做"工作评价表

项目 评定人	实训评价	等级	评定签名
自己评			
同学评			
老师评			
综合评 定等级			

思考与练习

一、填空题

1. 整流电路是利用二极管的单向导电性把交流电变换为_____。

2. 滤波电路作用是滤除整流电路输出脉动直流电压中的交流分量，使直流电压变得_____。常用的滤波电路有_____、_____和_____。

3. 常见的稳压电路有_____、_____和_____。

4. 电解电容器极性一般可通过外观判别，未使用过的电解电容器以引线的长短来区分电容器的正、负极，长引线为_____，短引线为_____。

5. 在电子电路出现故障时，我们经常使用的故障检修方法有_____、_____、_____等。

二、判断题（对的打"√"，错的打"×"）

1. 直流稳压电源由降压电路、整流电路、滤波电路和稳压电路组成。 （ ）

2. 整流电路是利用二极管的单向导电性把交流电变换为脉动交流电。 （ ）

3. 半导体三极管简称三极管，具有对电信号的放大和开关控制等作用，在实际电路中被广泛使用。 （ ）

4. 电容器是一种储能元件，被广泛地用于耦合、滤波、隔直流、调谐电路中，以及与电感组件组成振荡电路。 （ ）

5. 用手摸元器件的时候要注意安全，拨动某零部件后要恢复原位，有些部件不要拨动。通电后如出现打火、冒烟等异常现象，要及时切断电源。 （ ）

6. 测得电容两端直流电压为0时，考虑该电容器是否断路。 （ ）

7. 对于可清洗的元器件或零件的接触不良现象，可用纯酒精清洗元器件及零部件排除。 （ ）

三、简答题

1. 简述直流稳压电源的基本结构。

2. 如何二极管判断正负极？

3. 简述电子元器件装接基本要求。

4. 电子制作的焊接要求如何？

5. 例举串联型稳压电源典型故障，如何排除这些故障？

三相异步电动机操作技能

三相异步电动机是一种将电能转变为机械能并拖动生产机械工作的动力设备，它具有结构简单、成本低廉、维护方便等一系列优点，在生产机械中得到广泛的应用。

通过本项目学习和操练，了解三相异步电动机的结构、原理，能正确使用三相异步电动机（包括拆装与维护），初步掌握三相异步电动机的故障分析与排除技能。

知识目标

◉ 了解三相异步电动机的结构、原理。

◉ 熟悉三相异步电动机的使用。

技能目标

◉ 掌握三相异步电动机的拆装与维护。

◉ 能对三相异步电动机的故障进行分析与排除。

任务一　三相异步电动机的选用与安装

情景模拟

新华电气材料公司这几年生产效益一直很好，去年工业产值突破 2 个亿。公司领导信心百倍，决定今年更新设备，再创辉煌，并把电动机的购买、安装与检修等工作交给了小任父亲的班组。

同学们，你知道小任父亲是怎样带领班组工人去完成这项工作的吗？他们又是怎样正确地选用、安装电动机的呢？让我们一起来学习有关三相异步电动机选用、安装方面的知识和技能吧！

基础知识

三相异步电动机的选用、三相异步电动机的安装，以及相关拓展知识等。

知识链接 1 　三相异步电动机的选用

1. 三相异步电动机的结构

三相异步电动机是利用电磁感应原理，将电能转变为机械能并拖动生产机械工作的动力机械。按照它们使用的电源相数不同分为三相电动机和单相电动机。在三相电动机中，由于异步电动机的结构简单，运行可靠，使用和维修方便，能适应各种不同使用条件的需要，因此被广泛地应用于工农业生产中。

　　三相异步电动机由两个基本部分组成，固定不动的部分叫定子，转动的部分叫转子。三相异步电动机的基本结构如图8.1所示。

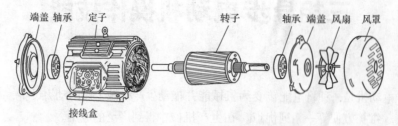

图8.1　三相异步电动机的结构

　　（1）定子。电动机的定子主要由定子铁心、定子绕组、机壳和端盖组成，其作用是通入三相交流电源时产生旋转磁场。

　　（2）转子。电动机的转子主要由转子铁心、转子绕组和转轴组成，其作用是在定子旋转磁场感应下产生电磁转矩，沿着旋转磁场方向转动，并输出动力带动生产机械运转。

2．三相异步电动机的铭牌

　　每台电动机的机壳上都有一块铭牌，上面标有型号、规格和有关技术数据，如图8.2所示。

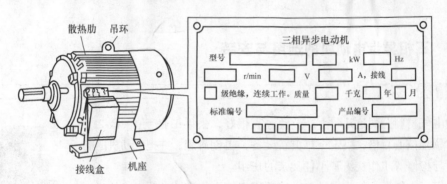

图8.2　三相异步电动机的铭牌

　　（1）型号。电动机的型号是表示电动机品种形式的代号，由产品代号、规格代号和特殊环境代号组成，其具体编制方法如下。

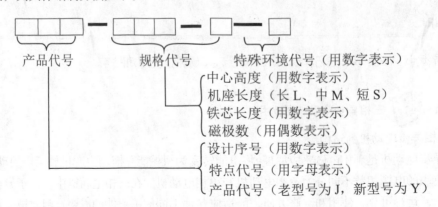

**动脑又动手**

□ **想一想　直流稳压电源故障检测方法**

电子电路出现故障时，经常使用的故障检测方法，并填写在下列表格中。

检测方法	具体说明

□ **找一找　直流稳压电源检测点的位置**

对照图纸（见图 7.26）在印制电路板上找出直流稳压电源检测点的位置。

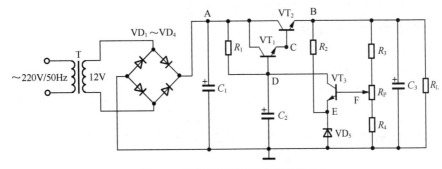

图 7.26　串联型直流稳压电源的检测点

□ **做一做　直流稳压电源检修工作**

将串联型直流稳压电源故障检修步骤填写在表 7.21 中。

表 7.21　　　　　串联型直流稳压电源故障检修步骤

序号	检 修 步 骤
1	
2	
3	
4	
5	
6	

□ **评一评　"想、找、做"工作情况**

将"想、找、做"工作的评价意见填写在表 7.22 中。

表 7.22　　　　　"想、找、做"工作评价表

评定人＼项目	实训评价	等级	评定签名
自己评			
同学评			
老师评			
综合评定等级			

___年___月___日

········· **思考与练习**

一、填空题

1. 整流电路是利用二极管的单向导电性把交流电变换为_____。

2. 滤波电路作用是滤除整流电路输出脉动直流电压中的交流分量，使直流电压变得_____。常用的滤波电路有_____、_____和_____。

3. 常见的稳压电路有_____、_____和_____。

4. 电解电容器极性一般可通过外观判别，未使用过的电解电容器以引线的长短来区分电容器的正、负极，长引线为_____，短引线为_____。

5. 在电子电路出现故障时，我们经常使用的故障检修方法有_____、_____、_____等。

二、判断题（对的打"√"，错的打"×"）

1. 直流稳压电源由降压电路、整流电路、滤波电路和稳压电路组成。 （ ）

2. 整流电路是利用二极管的单向导电性把交流电变换为脉动交流电。 （ ）

3. 半导体三极管简称三极管，具有对电信号的放大和开关控制等作用，在实际电路中被广泛使用。 （ ）

4. 电容器是一种储能元件，被广泛地用于耦合、滤波、隔直流、调谐电路中，以及与电感组件组成振荡电路。 （ ）

5. 用手摸元器件的时候要注意安全，拨动某零部件后要恢复原位，有些部件不要拨动。通电后如出现打火、冒烟等异常现象，要及时切断电源。 （ ）

6. 测得电容两端直流电压为0时，考虑该电容器是否断路。 （ ）

7. 对于可清洗的元器件或零件的接触不良现象，可用纯酒精清洗元器件及零部件排除。 （ ）

三、简答题

1. 简述直流稳压电源的基本结构。

2. 如何二极管判断正负极？

3. 简述电子元器件装接基本要求。

4. 电子制作的焊接要求如何？

5. 例举串联型稳压电源典型故障，如何排除这些故障？

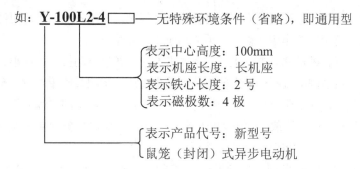

如：**Y-100L2-4**□——无特殊环境条件（省略），即通用型

表示中心高度：100mm
表示机座长度：长机座
表示铁心长度：2 号
表示磁极数：4 极

表示产品代号：新型号
鼠笼（封闭）式异步电动机

（2）额定值。三相异步电动机铭牌上标注的主要额定值，如表 8.1 所示。

表 8.1   电动机铭牌上的主要额定值

额定值	说明
额定功率（P_e）	电动机在额定工作状态下运行时转轴上输出的机械功率，单位是 kW 或 W
额定频率（f）	电动机的交流电源频率，单位是 Hz
额定转速（n_e）	电动机在额定电压、额定频率和额定负载下工作时的转速，单位是 r/min
额定电压（U_e）	在额定负载情况下电动机定子绕组的线电压。通常铭牌上标有两种电压，如 220V/380V，与定子绕组的不同接法一一对应
额定电流（I_e）	电动机在额定电压、额定频率和额定负载下定子绕组的线电流。对应的接法不同，额定电流也有两种额定值
绝缘等级	电动机绕组所用绝缘材料按它允许耐热程度规定的等级。这些级别为：A 级为 105℃；E 级为 120℃；B 级为 130℃；F 级为 155℃
功率因数（$\cos\theta$）	电动机从电网所吸收的有功功率与视在功率的比值。在视在功率一定时，功率因数越大，电动机对电能的利用率也越大

（3）工作方式。电动机的工作方式有 3 种，如表 8.2 所示。

表 8.2   电动机的工作方式

工作方式	说明
连续	电动机在额定负载范围内，允许长期连续不停使用，但不允许多次断续重复使用
短时	电动机不能连续不停使用，只能在规定的负载下作短时间的使用
断续	电动机在规定的负载下，可作多次断续重复使用

（4）编号。编号表示电动机所执行的技术标准编号。其中"GB"为国家标准，"JB"为机械部标准，后面数字是标准文件的编号。如 JO2 系列三相异步电动机执行 JB742-66 标准，Y 系列三相异步电动机执行 JB3074-82 标准等。Y 系列三相异步电动机性能比旧系列电动机更先进，具有启动转矩大、噪声低、震动小、防护性能好、安全可靠、维护方便和外形美观等优点，符合国际电工委员会（IEC）标准。

3. 三相异步电动机的选用

在选用三相异步电动机时，应考虑电源电压、使用条件、拖动对象、安装位置、安装环境等，并结合工矿企业的具体情况。

（1）防护形式的选用。电动机带动的机械多种多样，其安装场所的条件也各不相同，因此对电动机防护形式的要求也有所区别。

① 开启式电动机。开启式电动机的机壳有通风孔，内部空气同外界相流通。与封闭式电动机相比，其冷却效果良好，电动机形状较小。因此，在周围环境条件允许时应尽量采用开启式电动机。

② 封闭式电动机。封闭式电动机有封闭的机壳。电动机内部空气与外界不流通。与开启电动

机相比，其冷却效果较差，电动机外形较大且价格高。但是，封闭式电动机适用性较强，具有一定的防爆、防腐蚀和防尘埃等作用，被广泛地应用于工农业生产。

（2）功率的选用。各种机械对电动机的功率要求不同，如果电动机功率过小，有可能带不动负载，即使能启动，也会因电流超过额定值而使电动机过热，影响其使用寿命甚至烧毁电动机。如果电动机的功率过大，就不能充分发挥作用，电动机的效率和功率因数都会降低，从而造成电力和资金的浪费。根据经验，一般应使电动机的额定功率比其带动机械的功率大10%左右，以补偿传动过程中的机械能损耗，防止意外的过载情况。

（3）转速的选择。三相异步电动机的同步转速：2极为3 000 r/min（转/分），4极为1 500 r/min，6极为1 000 r/min。电动机（转子）的转速比同步转速要低2%～5%，一般2极为2 900 r/min左右，4极为1 450 r/min左右，6极为960 r/min左右。在功率相同的条件下，电动机转速越低，体积越大，价格也越高，而且功率因数与效率较低。由此看来，选用2 900 r/min左右的电动机较好。但转速高，启动转矩便小，启动电流大，电动机的轴承也容易磨损。因此在工农业生产上选用1 450 r/min左右的电动机较多，其转速较高，适用性强，功率因数与效率也较高。

（4）其他要求。除了防护形式、功率和转速外，有时还有其他一些要求，如电动机轴头的直径和长度、电动机的安装位置等。

」提示 L

三相异步电动机选用，应考虑电源电压、使用条件、拖动对象、安装位置、安装环境等，并结合工矿企业的具体情况。

知识拓展——水泵的组成与使用

水泵是一种提水的装置，它在农村中的应用尤为广泛。按它的工作原理分，有离心水泵、轴流水泵和混流水泵3种。离心水泵的流量一般不大，但扬程较高，适用于高原地区；轴流水泵的出水量较大，但扬程较低，适用于地势平坦、河网纵横的平原地区；混流水泵的流量和扬程介于离心水泵和轴流水泵之间，适用于中等扬程和中等流量的排灌地区。因此，作为一名电工（特别农村电工）熟悉水泵的类型、了解水泵的组成和掌握水泵的使用，十分必要。

1. 水泵的组成

水泵的形式繁多，但它们都是由叶轮、泵壳、轴、轴承、减漏环、填料函等基本部件组成的。

（1）叶轮。叶轮又叫工作轮，是水泵的主要部件之一。普通的叶轮由铸铁或铸钢制成。叶轮由轮毂和叶片组成。轮毂穿在轴上，叶片固定在轮毂上，三者组成水泵的转子。叶轮形式如图8.3所示。

（2）泵壳。泵壳即水泵的外壳。泵壳把水泵所有固定部件联成一体，组成水泵的定子。

（3）轴和轴承。轴一般由中碳钢制成，在它的上面主要装有叶轮和联轴器，叶轮在轴上固定时，除用键卡住叶轮以外，还装有反向螺母，当水泵转动时，螺母不会松脱。

轴承是用来支承轴的。常用的轴承有：滚动轴承、

(a) 封闭式　　(b) 半开式　　(c) 全开式

图8.3　离心水泵叶轮的形式

滑动轴承和橡胶轴承3种。离心水泵和混流水泵多用滚动轴承。

（4）减漏环。由于叶轮出口处的水压较高，进口处的水压较低，所以叶轮出口处的高压水要经过叶轮和

泵壳之间的间隙漏回进水口，而叶轮是必须转动的，因而在叶轮和泵壳之间留有适当的间隙。为了减少漏水并承受一定的磨损，需要在周围两旁的泵壳和叶轮边上装置减漏环，如图 8.4 所示。

（5）填料函。填料函起着轴和泵壳之间密封用，以防水泵漏水或空气进入水泵。如图 8.5 所示，填料函由填料、填料压盖、水封环等组成。

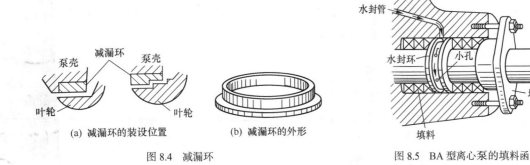

图 8.4　减漏环　　　　　　　　　　　图 8.5　BA 型离心泵的填料函

填料一般用石棉编成，并用石蜡浸透，然后再压成正方形，表面涂上铅粉。填料函的装配应符合要求，填料要一圈一圈地放进去，必须放得平整服贴，填料压盖的松紧要合适，一般在压紧后，以每秒向外漏一滴水为宜。

水封管的一端和出水管口的小孔连通，另一端和填料函中的水封环连通。水泵启动后，高压水通过水封管流入填料箱，一方面可以冷却填料，另一方面也可以起水封作用。

2．水泵的使用

各种型式的水泵中，以电动离心水泵的使用最为广泛。

（1）水泵启动前的检查。启动水泵前，应检查电动机的旋转方向应与水泵要求相符；机组（电动机与水泵）转动应灵活；填料函压盖松紧应合适；进水池内应无杂物；吸水管口应无堵塞等。

（2）对水泵的充水。水泵启动前，必须先对水泵进行充水。充水的方法除了人工法充水外，还有储水法充水和自吸法充水等。图 8.6 所示为水泵抽水装置示意图。

（3）水泵的启动。对水泵的充水结束后，应关闭充水装置和抽气装置的阀门，接着启动电动机；待电动机转速稳定后，打开水泵压力表和真空表的阀门，观察表上的指针位置是否正常，如无异常现象，就可慢慢打开出水管道的阀门向外送水。

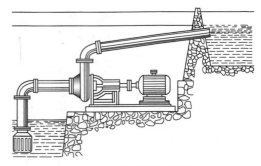

图 8.6　水泵抽水装置示意图

（4）水泵运行中的监视。水泵运行中应注意监视机组的声音、电动机温升、仪表读数及进、出水口的情况。如果在运行中发现出水量降低，应检查是否进水口水位过低，是否有漏气现象或杂物堵塞等。

（5）水泵的"停泵"。离心水泵停泵（停止工作）时应先关闭压力表，再慢慢关闭出水管路阀门，然后关闭真空表，最后停机。停泵后，如需要隔几天再用，应放掉水泵内余水。

水泵和电动机一样，除应注意平时保养外，也要定期检查和检修。

知识链接2 **三相异步电动机的安装**

1. 安装地点的选择

电动机的安装正确与否，不仅决定电动机能否正确工作，而且关系到安全运行问题。因此应安装在干燥、通风、灰尘较少和不致遭受水淹的地方。其安装场地的周围应留有一定的空间，以便于电动机的运行、维护、检修、拆卸和运输。对于安装在室外的三相异步电动机，要采取防止雨淋日晒的措施，以便于电动机的正常运行和安全工作。

2. 安装基础确定

电动机的基础有永久性、流动性和临时性等形式。

（1）永久性基础。永久性的电动机基础，一般在生产、修配、产品加工或电力排灌站等处电动机机组的基础上采用。这种基础可用混凝土、砖、石条或石板等做成。基础的面积应根据机组底座确定，每边一般比机组大 100～150 mm；基础顶部应高出地面 100～150 mm；基础的重量应大于机组的重量，一般不小于机组重量的 1.5 倍。

图 8.7（a）所示为混凝土构成的电动机基础，浇注基础前，应先挖好基坑，并夯实坑底以防止基础下沉，然后再把模板放在坑里，并埋进底脚螺栓；在浇注混凝土时，要保证底脚螺栓距离与机组底脚螺栓距离相符合并保持不变和上下垂直，浇注速度不能太快，并要用钢钎捣固；混凝土浇注后，还必须保持养护。养护的方法，一般是用草或草袋覆盖基础上，防止太阳直晒，并要经常浇水。

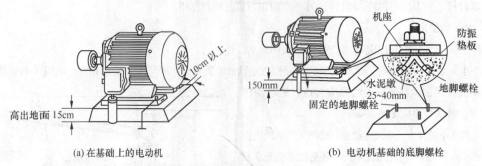

(a) 在基础上的电动机　　　　　　　　　(b) 电动机基础的底脚螺栓

图 8.7　三相异步电动机的基础

为防止在拧紧电动机底脚螺栓时，底脚螺栓跟着转动，电动机的底脚螺栓下端应做成人字形，如图 8.7（b）所示。另外，穿电动机引线用的铁管要在浇注混凝土前埋好。

（2）流动性和临时性基础。临时的抗旱排涝，或建筑工地等流动性或临时性机组，宜采用简单的基础制作，即可以把机组固定在坚固的木架上，木架一般用 100 mm × 200 mm 的方木制成。为了可靠起见，可把方木底部埋在地下，并打木桩固定。

3. 电动机机组的校正

校正电动机机组时，可用水平仪对电动机作横向和纵向两个方向的校正，它包括基础的校正和传动装置的校正。

（1）校正基础水平。电动机安装基础不平时，应用薄铁皮把机组底座垫平，然后拧紧底脚螺母。图 8.8 所示为用水平仪对电动机基础的水平校正。

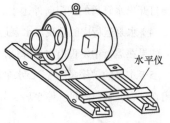

图 8.8　用水平仪对电动机组的校正

（2）校正传动装置。对皮带传动，必须使两皮带轮的轴互相平行，并且使两皮带轮宽度的中心线在同一直线上。如果两皮带轮宽度一样时，可用皮带轮的侧面校正轴的平行，校正方法如图8.9（a）所示：拉直一根细绳，平行的两个轴且皮带轮宽度的中心线也在一条直线上，那么两个皮带轮的端面必定在同一平面上，这根细绳应同时碰到两个皮带轮侧面的1、2、3、4各点。如果两个皮带轮的宽度不同，应按照图8.9（b）所示：先准确地画出两个皮带轮的中心线，然后拉直一根细绳，一端对准1—2这条中心线，平行的两个轴，细绳的另一端就和3—4那条中心线重合，如果不重合，就说明两轴不平行，应以大轮为准，调整小轮，直到重合为止，说明两轴已经平行。

对交叉皮带传动，也可以参照上述方法进行校正。

对联轴器传动，必须使电动机与工作机联轴器的2个侧面平行，而且2个轴心要对准，并用螺丝拧紧，如图8.10所示。

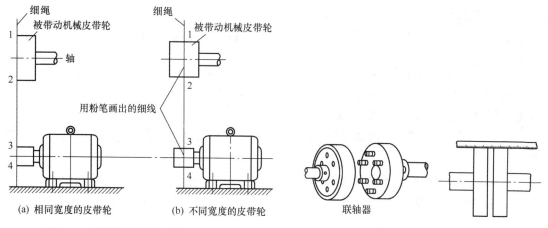

图 8.9　皮带轮轴平行校正示意图　　　　图 8.10　联轴器传动的校正示意图

4. 三相异步电动机的连线

（1）三相异步电动机的电源引接线。三相异步电动机的电源引接线应采用绝缘软导线，电源线的截面应按电动机的额定电流选择。从电源到电动机的控制开关段的电源线应加装铁管、硬塑料管或金属软管穿套，如图8.11所示。

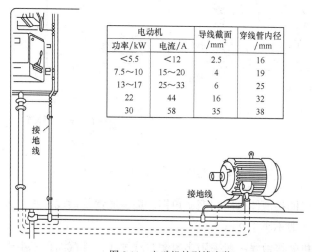

电动机		导线截面 /mm²	穿线管内径 /mm
功率/kW	电流/A		
<5.5	<12	2.5	16
7.5~10	15~20	4	19
13~17	25~33	6	25
22	44	16	32
30	58	35	38

图 8.11　电动机的引线安装

接至电动机接线柱的导线端头上还应装接相应规格的接线头（见图8.12），以保证电动机接线盒内的接线安全牢固。3根电源线要分别接在电动机的3个接线柱上。

（2）三相异步电动机接线端子。三相异步电动机的定子绕组引出线端，一般都接在接线盒的接线端子上。它们的连接有星形（Y）和三角形（△）2种方法，如图8.13所示。

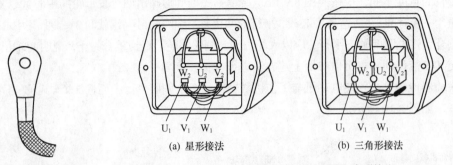

图8.12 电源线的接线头　　　图8.13 三相异步电动机的星形和三角形接法

定子绕组的连接方法应与电源电压相对应，如电动机铭牌上标注的220/380 V、△/Y字样。当电源线电压为220 V时定子绕组为△形连接，当电源线电压为380 V时定子绕组为Y形连接。接线时不能搞错，否则会损坏电动机。

（3）要改变三相异步电动机的旋转方向时，只要将三相电源引接线中任意两相互换一下位置即可。

5. 三相异步电动机的接地装置

三相异步电动机的保护接地装置是由接地体和接地线构成的，如图8.14所示。

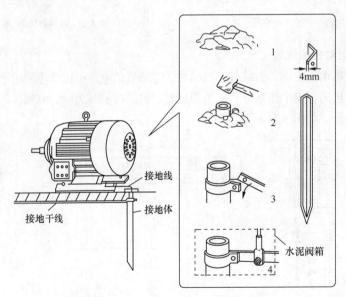

图8.14 三相异步电动机保护接地装置

（1）接地体。电动机的接地体可用圆钢、角钢、扁钢或钢管做成，头部做成尖形，以便垂直打入地中。接地体长度一般不小于2 m。

（2）接地线。电动机的接地线一般采用多股铜芯软导线，其截面积不小于4 mm²，并要加以保护以防止碰断，其长度不小于 0.5 m；接地线的接地电阻不应大于 10 Ω。在日常维护时要经常检查电动机的接地装置是否良好，如果发现问题要及时处理，以免引发安全事故。

⌐ 提示 ∟

（1）三相异步电动机一定要安装在干燥、通风、灰尘较少和不致遭受水淹的地方；其安装场地的周围应留有一定的空间，以便于电动机的运行、维护、检修、拆卸和运输。

（2）三相异步电动机的电源引接线应采用绝缘软导线，其截面应按电动机的额定电流选择。接地线应采用多股铜芯软导线，其截面积不小于 4 mm²。在日常维护时，要经常检查电动机的电源引接线和接地装置，如果发现问题要及时处理，以免引发安全事故。

（3）在实际应用中，如要改变三相异步电动机的旋转方向时，只要将三相电源引接线中任意两相互换一下位置即可。

知识拓展 ——电动机是怎样旋转起来的

电动机是将电能转换成机械能，输出机械转矩，带动生产机械工作的原动机。这是所有各类电动机的共性。从这个角度来看，异步电动机和直流电动机并没有什么不同。

但是，电动机是怎样把电能转换为机械能的呢？或者说，电动机的转子是怎样转动起来的呢？在这方面，各类不同的电动机各有它的特殊性。为了说明异步电动机的工作原理，我们先做一个简单的实验。

图 8.15 所示为一个装有手柄的马蹄形磁铁，在它的两极间，放着一个可以自由转动的、由许多铜条组成的线圈，铜条的两端分别用金属环短接，好像一个老鼠笼子，所以叫做鼠笼式转子。磁铁和转子之间并没有机械的联系，但是当用手旋转马蹄形磁铁时，鼠笼转子就会跟着它一起旋转。这是什么道理呢？

我们知道，当导体和磁场之间有相对运动时，在导体中就会产生感应电动势。在图 8.15 中，当磁极按逆时针方向旋转（从左边看过去）时，转子导体与磁场就有相对运动，于是在导体中产生感应电动势。由于导体两端被金属环短接而形成闭合回路，因此在导体中就出现感应电流，感应电动势和电流的方向按发电机右手定则确定，如图 8.16 所示。当导体在 N 极范围内时，感应电动势和电流的方向是由外向里进入纸面；反过来，在 S 极范围内导线，感应电动势和电流则是自里向外由纸面"流向读者"。

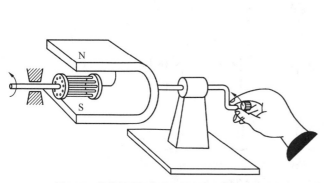

图 8.15 旋转的磁场拖动鼠笼式转子旋转

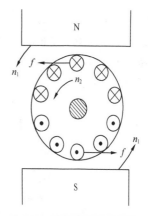

图 8.16 在旋转磁场的作用下，
转子导体中产生感应电动势和感应电流

我们还讲过，载流导体在磁场中会受到电磁力的作用，受力方向按电动机左手定则确定。因此，在图

8.16 中，N 极范围内导体受力的方向是向左，而 S 极范围内导体受力的方向则向右。这一对力形成逆时针方向的力矩，于是转子就按逆时针方向（就是磁场旋转的方向）旋转起来。显然，如果旋转磁场按顺时针方向旋转，按照上述方法可以确定，转子的旋转方向也会改变为顺时针的。可见转子的转向与磁场的旋转方向是相同的。

从上面的实验可以知道，由于有旋转磁场，在转子导体中产生了感应电流，而载流导体（就是转子导体）在磁场中又受到电磁力的作用，于是使转子转动。这就是异步电动机旋转的基本原理。因为转子导体中的电流是靠电磁感应产生的，所以异步电动机又叫做感应电动机。

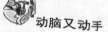

动脑又动手

□ 读一读　电动机的铭牌含义

读所出的电动机铭牌含义，如图 8.17 所示。

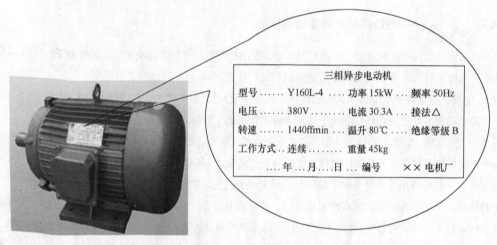

三相异步电动机		
型号……Y160L-4…功率 15kW…频率 50Hz
电压……380V…电流 30.3A…接法△
转速……1440ffmin…温升 80℃…绝缘等级 B
工作方式..连续……重量 45kg
….年…月….日…编号　　××电机厂

图 8.17　三相异步电动机铭牌

□ 说一说　电动机的旋转方向

在电工基础的学习中，我们知道三相交流电有顺相序（UVW、VWU、WUV 或 ABC、BCA、CAB）和逆相序（UWV、WVU、VUW 或 ACB、CBA、BAC）之分。电动机的旋转方向是由旋转磁场方向决定，而旋转磁场的方向又与三相交流电的相序有关。根据图 8.18（a）已知，说出图 8.18（b）、（c）和（d）所示电动机的旋转方向（顺时针还是逆时针）。

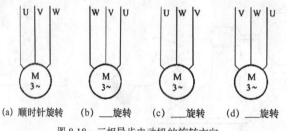

（a）顺时针旋转　　（b）____旋转　　（c）____旋转　　（d）____旋转

图 8.18　三相异步电动机的旋转方向

□ 做一做　电动机的安装与接线

根据老师提供的三相异步电动机进行安装与接线工作。

序号	步骤	示意图	说明
9	转子的提取	（a）提取较轻的转子 （b）提取较重的转子	对较轻的三相异步电动机转子，可1人用手托住转子，慢慢向外移取，如图（a）所示 对较重的三相异步电动机转子，可采用2人配合，用手抬着转子，慢慢向外移取，如图（b）所示 注意：在外移时转子不能与定子绕组相碰，以免损坏绕组

2. 三相异步电动机的清洗

在组装前应清洗电动机内部的灰尘，清洗轴承并加足润滑油。

（1）清除电动机内部的尘土。三相异步电动机使用一段时间后，内部就会积上灰尘和油垢等赃物，从而会影响通风散热，在潮湿环境下还会吸潮，使绝缘电阻降低。因此，必须将脏物彻底清除。清除电动机内部的尘土如图 8.19 所示。

图 8.19 清除三相异步电动机内部的尘土

（2）清洗轴承并检查轴承磨损情况。清洗三相异步电动机轴承的方法，如表 8.5 所示。

表 8.5   清洗三相异步电动机轴承的方法

序号	操作说明
1	掏净轴承盖里及刮去钢珠上的废油，并擦去残余的废油
2	用汽油（或煤油）把废油洗去
3	把轴承盖放在纸上，让汽油（或煤油）挥发

3. 三相异步电动机的组装

三相异步电动机的组装顺序与拆卸相反。

（1）在转轴上装上轴承盖和轴承。

（2）将转子慢慢移入定子中。

（3）安装端盖和轴承外盖。安装端盖时，注意对准标记，固定螺栓要按对角线一前一后旋紧，不能松紧不一，以免损坏端盖或卡死转子。

安装轴承外盖时，先把它装在端盖中，再插入一颗螺栓用一只手顶住，另一只手转动转轴，使轴承内盖与它一起转动。当内、外盖螺栓孔一致时，再将螺栓顶入，并均匀旋紧，如图 8.20 所示。

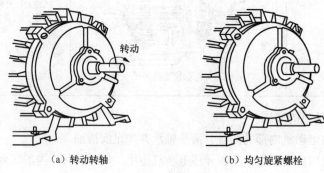

（a）转动转轴　　　　　　　　　　（b）均匀旋紧螺栓

图 8.20　组装轴承外盖

（4）安装风扇和风罩。

（5）装皮带轮或联轴器。皮带轮的安装方法如表 8.6 所示。

表 8.6　　　　　　　　　　　　　　　　电动机皮带轮的安装方法

序号	安装步骤	示意图	说明
1	除去皮带轮内孔的铁锈		用缠有细沙布的圆棍在皮带轮内孔轻轻地旋转，以除去内孔的铁锈
2	除去电动机转轴外的铁锈		用细砂纸除去转轴表面的铁锈
3	套上皮带轮		对准键槽把皮带轮套在转轴上，调整好皮带轮与转轴之间的位置

续表

序号	安装步骤	示意图	说明
4	敲入转子轴键		用铁锤轻轻敲打，使转子轴键慢慢进入键槽（转子轴键与键槽配合要适当，太紧或太松都会损坏键槽）
5	固定压紧螺丝		用扳手旋紧固定压紧螺丝，以防止皮带轮的轴向窜动

知识拓展 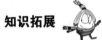 ——三相异步电动机常见故障的处理

三相异步电动机常见故障有绕组短路、绕组断路、绕组接地、轴承损坏等。处理时，应"由外到里、先机械后电气"，通过看、听、闻、摸等途径去检查，进行有针对性的修理。

1. 绕组的常见故障处理

（1）绕组短路故障的检修。

① 绕组短路故障的检查。方法有外部检查法、电阻检查法（即利用万用表或电桥法进行检查的方法）、电流平衡检查法、感应电压检查法和短路侦察器检查法等，其中外部检查法、电阻检查法（即利用万用表或电桥法进行检查的方法）是常用的两种方法。

外部检查法。使电动机空载运行 25～20 min 左右停下来，马上拆卸两边端盖，用手摸线圈的端部，如果某一个或某一组比其他的热，这部分线圈很可能短路。也可以观察线圈有无焦脆现象，若有，该线圈可能短路。

电阻检查法。若在空转过程中，发现有异常情况，应立即切断电源，采用电阻检查法进一步进行检查。

a. 电动机绕组相间短路的检查，如表 8.7 所示。

表 8.7　　　　　　　　　　　**电动机绕组相间短路的检查**

步骤	示意图	操作说明
第1步		打开电动机的接线盒，拆下电动机接线盒的 3 片短接板，如左图所示

续表

步骤	示意图	操作说明
第2步	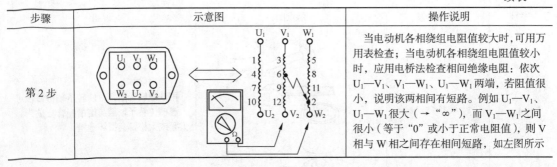	当电动机各相绕组电阻值较大时，可用万用表检查；当电动机各相绕组电阻值较小时，应用电桥法检查相间绝缘电阻：依次 U$_1$—V$_1$、V$_1$—W$_1$、U$_1$—W$_1$ 两端，若阻值很小，说明该两相间有短路。例如 U$_1$—V$_1$、U$_1$—W$_1$ 很大（→"∞"），而 V$_1$—W$_1$ 之间很小（等于"0"或小于正常电阻值），则 V 相与 W 相之间存在相间短路，如左图所示

b. 电动机绕组匝间短路的检查，如表8.8所示。

表8.8　　　　　　　　　　　电动机绕组匝间短路的检查

步骤	示意图	操作说明
第1步	此短接片拆下	拆下接线端子上任意一片短接片，如左图所示
第2步		用万用表或电桥分别测量各相绕组的直流电阻，若一组绕组的电阻较小，则说明该相有可能是匝间短路，如左图所示
第3步	(a) 检查短路极相组　　(b) 检查短路线圈	拆开端盖，取出转子，将短路相各极相组绕组的连接线刮去一段绝缘层，然后分别测量各极相组的直流电阻，最后查出短路线，如左图所示

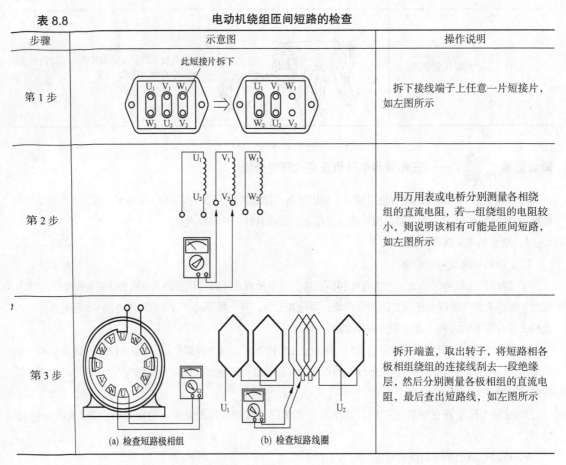

② 绕组短路故障的修理。绕组容易发生短路的地方是线圈的槽口部位以及双层绕组的上下线圈之间。如果短路点在槽外，可将绕组加热软化，用划线板将短路处分开，再垫上绝缘纸或套上绝缘套管。如果短路点在槽内，将绕组加热软化后翻出短路绕组的匝间线。在短路处包上新绝缘，再重新嵌入槽内并浸渍绝缘漆。

（2）绕组断路故障的检修。

① 绕组断路故障的检查。单路绕组电动机断路时，可采用万用表检查。如果绕组为星形接法，可分别测量每相绕组，断路绕组表不通，如图 8.21（a）所示。若绕组为三角形接法，需将三相绕组的接头拆开再分别测量，如图 8.21（b）所示。

② 绕组断路故障的修理。找出断路处后，将其连接重新焊牢，包扎绝缘，再浸渍绝缘漆即可。

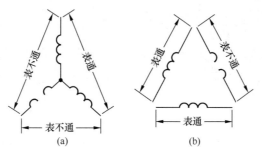

图 8.21　用万用表检查绕组断路情况

对于功率较大的电动机，其绕组大多采用多根导线并绕或多路并联，有时只有一根导线或一条支路断路，这时应采用三相电流平衡法或双臂电桥法。三相电流平衡法检查：对于星形接法的电动机，可将三相绕组并联后通入低电压的交流电，如果三相电流相差 5% 以上，则电流小的一相即为断路相，如图 8.22（a）所示；对于三角形接法的电动机，先将绕组的一个接点拆开，再逐相通入低压交流电并测量其电流，其中电流小的一相即为断路相，如图 8.22（b）所示。然后，将断路相的并联支路拆开，逐路检查，找出断路支路。

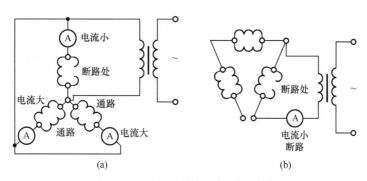

图 8.22　三相电流平衡法检查绕组断路

（3）绕组通地故障的检修。

① 绕组通地故障的检查方法。把兆欧表的"L"端（线路端）接在电动机接线盒的接线端上，把"E"（接地端）接在电动机的机壳上，测量电动机绕组对地（即机壳）绝缘电阻。如绝缘电阻低于 0.5 MΩ，说明电动机受潮或绝缘很差；如绝缘电阻为零，则说明三相绕组接地。此时可拆开电动机绕组的接线端，逐相测量，找出三相绕组的接地相。如用万用表检查电动机绕组搭壳通地故障，应将万用表先调至 R×1 kΩ 或 R×10 kΩ 挡，经"调零"后，再将一支表笔与绕组的一端紧紧靠牢，另一支表笔搭紧电动机的外壳（去掉油漆的部分）。若万用表所测电阻值为"零"，呈导通状态，就可以判断此绕组有搭壳通地故障。

② 绕组通地故障的修理方法。对于绕组受潮的电动机，可进行烘干处理。待绝缘电阻达到要求后，再重新浸渍绝缘漆。如接地点在定子绕组端部，或只是个别地方绝缘没垫好，一般只需局部修补。先将定子绕组加热，待绝缘软化后，用工具将定子绕组撬开，垫入适当的绝缘材料或将接地处局部包扎，然后涂上自干绝缘漆。如接地点在槽内，一般应更换绕组。

2. 电动机绕组首尾接错的处理

三相异步电动机为了接线方便，在 6 个引出线端子上，分别用 U_1、V_1、W_1、U_2、V_2、W_2 编成代号来识别。每个引出线分别接到引线端子板上去，其中，U_1、V_1、W_1 表示电动机接线的首端，U_2、V_2、W_2 表示电动机接线的尾端。星形接法如图 8.23（a）所示，三角形接法如图 8.23（b）所示。

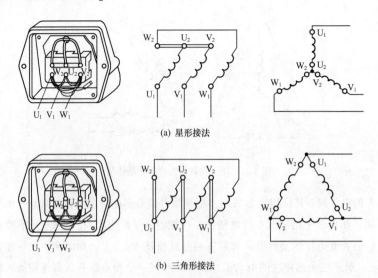

(a) 星形接法

(b) 三角形接法

图 8.23　三相异步电动机绕组引出线端的连接

当电动机绕组首尾接错时，可以通过灯泡和万用表（mA 挡）判别，如表 8.9 所示。

表 8.9　　　　　　　　　　　绕组首尾接错的检查

检查方法		操作步骤	示意图
灯泡检查法		① 用万用表的电阻挡，分别找出三相绕组的各相两个线头 ② 先给三相绕组的线头作假设编号 U_1、U_2，V_1、V_2 和 W_1、W_2，并把 V_1、U_2 连接起来，构成两相绕组串联 ③ U_1、V_2 线头上接一盏灯泡 ④ W_1、W_2 线头上接通 36V 交流电源，如灯泡发亮，说明 U_1、U_2 和 V_1、V_2 编号正确，如右图所示。如灯泡不亮，则把 U_1、U_2 或 V_1、V_2 任意两个线头的编号对调一下即可 ⑤ 再按上述方法对 W_1、W_2 线头进行判断，便可确定三相绕组接线的首端和尾端	灯亮　　　灯不亮
万用表检查法	方法一	① 先用万用表分清三相绕组各相的两个线头，并进行假设编号，如右图所示 ② 在合上开关瞬间，如万用表（mA 挡）指针向大于零的一边偏转，则干电池正极所接的线头与万用表负极所接的线头同为首端或尾端；如指针向小于零的一边偏转，则干电池正极所接的线头与万用表正极所接的线头同为首端或尾端 ③ 再将干电池和开关接另一相两个线头，进行测试，就可正确判别出各相的首、尾端	
万用表检查法	方法二	① 先用万用表分清三相绕组各相的两个线头 ② 给各相绕组进行假设编号为 U_1、U_2，V_1、V_2，W_1、W_2 ③ 用手转动电动机转子，如万用表（mA 挡）指针不动，则证明假设的编号（首、尾端）是正确的，如右图（a）所示；如指针有偏转，说明其中有一相首、尾假设编号不对，如右图（b）所示。应该逐步对调重试，直至正确为止	(a) 指针不动首、尾端正确　(b) 指针动首、尾端不正确

3. 电动机轴承损坏的处理

（1）电动机轴承损坏的检查方法。在电动机运行时用手触摸前轴承外盖，其温度应与电动机机壳温度大致相同，无明显的温差（前轴承是电动机的载荷端，最容易损坏）。另外，也可以听电动机的声音有无异常。将螺丝刀或听诊棒的一头顶在轴承外盖上，另一头贴到耳边，仔细听轴承滚珠沿轴承道滚动的声音，正常时声音是单一的、均匀的。如有异常应将轴承拆卸进一步检查：将轴承拆下来清洗干净后，用手转动轴承，观察其转动是否灵活，并检查轴承内外之间轴向窜动和径向晃动是否正常，转动是否灵活、有无锈迹、伤痕等。

（2）电动机轴承损坏的修理方法。对于有锈迹的轴承，可将其放在煤油中浸泡便可除去铁锈。若轴承有明显伤痕，则必须加以更换。同时，还应根据电动机的负载情况，工作环境选择合适的润滑脂，以改善轴承的润滑并延长其使用寿命。

知识链接 2 **三相异步电动机的维护与处理办法**

三相异步电动机的一般故障有电动机不能启动、电动机运转时声音不正常、电动机温升超过允许值、电动机轴承发烫、电动机发生噪声、电动机震动过大和电动机在运行中发生冒烟等。

（1）电动机不能启动。电动机不能启动的原因及处理方法，如表 8.10 所示。

表 8.10　　　　　　　　　　电动机不能起动的原因及处理方法

原因	处理方法
① 电源未接通	① 检查断线点或接头松动点，重新装接
② 被带动的机械（负载）卡住	② 检查机器，排除障碍物
③ 定子绕组断路	③ 用万用表检查断路点，修复后再使用
④ 轴承损坏，被卡	④ 检查轴承，更换新件
⑤ 控制设备接线错误	⑤ 详细核对控制设备接线图，加以纠正

（2）电动机运转时声音不正常。电动机运转声不正常的原因及处理方法，如表 8.11 所示。

表 8.11　　　　　　　　　电动机运转声不正常的原因及处理方法

原因	处理方法
① 电动机缺相运行	① 检查断线处或接头松脱点，重新装接
② 电动机地脚螺丝松动	② 检查电动机地脚螺丝，重新调整、填平后再拧紧螺丝
③ 电动机转子、定子摩擦，气隙不均匀	③ 更换新轴承或校正转子与定子间的中心线
④ 风扇、风罩或端盖间有杂物	④ 拆开电动机，清除杂物
⑤ 电动机上部分紧固件松脱	⑤ 检查紧固件，拧紧松动的紧固件（螺丝、螺栓）
⑥ 皮带松弛或损坏	⑥ 调节皮带松弛度，更换损坏的皮带

（3）电动机温升超过允许值。电动机温升超过允许值的原因及处理方法，如表 8.12 所示。

表 8.12　　　　　　　　　电动机温升超过允许值的原因及处理方法

原因	处理方法
① 过载	① 减轻负载
② 被带动的机械（负载）卡住或皮带太紧	② 停电检查，排除障碍物，调整皮带松紧度
③ 定子绕组短路	③ 检修定子绕组或更换新电动机

（4）电动机轴承发烫。电动机轴承发烫的原因及处理方法，如表 8.13 所示。

表 8.13 电动机轴承发烫的原因及处理方法

原因	处理方法
① 皮带太紧	① 调整皮带松紧度
② 轴承腔内缺润滑油	② 拆下轴承盖，加润滑油至 2/3 轴承腔
③ 轴承中有杂物	③ 清洗轴承，更换新润滑油
④ 轴承装配过紧（轴承腔小，转轴大）	④ 更换新件或重新加工轴承腔

（5）电动机发出噪声。电动机发出噪声的原因及处理方法，如表 8.14 所示。

表 8.14 电动机发生噪声的原因及处理方法

原因	处理方法
① 保险丝一相熔断	① 找出保险丝熔断的原因，换上新的同等容量的保险丝
② 转子与定子摩擦	② 矫正转子中心，必要时调整轴承
③ 定子绕组短路、断线	③ 检修绕组

（6）电动机震动过大。电动机震动过大的原因及处理方法，如表 8.15 所示。

表 8.15 电动机震动过大的原因及处理方法

原因	处理方法
① 基础不牢，地脚螺丝松动	① 重新加固基础，拧紧松动的地脚螺丝
② 所带的机具中心不一致	② 重新调整电动机的位置
③ 电动机的线圈短路或转子断条	③ 拆下电动机，进行修理

（7）电动机运行中发生冒烟。电动机运行中发生冒烟的原因及处理方法，如表 8.16 所示。

表 8.16 电动机在运行中发生冒烟的原因及处理方法

原因	处理方法
① 定子线圈短路	① 检修定子线圈
② 传动皮带太紧	② 减轻传动皮带的过度张力

⌐ 注意 ⌐

要定期对电动机进行维护和保养，重视电动机相关原始数据的记录。

知识拓展——三相异步电动机定子绕组的重绕

三相异步电动机绕组的重绕，主要包括拆除旧线圈、记录原始数据、清洗定子槽、制作绕线模、绕制线圈、嵌放线圈、连接线圈、绕组试验以及浸漆和烘干等。

（1）拆除旧线圈、清洗定子槽。拆除旧线圈前，常用通电加热法，把电动机接成开口三角形，间断通入220V 单相交流电。或用调压器接入约 50%的额定电压，使绝缘软化，打开槽锁、拆除旧线圈。同时清除槽内的绝缘残物，修整槽形等。

（2）记录原始数据、制作（选择）线模。在拆除旧线圈时，必须记录铭牌数据、槽数、节距、连接形式、导线圈数与线径等。在拆除旧线圈过程中可保留一只完整线圈，按它的形状、尺寸制作线模，或选择线模。

电动机的线模分固定式和活动式两种，如表 8.17 所示。

表 8.17   两种常见的电动机线模

线模形式		示意图	说明
固定式	菱形	隔板　模心　模板　绕线模 螺栓　跨接线槽　扎线槽	模心厚度 d 根据电动机功率大小而定，一般常用 8～15mm。模心顶角 α 的大小与绕组节距和电动机极组座、定子铁芯长度两者之差有关，一般取 110°。模心直线部分长度 B 为铁芯长度加余量。隔板厚度 d' 可选用 8 mm
	腰圆形	隔板　模心　模板	其制作方法与菱形线模基本相同。模心厚度一般常用 8～15 mm。模心两端的圆周角 α 取 120°。模心直线部分长度 B 为铁芯长度加余量。隔板厚度 d' 可选用 8 mm
活动式	菱形和腰圆形		可用木板或塑料板制作，线模的中间部分用连杆支持，连杆的长度一般取 27 mm，宽度取 35 mm。连杆两边开有孔槽，以调节线圈的边长，由螺丝紧固定位 调节连杆的长度就可以改变线圈的大小

（3）绕组的重绕与试验、烘干浸漆。绕组重绕前，应认真检查导线质量是否合格，线径是否有错，以免以后返工，造成不必要的浪费。决定了线模的尺寸后，就可以进行线圈的绕制工作。在绕制时，为了防止擦伤导线绝缘，应将导线通过浸有石蜡的毛毡线夹。绕线拉力一般为 1.5～2 kg/mm²，绕线速度控制在 150～200 r/min。

绕线应排列整齐、不交叉，线圈平整。绕够匝数后，用线扎牢；绕完一个极相组后，要留有一定长度的导线作极相组间连接线。

如果绕制过程中有接头（长度不够）或断头时，接头应放在端部斜边的位置上，并用焊锡焊好，套上套管或包上绝缘，以防短路。

绕组线圈的嵌放是一项细致的工作，稍不注意就有可能损坏导线绝缘和电动机的槽绝缘，造成绕组线圈匝间短路或接地。绕组线圈的嵌放操作步骤，如表 8.18 所示。

表 8.18   三相异步电动机绕组嵌放操作步骤

第 1 步 线圈的处理	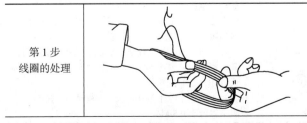	先理直线圈的引出线并套上套管，然后将绕好的线圈捏紧，压成扁平状，使上层边外侧导线在上面，下层边内侧导线在下面，如左图所示

续表

第2步 线圈的嵌放	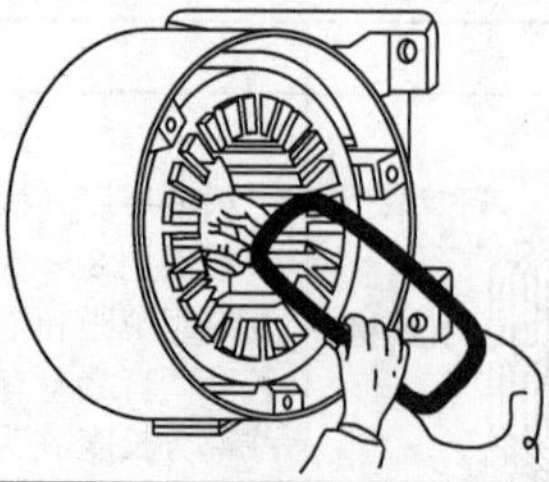	垫上槽绝缘物后，将捏扁的绕组放到定子槽内，如左图所示。对少数未进入槽的导线可用划线板划入槽内 待导线全部进入槽内后，顺着槽来回轻轻拉动线圈，使其平整服贴，再用同样方法嵌放其他线圈，如左图所示
第3步 加层间绝缘	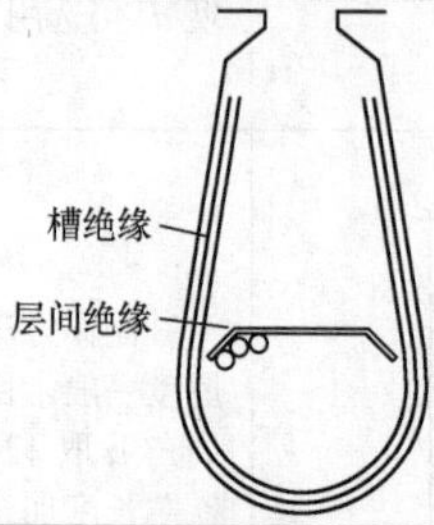	用压线板压实导线（不能用力过猛）后，将绝缘纸折好放入层间绝缘即可嵌放上层线圈，如左图所示
第4步 封槽口	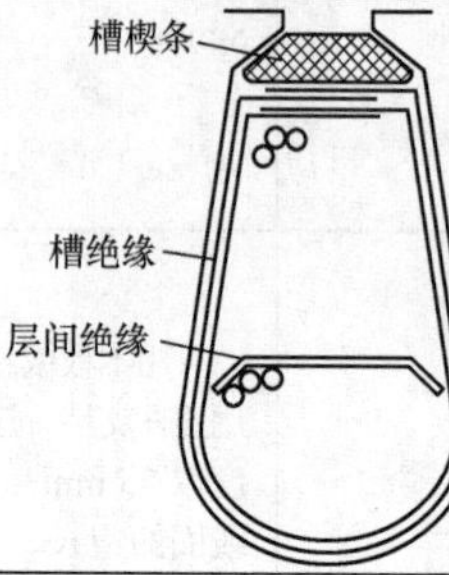	当线圈嵌放工作完成后，应将导线压实，然后用划线板折起绝缘包住导线，从定子槽的一端打入槽楔条，如左图所示 槽楔条的长度应比槽绝缘短 3mm，厚度不小于2.5mm，进槽后松紧要适当
第5步 端部的整形	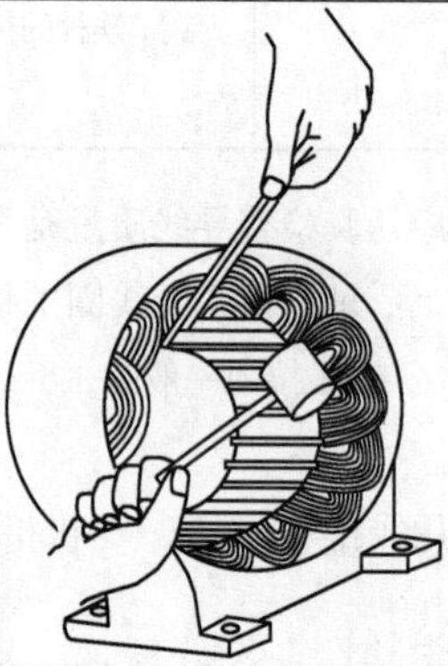	嵌好线圈后，检查线圈外形、端部排列和相间是否符合要求，然后用橡胶榔头将端部打成喇叭口，如左图所示 喇叭口的大小要适当，否则会影响电动机散热和对地绝缘，而且也不利装置转子
第6步 线圈捆扎与线圈间连接	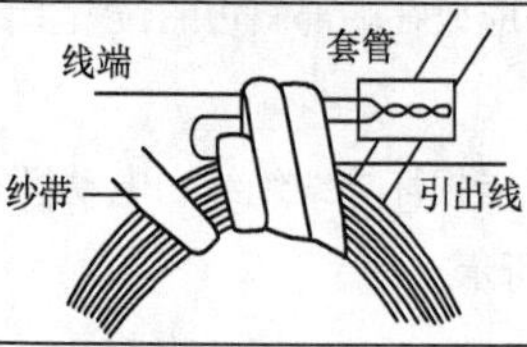	端部整形后，把端部绝缘修剪整齐，使绝缘纸高出导线 5～8mm，并进行线圈间的连接。如左图所示，是线圈的线端的捆扎
第7步 绕组的检验	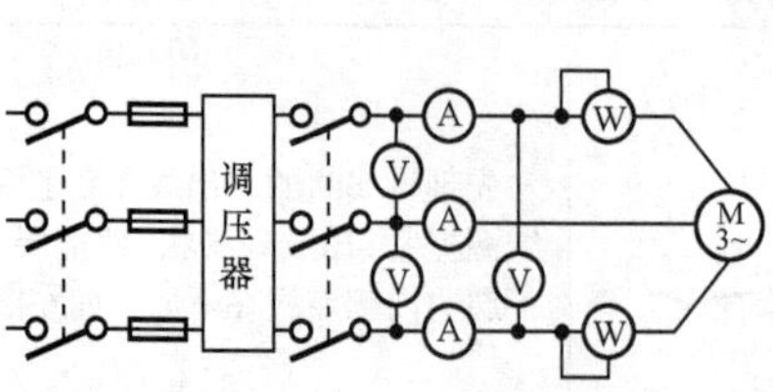	重绕定子绕组后，还要对绕组进行检查和试验，如检查绕组的线圈间有无接错、绕组有无短路、绕组有无断路或绝缘损坏，测定绕组的直流电阻和绝缘电阻，进行耐压和空载试验等 如左图所示，是电动机空载试验线路的示意图，其中瓦特表可测功率，电动机的功率为两表读数的代数和 对于额定电压在 500 V 以下的电动机，其绝缘电阻不得低于 0.5 MΩ

续表

第8步 烘干浸漆	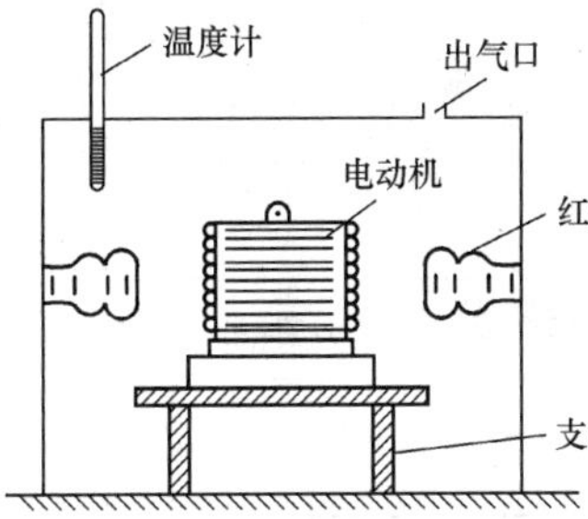	烘干浸漆目的是提高绕组的防潮性能,增加绝缘强度和机械强度,从而提高电动机的使用寿命 典型的浸漆工艺为:预烘→第1次浸漆→第1次烘干→第2次浸漆→第2次烘干→第3次浸漆→第3次烘干 烘干温度一般控制在110℃～130℃,时间为2～4 h;浸漆温度一般控制在60℃～80℃,保持15min以上,直至不冒泡为止 对电动机的烘干方法有许多,如左图所示是红外线灯泡烘干法,它是利用红外线灯泡(功率可按4～5 kW/m选用)直接照射电动机绕组进行烘干的一种方法
第9步 绕组接线端子 的连接	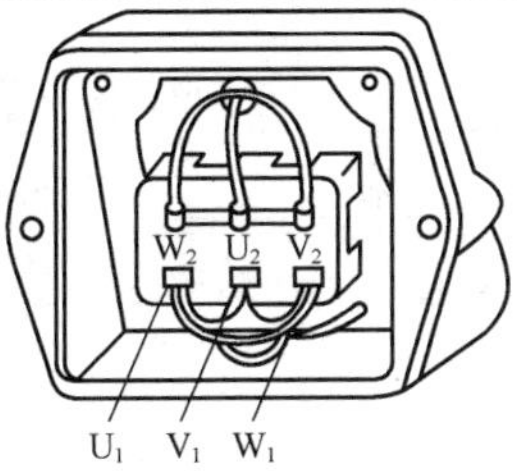	将线圈连接好后留下的6个绕组出线头用引出线引出,接到电动机的接线盒U₁、V₁、W₁(首端)和U₂、V₂、W₂(末端)的相应接线端子上,这样就完成了对电动机绕组的重绕工作

将线圈连接好后留下的6个绕组出线头用引出线引出,接到电动机的接线盒 U_1、V_1、W_1(首端)和 U_2、V_2、W_2(末端)的相应接线端子上,这样就完成了对电动机绕组的重绕工作

动脑又动手

□ **列一列 电动机拆卸、清洗和组装工具**

将三相异步电动机拆卸、清洗和组装所用工具填入表8.19中。

表8.19 三相异步电动机拆卸、清洗和组装所用工具

工作	所 用 工 具
拆卸	
清洗	
组装	

□ **做一做 电动机的拆卸、清洗和组装工作**

对老师提供的三相异步电动机分组(2人一组)进行拆卸、清洗和组装工作。

□ **说一说 三相异步电动机故障处理的办法**

将定期对三相异步电动机进行维护的认识填写在下列空格中。

定期对三相异步电动机进行维护的重要性:

□ **评一评 "列、做、说"工作情况**

将"列、做、说"工作的评价意见填入表8.20中。

表8.20 "列、做、说"工作评价表

项目 评定人	实训评价	等级	评定签名
自己评			
同学评			
老师评			
综合评 定等级			

___年___月___日

思考与练习

一、填空题

1. 三相异步电动机具有_____的特点。

2. 三相异步电动机主要由_____和_____两个基本部分组成。

3. 电动机三种运转状态是_____、_____、_____。

4. 三相异步电动机的选用应考虑_____、_____、_____、_____、_____等具体情况。

5. 异步电动机的额定功率（P_e）是指：_____，其单位是_____。

6. 三相异步电动机的定子绕组连接方法有_____和_____两种。

7. 三相异步电动机绕组的常见故障有_____、_____、_____和_____等。

二、判断题（对的打"√"，错的打"×"）

1. 异步电动机转差率的变化范围为 0～1。　　　　　　　　　　　　　（　　）

2. 对皮带传动的电动机，必须使两皮带轮的轴互相平行，并且使两皮带轮宽度的中心线在一直线上。　　　　　　　　　　　　　　　　　　　　　　　　　　　　（　　）

3. 电动机的接地电阻应大于 4 Ω。　　　　　　　　　　　　　　　　（　　）

4. 电动机在使用前，应作绝缘性能的检查，其值不得小于 0.5 MΩ。　（　　）

5. 三相异步电动机的旋转方向与规定的方向不一致时，应立即停机，将三根电源线中的任意两根线对调一下。　　　　　　　　　　　　　　　　　　　　　　　　（　　）

6. 对于绕组受潮的电动机，应及时进行烘干处理。　　　　　　　　　（　　）

7. 绝缘电阻低于 0.5 kΩ，说明电动机受潮或绝缘很差。　　　　　　　（　　）

8. 三相异步电动机的 6 个引出线端子，分别用 U_1、V_1、W_1、U_2、V_2、W_2 表示。（　　）

三、简答题

1. 简述电动机的主要结构及其作用。

2. 在应用中，如何改变三相异步电动机的旋转方向？你能操作一下吗？

3. 电动机引出线线端上的编号有什么用处？

4. 异步电动机在运行中常有哪些不正常的现象？

5. 如何利用万用表判断电动机绕组的断路？

6. 如何利用万用表判断电动机绕组的短路？

7. 如何利用万用表判断电动机绕组碰壳通地？

项目九

典型电气控制电路操作技能

各种生产机械根据它们的工作性质与加工工艺要求，利用各种控制电器的职能，实现对电动机多种多样的控制。然而任何控制电路（包括最复杂的电路）都是由一些比较简单的基本电路所组成，所以熟悉和掌握典型电气控制电路是学习、阅读和分析电气电路的基础。

通过本项目的现场学习和操练，了解基本控制电路（如手动控制、自锁控制、正反控制、降压控制、制动控制、调速控制等电路）的类型及其装接步骤、构成及原理，掌握它们电路安装和故障查找方法。

知识目标

- 知道电气控制线路的基本安装步骤。
- 能说出三相异步电动机全压启动、降压启动、制动控制和调速控制线路的操作过程。
- 能列出三相异步电动机全压启动、降压启动、制动控制和调速控制线路的元器件清单。

技能目标

- 会装接三相异步电动机全压启动、降压启动、制动控制和调速控制线路。
- 会测试三相异步电动机降压启动、制动控制和调速控制线路。

任务一　基本控制电路类型及故障检修方法

情景模拟

三相异步电动机具有效率高、价格低、控制维修方便等优点，在生产实践中应用十分广泛。我们常把用三相异步电动机带动生产机械工作的电力拖动系统称作电力拖动，其主要任务是对电动机实现各种控制和保护。

小任不解地问爸爸："三相异步电动机控制有哪些基本电路？它们应怎样正确地进行装接？"

小任的爸爸笑着说："你只要好好地学完项目八，就能回答出自己提出的问题。"

同学们，让我们一起来学习有关三相异步电动机基本控制电路类型与装接工艺要求，以及电路故障查找等方面的知识和技能吧！

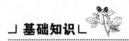

基础知识

基本控制电路类型与装接工艺要求、基本控制电路故障检修步骤和方法，以及相关拓展知识等。

知识链接 1 **基本控制电路类型与装接工艺要求**

三相异步电动机具有效率高、价格低、控制维修方便等优点，在生产实践中应用十分广泛。我们常把三相异步电动机带动生产机械工作的系统称为电力拖动。

1. 基本控制电路类型

三相异步电动机的基本控制电路类型如下。

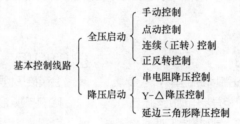

2. 基本装接工艺要求

根据电气原理图的要求，对需装接的电气元件进行板面布置，并按电气原理图进行导线连接，是电工必须掌握的基本技能。如果电气元件布局不合理，就会给具体安装和接线带来很大的困难。简单的电气控制线路可直接进行布置装接，较为复杂的电气控制线路，布置前必须绘制电气接线图。图 9.1 所示为电动机双重联锁正反转控制线路的电气原理图和电气接线图。

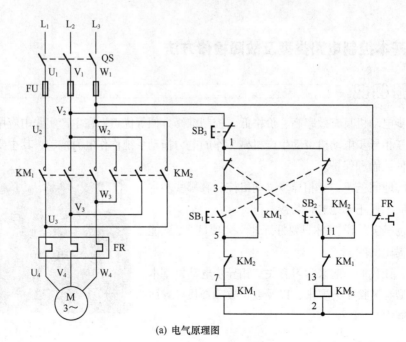

(a) 电气原理图

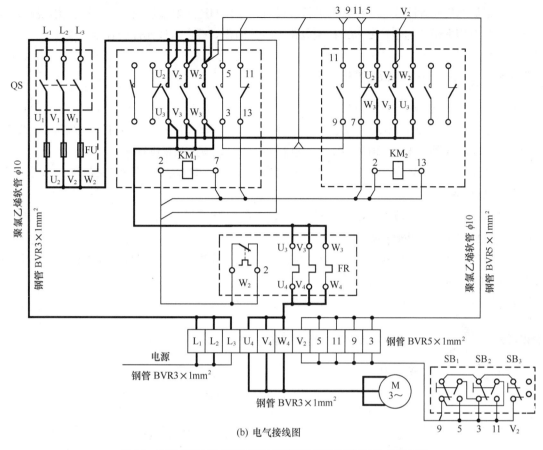

(b) 电气接线图

图 9.1 电动机双重联锁正反转控制线路的电气原理图和电气接线图

主电路一般是三相、单相交流电源或者是直流电源直接控制的用电设备，有电动机、变压器等设备。在主电路电气元件工作（合闸或接通）的情况下，受电设备就处在运行情况下。因此，布置主电路元件时，要考虑好电气元件的排列顺序。将电源开关（闸刀、转换开关、空气开关等）、熔断器、交流接触器、热继电器等从上到下排列整齐，元件位置应恰当，便于接线和维修。同时，元件不能倒装或横装，电源进线位置要明显，电气元件的铭牌应容易看清，并且调整时不受其他元件影响。

控制电路的电气元件有按钮、行程开关、中间继电器、时间继电器、速度继电器等，这些元器件的布置与主电路密切相关，应与主电路的元器件尽可能接近，但必须明显分开。外围电气控制元件，通过接线端引出，绝对不能直接接在主电路或控制电路的元器件上，如按钮接线等。

无论是主电路还是控制线路，电气元件的布置都要考虑到接线方便，用线最省，接线最可靠。

⌐ 提示 ⌐

布线工艺做到以下几点。

（1）布线应尽可能贴近配电板面、靠近元器件走线，线间无交叉，做到"横平竖直、转弯角成 90°"。

（2）按钮连接线必须用软线，与配电板上元器件连接时必须通过接线端，并加以编号。

（3）采用线槽走线时，线槽内导线应留有一定长度的接线余量。

（4）根据电气原理图或电气接线图进行敷设时，导线的选择要重视安全载流量。主电路导线截面积要符合用电设备的容量要求，控制电路导线截面积要符合电气元件的容量要求。

知识拓展 ——配电板上操练的基本要求

配电板上进行装接操练时，应做到以下几点。

（1）认真识读电气控制电路图。明确电路所用电器元件名称及其作用，熟悉线路的操作过程和工作原理。

（2）配齐电器元件。列出元件清单，配齐电器元件，并逐一进行质量检测。

（3）安装电气控制电路。将电器元件安装在配电板上，根据电动机容量选配符合规格的导线，分别连接主电路和控制线路。

（4）连接保护接地线、电源线及控制板外部的导线。连接电动机和所有电器元件金属外壳的保护接地线，连接电源、电动机及控制板外部的导线。

（5）做好自检工作。检查主电路接线是否正确；用万用表电阻挡检查控制电路接线是否正确，防止因接线错误造成不能正常运转或短路事故。

（6）安全通电试车。为保证人身安全，必须在教师监护下通电试车。

知识链接2 基本控制电路故障检修步骤和方法

常见故障检修的步骤和方法，如表9.1所示。

表9.1 电气控制电路故障检修的步骤和方法

序号	步骤	故障检修方法	备注
1	观察故障现象，初步判断故障范围	电气控制线路出现故障后，经常采用试验的方法观察故障现象，初步判断故障范围 所谓试验法，就是在不扩大故障范围、不损坏电气设备和生产机械设备的前提下，对控制线路进行通电试验，观察电气设备、电器元件的动作情况等是否正常，找出故障发生的部位、器件或回路	也经常采用看、听、摸等方法初步判断故障范围
2	用逻辑分析法缩小故障范围	逻辑分析法就是根据电气控制线路的工作原理、各控制环节的动作顺序、相互之间的联系，结合观察到的故障现象进行具体的分析，迅速缩小故障的范围，进而判断出故障所在	是一种快速、准确的检查方法，适用于较复杂的控制线路故障检查
3	用测量法确定故障点	测量法就是利用电工工具和仪表（如测电笔、万用表等）对控制线路进行带电或断电测量，准确找出故障点或故障元器件。常用的测量法有电压分阶测量法、电阻分阶测量法、电阻分段测量法等 （1）电压分阶测量法 测量时，像上、下台阶一样依次测量电压，称为电压分阶测量法，即按图9.2所示的方法进行测量 ① 测量时，先将万用表的挡位选择在交流电压500V挡 ② 断开主电路，接通控制电路的电源，如按下启动按钮 SB_1 时，接触器 KM 不吸合，则说明控制电路有故障 ③ 先测 0—1 两点间的电压，若电压为 380V，说明控制电路的电源电压正常。然后按下启动按钮 SB_1，先后测量 0—2、0—3、0—4 点间的电压 ④ 若 0 号点与 2、3、4 点间电压均为零，则说明 1—2 号点 1 间 FR 动断触头或线路断开；若 0 号点与 3、4 号点间电压为零，则说明 2—3 号点间 SB_2 动断触头或线路断开；若 0 号点与 4 号点间电压为零，则说明 3—4 号点间 SB_1 动合触头或线路断开；若 0 号点与 2、3、4 点间电压均为 380V，则说明 KM 线圈或线路断开	运用电压分阶法测量时应两人配合进行，注意安全用电操作规程

序号	步骤	故障检修方法	备注
3	用测量法确定故障点	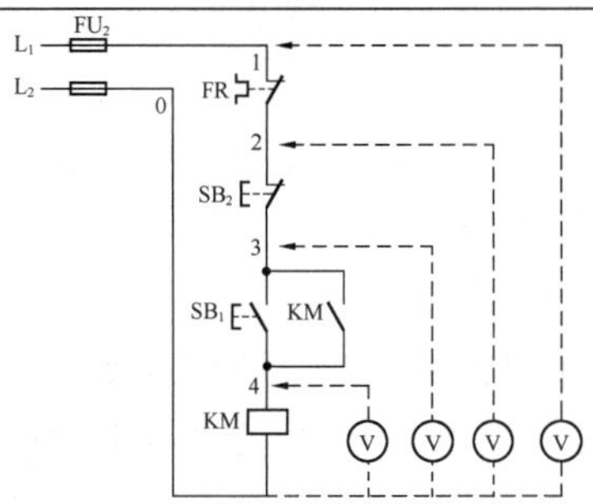 图 9.2 电压分阶测量法	运用电压分阶法测量时应两人配合进行，注意安全用电操作规程
		（2）电阻分阶测量法 ① 测量时，应将万用表的挡位选择在合适倍率的电阻挡 ② 断开主电路，接通控制电路的电源，如按下启动按钮 SB$_1$ 时，接触器 KM 不吸合，则说明控制电路有故障 ③ 切断控制电路电源，接下 SB$_1$，按图 9.3 所示的测量方法，依次测量 0—4、0—3、0—2、0—1 各两点之间的电阻值，根据测量结果判断故障点 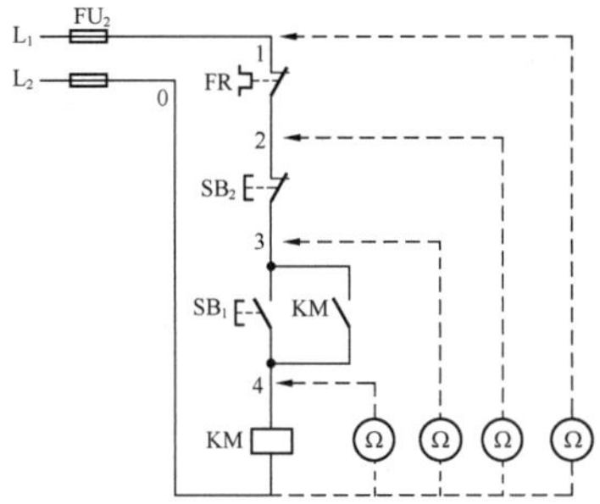 图 9.3 电阻分阶测量法	运用电阻分阶测量法时，应注意：检测前要切断电源，不能带电操作，否则会损坏万用表、发生触电事故等；测量电路不能与其他电路或负载并联，否则测量结果不准确；测量时要正确选择万用表的挡位
		（3）电阻分段测量法 ① 用万用表电阻 R×1 挡逐一测量"1"与"2"、"2"与"3"点间的电阻，若阻值为零表示线路和热继电器 FR 及按钮 SB$_2$ 动断触点正常，若阻值很大表示对应点间的连线或元器件可能接触不良或元器件本身已断开 ② 按下启动按钮 SB$_1$，测"3"与"4"点间的电阻。若万用表的指针不指在零位置上，说明线路和按钮的动合触点正常；如阻值很大，表示连线断开或按钮动合触点接触不良 ③ 用万用表电阻 R×100 挡，测量"0"与"4"号点间的电阻，若阻值超过线圈的直流电阻很多，表示连线或接触器线圈已开路。图 9.4 所示为电阻分段测量法 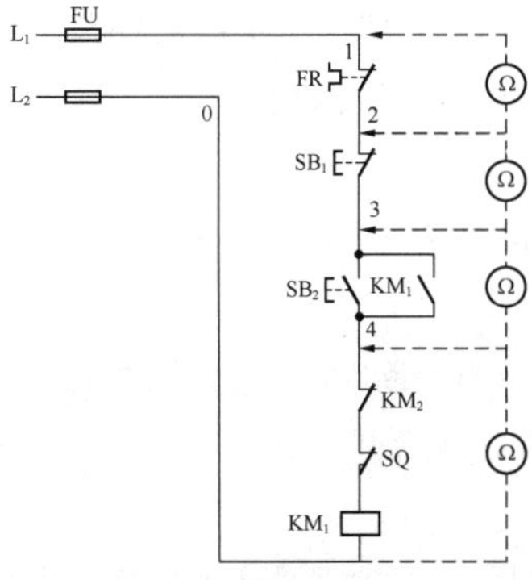 图 9.4 电阻分段测量法	运用电阻分段测量法时，万用表在测量不同段的电阻时，应采用不同的电阻挡量程，否则测量结果会不正确

知识拓展 ——控制电路中常遇到的名词

1. 直接启动与降压启动

三相异步电动机的启动方法有全压启动和降压启动两种。三相异步电动机全压启动又称直接启动，是指电动机直接在额定电压下启动。全压启动的线路具有结构简单、安装维修方便等优点。一般情况下，当电动机功率小于 10 kW 或不超过供电变压器容量的 20%时，允许全压启动；否则应采用降压启动，以减小启动电流对电网的冲击。常用的全压启动控制线路有手动控制和自动控制两类。自动控制直接启动也称接触器控制直接启动。接触器具有通断电流能力强、动作迅速、操作安全、能频繁操作和远距离控制等优点，在自动控制电路系统中，它主要承担接通和断开主电路的任务。自动控制直接启动控制线路有电动机单向运行直接启动控制线路（点动、自锁控制线路）、电动机正反转运行直接启动控制线路（正反转控制线路）等。

2. 点动控制与连续控制

常用的电动机单向运行全压启动控制线路有点动控制线路和自锁控制线路。

点动控制指需要电动机作短时断续工作时，只要按下按钮电动机就转动，松开按钮电动机就停止动作的控制。它是用按钮、接触器来控制电动机运转的最简单的正转控制线路，如工厂中使用的电动葫芦和机床快速移动装置等。

连续控制是指当电动机启动后，再松开启动按钮，控制电路仍保持接通，电动机仍继续运转工作。连续控制也称自锁。

3. 欠压保护与失压保护

欠压是指线路电压低于电动机应加的额定电压。欠压保护是指线路电压下降到某一数值时，电动机能自动脱离电源停转，避免电动机在欠电压下运行的一种保护。采用接触器自锁的控制线路具有欠压保护功能。

失压保护，也称零压保护，是指电动机在正常运行中，由于外界某种原因引起突然断电时，能自动切断电动机电源；当重新供电时，保证电动机不能自行启动的一种保护。接触器自锁的控制线路也能实现失压保护。

┘ **提示** ┕

操作工具与仪表有：螺丝刀、尖嘴钳、剥线钳、电工刀、验电笔、万用表、兆欧表、钳形电流表等。

动脑又动手

□ **读一读　电气控制的电路图**

三相异步电动机（Y112M-4）点动控制电路图，如图 9.5 所示。

电动机点动控制电路的操作过程和工作原理如下。

合上电源开关 QS。

启动。按下按钮 SB→接触器 KM 线圈通电吸合→接触器主触点 KM 闭合→电动机 M 启动运行。

停止。松开按钮 SB→接触器 KM 线圈断电释放→接触器主触点 KM 断开→电动机 M 断电停转，断开电源开关 QS。

□ **列一列　电气控制器件清单**

根据电动机点动控制线路图（见图 9.5），将所需元器件及导线

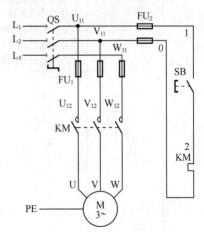

图 9.5　电动机点动控制线路图

的型号、规格和数量填入表 9.2 中。

表 9.2　　　　　　　　　　　　　元器件及导线明细表

序号	名称	符号	型号	规格	数量
1	三相异步电动机	M	Y112M-4	4k W、380 V、△接法、6.8 A、1 440 r/min	1
2	组合开关	QS			
3	按钮	SB			
4	主电路熔断器	FU$_1$			
5	控制电路熔断器	FU$_2$			
6	交流接触器	KM			
7	端子板				
8	主电路导线				
9	控制电路导线				
10	按钮导线				
11	接地导线				

□ **看一看　电动机的运行状态**

根据教师提供的电动机点动控制线路装置，并在老师的现场监护下，看其通电运行状态：接通三相电源 L$_1$、L$_2$、L$_3$，合上电源开关 QS，用电笔检查熔断器出线端，氖管亮说明电源接通。按下 SB，观察接触器、电动机工作情况。

□ **评一评　"读、列、看"工作情况**

将"读、列、看"工作的评价意见填入表 9.3 中。

表 9.3　　　　　　　　　　　　"读、列、看"工作评价表

评定人 ＼ 项目	实训评价	等级	评定签名
自己评			
同学评			
老师评			
综合评定等级			

　　　　　　　　　　　　　　　　　　　　　　　　　　　　　　___年___月___日

任务二　全压启动控制电路的安装

情景模拟

小明家开了一个机械加工厂。这几个月，加工厂的订单特别多，生产任务很紧。某天，操作工报告：厂里有一台车床突然坏了，按下启动按钮，主轴会旋转，可是一松开启动按钮，主轴便停止旋转了。不巧，厂里的电工正好出去培训，小明的爸爸急得团团转。

小任知道后，主动请缨，对小明爸爸说："小明爸爸，你让我和小明一起试一试，这个问题我们曾在电工实训课上学过……"。说着，他们便

到了生产现场动手操作起来。不一会儿，这台车床又欢快地转了起来。小明的爸爸举起大拇指，高兴地对小任和小明说："你们真行！"

　　同学们，你知道小任和小明是怎样修好这台车床的吗？让我们一起来学习有关机床全压起动控制电路方面的知识和技能吧！

基础知识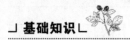

　　手动控制电路、点动控制电路、自锁控制电路、正反控制电路，以及相关拓展知识等。

知识链接 1　手动控制电路

　　工厂中使用的砂轮机、小型台钻、机床冷却泵等设备，常采用手动控制电路，如图 9.6 所示。

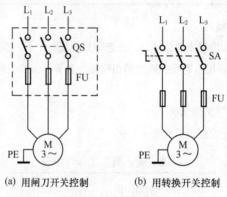

(a) 用闸刀开关控制　　　(b) 用转换开关控制

图 9.6　手动控制线路

知识拓展——手动控制电路工作过程与装接步骤

1. 手动控制电路的工作过程

（1）启动。合上闸刀开关 QS（或转动组合开关旋钮 SA）→电动机 M 工作。

（2）停止。分离闸刀开关 QS（或复位组合开关旋钮 SA）→电动机 M 停止工作。

2. 手动控制线路的装接步骤

（1）按图 9.6 所示，配齐所有电器元件，并进行质量检查。

（2）在控制板上安装电器元件，电器元件安装牢固，并符合工艺要求。

（3）根据电动机位置确定线路走向，做好敷设。

（4）安装电动机，连接保护接地线。

（5）连接控制板至电动机的导线。

（6）检查安装质量。

（7）接上三相电源。

（8）经老师检查合格后进行通电试车。

提示

1. 手动控制在操作时应注意什么？
2. 在频繁启动和停止的场合，这种控制方式有何缺点？

知识链接2 点动控制电路

"点动控制"指需要电动机作短时断续工作时，只要按下按钮，电动机就转动；松开按钮，电动机就停止动作。它是用按钮、接触器来控制电动机运转的最简单的正转控制电路，如工厂中使用的电动葫芦和机床快速移动装置等使用的控制电路，如图9.7所示。

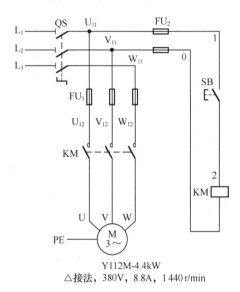

Y112M-4.4kW
△接法，380V，8.8A，1 440 r/min
图 9.7 接触器点动正转控制电路图

知识拓展 ——点动正转控制电路工作过程与装接步骤

1. 点动正转控制电路的工作过程

先合上电源开关 QS，点动正转控制电路的工作过程如下。

（1）启动。按下按钮 SB→接触器线圈 KM 得电→接触器主触点 KM 闭合→电动机 M 启动运行。

（2）停止。松开按钮 SB→接触器线圈 KM 失电→接触器主触点 KM 分断→电动机 M 失电停转。

（3）电动机 M 停止后，断开电源开关 QS。

2. 点动正转控制线路的装接步骤

（1）按图 9.7 所示，配齐所有电器元件，并进行质量检查。

（2）将元件固定在控制板上，如图 9.8（a）所示。要求元件安装牢固，并符合工艺要求。

（3）进行线路连接，参考如图 9.8（b）所示。

（4）安装电动机，连接保护接地线。

（5）连接控制板至电动机的导线。

（6）检查安装质量。

（7）经老师检查合格后进行通电试车。

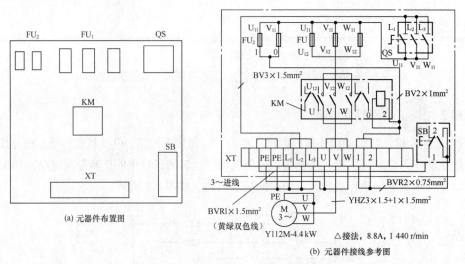

(a) 元器件布置图

(b) 元器件接线参考图

图 9.8　点动控制电路元件布置图和接线图

┘提示┖

1. 如果要想电动机连续运行应采用什么办法?

2. 在频繁启动和停止的场合，这种控制方式有何缺点?

知识链接 3　**自锁控制电路（有过载保护）**

过载保护是指当电动机长期负载过大，或启动操作频繁，或者缺相运行等原因时，能自动切断电动机电源，使电动机停止转动的一种保护。在工厂的动力设备上常采用这类方式。

具有过载保护的接触器自锁控制电路，如图 9.9 所示。

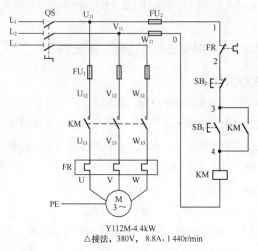

Y112M-4.4kW
△接法，380V，8.8A，1 440r/min

图 9.9　具有过载保护的接触器自锁控制电路图

知识拓展　——自锁控制电路工作过程与装接步骤

1. 自锁控制电路工作过程

先合上电源开关 QS，电路工作过程如下。

（1）启动。按下起动按钮 SB₁ ⟶ KM 线圈通电 ⟶ KM 常开触点闭合自锁。

⟶ KM 主触点闭合 ⟶ 电动机 M 运转。

（2）停止。按下停止按钮 SB₂ ⟶ KM 线圈断电 ⟶ KM 常开触点断开。

⟶ KM 主触点断开 ⟶ 电动机 M 停转。

当电动机过载时：FR 动断触点断开 ⟶ KM 线圈断电 ⟶ KM 主触点断开 ⟶ 电动机 M 停转。

2. 自锁控制电路装接步骤

（1）按图 9.9 所示，配齐所有电器元件，并进行质量检查。

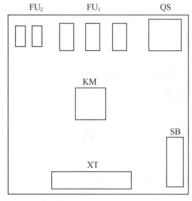

(a) 元器件布置图

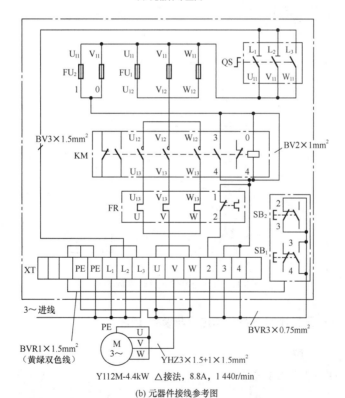

(b) 元器件接线参考图

图 9.10 具有过载保护的接触器自锁控制电路元件布置图和接线图

（2）将元件固定在控制板上，如图 9.10（a）所示。要求元件安装牢固，并符合工艺要求。

（3）进行线路连接，参考如图 9.10（b）所示。

（4）安装电动机，连接保护接地线。

（5）连接控制板至电动机的导线。

（6）检查安装质量。

（7）经老师检查合格后进行通电试车。

┘ 提示 └

为什么松开启动按钮 SB_1，接触器 KM 仍吸合，电动机 M 仍继续运转？

知识链接 4 **正反控制电路**

正反转控制线路是指采用某一方式使电动机实现正反转向调换的控制。在工厂动力设备上，通常采用改变接入三相异步电动机绕组的电源相序来实现。

三相异步电动机的正反转控制线路类型有许多，例如，接触器联锁正反转控制线路、按钮联锁正反转控制线路等。现以接触器联锁正反转控制线路为例来介绍正反转控制线路。接触器联锁正反转控制线路中采用了 2 只接触器，即正转用的接触器 KM_1 和反转用的接触器 KM_2，它们分别由正转按钮 SB_1 和反转按钮 SB_2 控制，如图 9.11 所示。为了避免 2 只接触器 KM_1 和 KM_2 同时得电动作，在正反转控制线路中分别串接了对方接触器的一个常闭辅助触点。这样，当一个接触器得电动作时，通过其常闭辅助触点使另一个接触器不能得电动作，接触器间这种相互制约的作用叫接触器联锁（或互锁）。实现联锁作用的常闭辅助触点叫做联锁触点（或互锁触点），符号用"▽"表示。

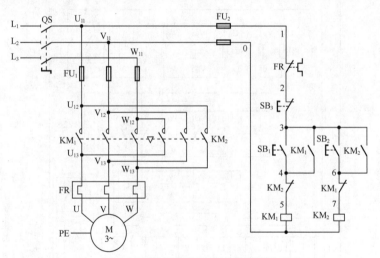

图 9.11　接触器联锁正反转控制电路图

知识拓展 ——**正反控制电路工作过程与装接步骤**

1. 正反控制电路工作过程

先合上电源开关 QS，电路工作过程如下。

（1）正转控制。

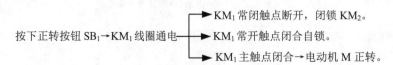

按下正转按钮 SB_1→KM_1 线圈通电

→ KM_1 常闭触点断开，闭锁 KM_2。

→ KM_1 常开触点闭合自锁。

→ KM_1 主触点闭合→电动机 M 正转。

（2）反转控制。

按下反转按钮 SB₂→KM₂ 线圈通电
→ KM₂ 常闭触点断开，闭锁 KM₁。
→ KM₂ 常开触点闭合自锁。
→ KM₂ 主触点闭合→电动机 M 反转。

（3）停止。

按下停止按钮 SB3→控制电路失电→KM₁（或 KM₂）主触点分断→电动机 M 停止运转电动机 M 停止后，断开电源开关 QS。

2. 正反控制线路装接步骤

（1）按图 9.11 所示，配齐所有电器元件，并进行质量检查。

（2）将元件固定在控制板上，如图 9.12（a）所示。要求元件安装牢固，并符合工艺要求。

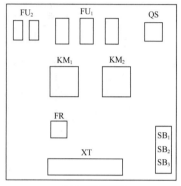

(a) 元器件布置图

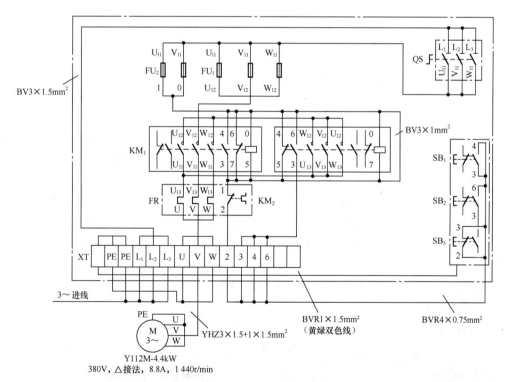

(b) 元器件接线参考图

图 9.12 接触器联锁正反转控制电路元件布置图和接线图

提示

活动工具与仪表有：螺丝刀、尖嘴钳、剥线钳、电工刀、验电笔、万用表、兆欧表、钳形电流表等。

动脑又动手

□ **读一读　电气控制的电路图**

三相异步电动机接触器按钮双重联锁正反转控制电路，如图9.13所示。

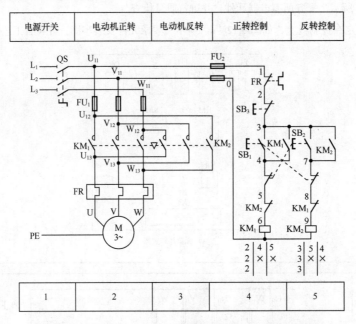

图9.13　三相异步电动机接触器按钮双重联锁正反转控制电路

三相异步电动机接触器按钮双重联锁正反转控制线路图如图 9.13 所示。图中采用了两只接触器，即正转用接触器 KM_1，反转用接触器 KM_2。当 KM_1 主触点接通时，三相电源 L_1、L_2、L_3 按 U—V—W 相序接入电动机；当 KM_2 主触点接通时，三相电源 L_1、L_2、L_3 按 W—V—U 相序接入电动机，即对调了 W 和 U 两相相序，所以当两只接触器分别工作时，电动机的旋转方向相反。

为防止两只接触器 KM_1、KM_2 的主触点同时闭合，造成主电路 L_1 和 L_3 两相电源短路，电路要求 KM_1、KM_2 不能同时通电。因此，在控制线路中，采用了按钮和接触器双重联锁（互锁），以保证接触器 KM_1、KM_2 不会同时通电：即在接触器 KM_1 和 KM_2 线圈支路中，相互串联对方的一副常闭辅助触点（接触器联锁），正反转启动按钮 SB_1、SB_2 的常闭触点分别与对方的常开触点相互串联（按钮联锁）。

接触器按钮双重联锁正反转控制电路的操作过程和工作原理如下。

合上电源开关 QS。

（1）正向控制。

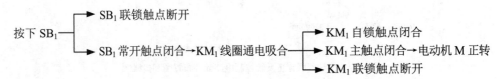

（2）反向控制。

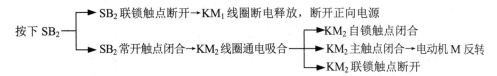

按下 SB₂ ┬→ SB₂ 联锁触点断开→KM₁ 线圈断电释放，断开正向电源
　　　　 └→ SB₂ 常开触点闭合→KM₂ 线圈通电吸合 ┬→ KM₂ 自锁触点闭合
　　　　　　　　　　　　　　　　　　　　　　　 ├→ KM₂ 主触点闭合→电动机 M 反转
　　　　　　　　　　　　　　　　　　　　　　　 └→ KM₂ 联锁触点断开

（3）停止。

按下 SB₃→KM₁ 线圈断电释放 ┬→ KM₁（或 KM₂）自锁触点断开
　　　　　 （或 KM₂）　　　 ├→ KM₁（或 KM₂）主触点断开 → 电动机 M 断电停车
　　　　　　　　　　　　　　 └→ KM₁（或 KM₂）联锁触点闭合

熔断器 FU₁ 作主电路（电动机）的短路保护，熔断器 FU₂ 作控制电路的短路保护，热继电器 FR 作电动机的过载保护。

□ **列一列　电气控制器件清单**

根据三相异步电动机接触器按钮双重联锁正反转控制电路图（见图 9.13），请将所需的元器件及导线的型号、规格和数量填入表 9.4 中，并检测元器件的质量。

表 9.4　　　三相异步电动机接触器按钮双重联锁正反转控制电路元器件及导线明细表

序号	名称	代号	型号	规格	数量
1	三相异步电动机	M	Y112M-4	4 kW、380 V、△接法、6.8 A、1 440 r/min	
2	组合开关				
3	按钮				
4	主电路熔断器				
5	控制电路熔断器				
6	交流接触器				
7	热过载保护器				
8	端子板				
9	主电路导线				
10	控制电路导线				
11	按钮导线				
12	接地导线				

□ **做一做　全压启动控制电路**

（1）固定元器件。将元件固定在控制板上，要求元件安装牢固，并符合工艺要求。元件布置参考图如图 9.14 所示，按钮 SB 可安装在控制板外。

（2）安装主电路。根据电动机容量选择主电路导线，按电气控制电路图接好主电路。接触器按钮双重联锁正反转控制线路主电路接线参考图，如图 9.15 所示。

（3）安装控制电路。根据电动机容量选择控制电路导线，按电气控制线路图接好控制电路。接触器按钮双重联锁正反转控制电路接线参考图，如图 9.16 所示。

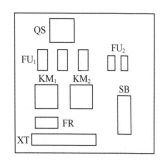

图 9.14　接触器按钮双重联锁正反转控制线路元件布置参考图

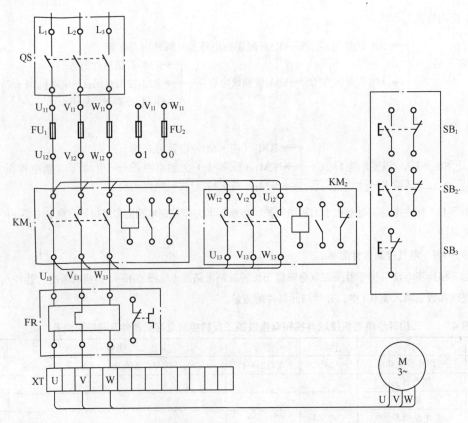

图 9.15　接触器按钮双重联锁正反转控制电路主电路接线参考图

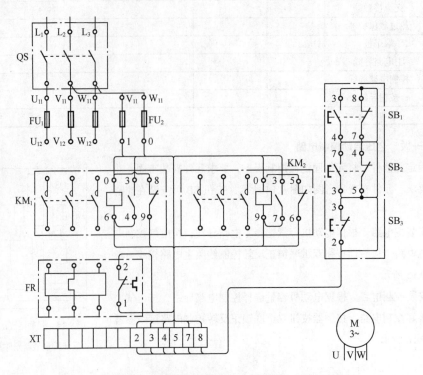

图 9.16　接触器按钮双重联锁正反转控制电路控制电路接线参考图

□ 查一查 全压启动控制电路

（1）主电路接线检查。

按电路图或接线图从电源端开始，逐段核对接线有无漏接、错接之处，检查导线接点是否符合要求，压接是否牢固，以免带负载运行时产生闪弧现象。

（2）控制电路接线检查。

用万用表电阻挡检查控制电路接线情况。检查时，应选用倍率适当的电阻挡，并欧姆调零。

① 检查控制电路通断。断开主电路，将表笔分别搭在 U_{11}、V_{11} 线端上，读数应为"∞"。按下正转按钮 SB_1（或反转按钮 SB_2）时，万用表读数应为接触器线圈的直流电阻值（如 CJ10-10 线圈的直流电阻值约为 1 800Ω），松开 SB_1（或 SB_2），万用表读数为"∞"。

② 自锁控制线路的控制电路检查。松开 SB_1（或 SB_2），按下 KM_1（或 KM_2）触点架，使其常开辅助触点闭合，万用表读数应为接触器线圈的直流电阻值。

③ 检查按钮联锁。同时按下正转按钮 SB_1 和反转按钮 SB_2，万用表读数为"∞"。

④ 检查接触器联锁。同时按下 KM_1 和 KM_2 触头架，万用表读数为"∞"。

⑤ 停车控制检查。按下启动按钮 SB_1（SB_2）或 KM_1（KM_2）触点架，测得接触器线圈的直流电阻值，同时按下停止按钮 SB_3，万用表读数由线圈的直流电阻值变为"∞"。

□ 试一试 通电试车

为保证人身安全，在通电试车时，要认真执行安全操作规程的有关规定，经老师检查并现场监护。

接通三相电源 L_1、L_2、L_3，合上电源开关 QS，用电笔检查熔断器出线端，氖管亮说明电源接通，分别按下 SB_1、SB_2 和 SB_3，观察是否符合线路功能要求，观察电器元件动作是否灵活，有无卡阻及噪声过大现象，观察电动机运行是否正常。若有异常，立即停车检查。

□ 评一评 "读、列、做、查"工作情况

完成三相异步电动机接触器按钮双重联锁正反转控制电路安装技能的实训评分，填入表 9.5 中。

表 9.5 三相异步电动机接触器按钮双重联锁正反转控制电路安装技能实训评分表

项目 分值及标准	分配	评分标准		扣分
装前检查	5	电器元件漏检或错误	每处扣 1 分	
安装元件	15	（1）不按布置图安装	扣 15 分	
		（2）元件安装不牢固	每处扣 4 分	
		（3）元件安装不整齐、不匀称、不合理	每件扣 3 分	
		（4）损坏元件	每件扣 15 分	
布线	40	（1）不按电路图接线	每接点扣 25 分	
		（2）布线不符合要求		
		主电路	每处扣 4 分	
		控制电路	每处扣 2 分	
		（3）接点不符合要求	每个接点扣 1 分	
		（4）损坏导线绝缘或线芯	每根扣 5 分	
		（5）漏接接地线	每件扣 10 分	
通电试车	40	（1）第 1 次试车不成功	扣 20 分	
		（2）第 2 次试车不成功	扣 30 分	
		（3）第 3 次试车不成功	扣 40 分	
安全文明操作		违反安全文明操作规程（视实际情况进行扣分）		
额定时间		每超过 5 min 扣 5 分		
开始时间		结束时间	实际时间	成绩

※任务三　其他启动控制电路的安装

情景模拟

为了进一步提高自己的实际动手能力，迎接维修电工等级考核，小任和小明除了在学校狠练基本功，还常常利用休息日去机械加工厂拜师学艺。他们认识了各种机床，也接触了在生产实际中更多的控制电路，如：Y-△降压启动、定子绕组串电阻（或电抗器）降压起动、自耦变压器降压起动自动控制电路，以及制动控制和调速控制等电路。

同学们，请你也和小任和小明一样，学一学这些控制电路方面的知识和技能吧！

基础知识

三相异步电动机的降压启动控制电路、制动控制电路、调速控制电路，以及相关拓展知识等。

知识链接 1　降压启动控制电路

三相异步电动机容量在 10 kW 以上或由于其他原因不允许直接启动时，应采用降压启动。降压启动也称减压启动。常见的降压启动方法有 Y-△降压启动、定子绕组串电阻（或电抗器）降压启动、自耦变压器降压启动和延边三角形（△）降压启动等。

1. Y-△降压启动

Y-△降压启动是指在电动机启动时，控制定子绕组先接成 Y，至启动即将结束时再转换成△进行正常运行的启动方法。Y-△降压启动，具有电路结构简单、成本低的特点，但其启动电流降为直接启动电流的 1/3，启动转矩也降为直接启动转矩的 1/3。因此，Y-△降压启动仅适用于电动机空载或轻载启动且要求正常运行时定子绕组为△连接的线路。

2. 定子绕组串电阻（或电抗器）降压启动

定子绕组串电阻（或电抗器）降压启动是指在电动机三相定子绕组串入电阻（或电抗器），启动时利用串入的电阻（或电抗器）起降压限流作用；待电动机转速上升到一定值时，将电阻（或电抗器）切除，使电动机在额定电压下稳定运行。由于定子电路中串入的电阻要消耗电能，因此大、中型电动机常采用串联电抗器的启动方法，它们的控制电路是一样的。定子绕组串电阻（或电抗器）降压启动，加到定子绕组上的电压一般只有直接启动时的一半，而电动机的启动转矩和所加电压平方成正比，故串电阻（或电抗器）降压启动的启动转矩仅为直接启动的 1/4。因此，定子绕组串电阻（或电抗器）降压启动仅适用于启动要求平稳，启动次数不频繁的电动机空载或轻载启动。

3. 自耦变压器降压启动

自耦变压器降压启动是利用自耦变压器来降低加在电动机三相定子绕组上的电压，达到限制启动电流的目的。自耦变压器降压启动时，将电源电压加在自耦变压器的高压绕组，而电动机的定子绕组与自耦变压器的低压绕组连接。当电动机启动后，将自耦变压器切除，电动机定子绕组直接与电源连接，在全电压下运行。自耦变压器降压启动比 Y-△ 降压启动的启动转矩大，并且可用抽头调节自耦变压器的变比以改变启动电流和启动转矩的大小。但这种启动需要一个庞大的自耦变压器，且不允许频繁启动。因此，自耦变压器降压启动适用于容量较大，但不能用 Y-△ 降压启动方法启动的电动机的降压启动。

4. 延边三角形（△）降压启动

延边三角形（△）降压启动控制线路是指电动机启动时，把定子绕组的一部分接成"△"形，另一部分接成"Y"形，使整个绕组接成延边三角形，待电动机启动后，再把定子绕组改接成三角形全压运行的控制线路。

知识拓展  ——Y-△ 降压启动与串电阻（或电抗器）降压启动电路

1. Y-△ 降压启动电路

图 9.17 所示为常见的 Y-△ 降压启动自动控制电路。图中主电路由 3 只接触器 KM_1、KM_2、KM_3 主触点的通断配合，分别将电动机的定子绕组接成 Y 或△。当 KM_1、KM_3 线圈通电吸合时，其主触点闭合，定子绕组接成 Y；当 KM_1、KM_2 线圈通电吸合时，其主触点闭合，定子绕组接成△。两种接线方式的切换由控制电路中的时间继电器定时自动完成。

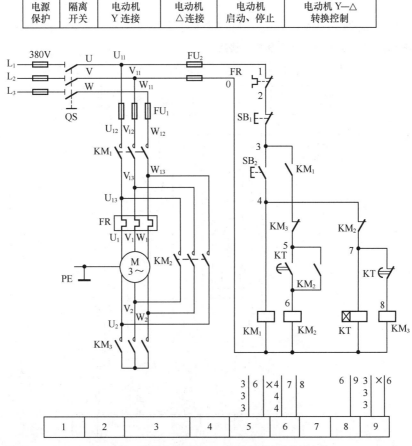

图 9.17 三相异步电动机 Y-△ 降压启动自动控制电路

Y-△降压启动自动控制电路的操作过程和工作原理如下。

合上电源开关 QS。

（1）Y 启动△运行。

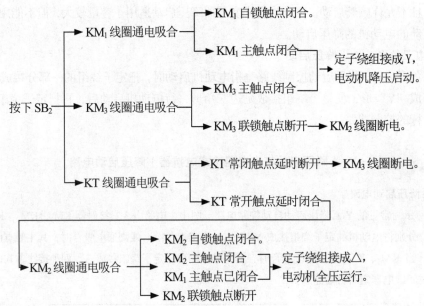

（2）停止。

按下 SB₁→控制电路断电→KM₁、KM₂、KM₃ 线圈断电释放→电动机 M 断电停车。

2. 定子绕组串电阻（或电抗器）降压启动线路

如图 9.18 所示，是一种常见的定子绕组串电阻（或电抗器）降压启动自动控制线路。

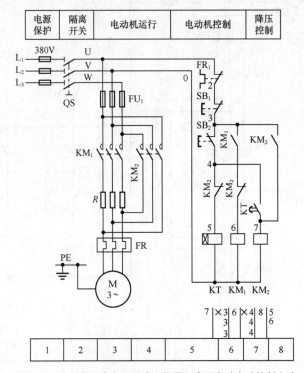

图 9.18　定子绕组串电阻（或电抗器）降压启动自动控制电路

图中主电路由两只接触器 KM₁、KM₂ 的主触点构成串接电阻和短接电阻控制，其切换由控制电路的时间继电器定时自动完成。

电路的操作过程和工作原理如下。

合上电源开关 QS。

（1）启动。

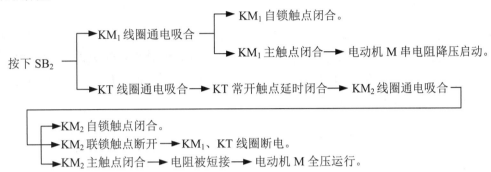

（2）停止。

按下 SB₁→控制电路断电→KM₁、KM₂ 线圈断电释放→电动机 M 断电停车。

知识链接 2 **制动控制电路**

三相异步电动机切断电源后，由于惯性，总要经过一段时间才能完全停止。为缩短时间，提高生产效率和加工精度，要求生产机械能迅速准确地停车。采取一定措施使三相异步电动机在切断电源后迅速准确地停车的过程，称为三相异步电动机制动。三相异步电动机的制动方法分为机械制动和电气制动两大类。

在切断电源后，利用机械装置使三相异步电动机迅速准确地停车的制动方法称为机械制动，应用较普遍的机械制动装置有电磁抱闸和电磁离合器两种。在切断电源后，产生一个和电动机实际旋转方向相反的电磁力矩（制动力矩），使三相异步电动机迅速准确地停车的制动方法称为电气制动，常用的电气制动方法有反接制动和能耗制动等。常用的三相异步电动机制动控制线路有反接制动和能耗制动控制线路。

1. 反接制动

反接制动是将运动中的电动机电源反接（即将任意两根相线接法对调），以改变电动机定子绕组的电源相序，定子绕组产生反向的旋转磁场，从而使转子受到与原旋转方向相反的制动力矩而迅速停转。反接制动的基本原理如图 9.19 所示。

图中要使正以 n_2 方向旋转的电动机迅速停转，可先拉开正转接法的电源开关 QS，使电动机与三相电源脱离，转子由于惯性仍按原方向旋转，然后将开关 QS 投向反接制动侧，这时由于 U、V 两相电源线对调了，产生的旋转磁场Φ方向与先前的相反。因此，在电动机转子中产生了与原来相反的电磁转矩，即制动

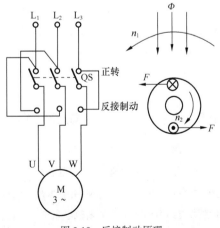

图 9.19 反接制动原理

231

转矩。依靠这个转矩，使电动机转速迅速下降而实现制动。

在这个制动过程中，当制动到转子转速接近零时，如不及时切断电源，则电动机将会反向启动。为此，必须在反接制动中，采取一定的措施，保证当电动机的转速被制动到转速接近零时切断电源，防止反向启动。在一般的反接制动控制线路中常用速度继电器来反映转速，以实现自动控制。

2. 能耗制动

能耗制动是在三相异步电动机脱离三相交流电源后，在定子绕组上加一个直流电源，使定子绕组产生一个静止的磁场，当电动机在惯性作用下继续旋转时会产生感应电流，该感应电流与静止磁场相互作用产生一个与电动机旋转方向相反的电磁转矩（制动转矩），使电动机迅速停转。能耗制动的基本原理如图 9.20 所示。

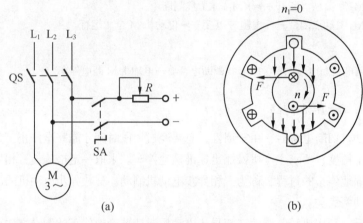

图 9.20　能耗制动原理图

制动时，先断开电源开关 QS，电动机脱离三相交流电源，转子由于惯性仍按原方向旋转。这时，立即合上 SA，电动机接到直流电源上，使定子绕组产生一个静止磁场，转动的转子绕组便切割磁力线产生感应电流。按图 9.20（b）所设的磁场和转动方向，由右手定则可知：转子电流的方向上面为 $\otimes$，下面为 $\odot$。这一感应电流与静止磁场相互作用，由左手定则确定这个作用力 F 的方向如图中的箭头所示。由此可知：作用力 F 在电动机转轴上形成的转矩与转子的转动方向相反，是一个制动转矩，使电动机迅速停止运转。这种制动方法，实质上是将转子原来"储存"的机械能转换成为电能，又消耗在转子的绕组上，所以称为能耗制动。

知识拓展  ——单向反接制动与能耗制动控制电路

1. 单向反接制动控制电路

常用的单向反接制动控制线路如图 9.21 所示。图中，KM_1 为正转运行接触器，KM_2 为反接制动接触器，速度继电器 KS 与电动机 M 用虚线相连表示同轴。主电路和正反转控制的主电路基本相同，只是在 KM_2 的主触点支路中串联了 3 个限流电阻 R。

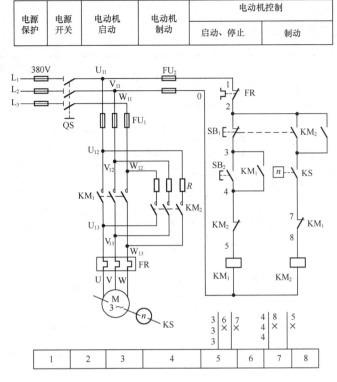

图 9.21　三相异步电动机单向反接制动控制电路

单向反接制动控制电路的操作过程和工作原理如下。

合上电源开关 QS。

（1）单向启动。

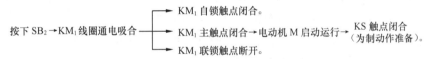

（2）反接制动。

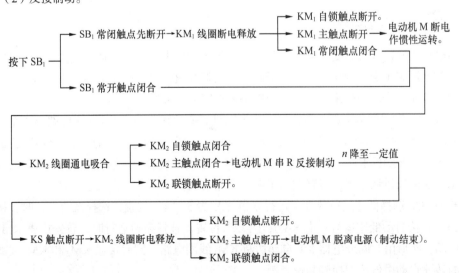

2. 能耗制动控制电路

常用的能耗制动控制电路如图 9.22 所示。

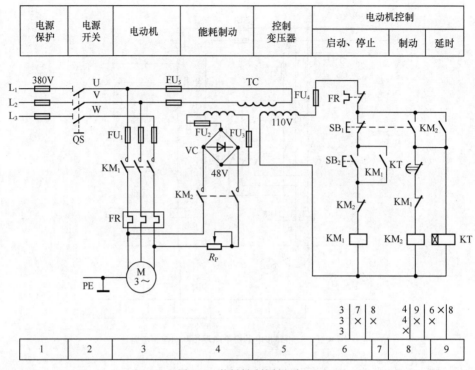

电源保护	电源开关	电动机	能耗制动	控制变压器	电动机控制		
					启动、停止	制动	延时

图 9.22　能耗制动控制电路

主电路由两部分组成：由三相电源 U—V—W、电源开关 QS、熔断器 FU$_1$、接触器主触点 KM$_1$、热继电器 FR 及电动机 M 组成电动机的运行控制部分；由控制变压器 TC、熔断器 FU$_5$、FU$_2$、FU$_3$、桥式整流器 VC、接触器主触点 KM$_2$、可变电阻 R_P 和电动机 M 组成电动机的能耗制动控制部分。

辅助电路由控制变压器 TC 的次级线圈提供电源，经熔断器 FU$_4$、热继电器常闭触点 FR 提供保护。

请大家分析操作过程和工作原理，并在控制板上安装。

知识链接 3　调速控制电路

三相异步电动机调速方法有变极调速（改变定子绕组磁极对数）、变频调速（改变电动机电源频率）和变转差率调速（定子调压调速、转子回路串电阻调速、串级调速）等方法。

其中，利用双速异步电动机来实现变极调速是最常用的一种形式。

图 9.23 所示为一种时间继电器控制三相异步电动机调速的线路图。图中，主电路由 3 个接触器 KM$_1$、KM$_2$、KM$_3$ 的主触点实现 △-YY 的变换控制。接触器 KM$_1$ 的主触点闭合，电动机的三相定子绕组接成△；接触器 KM$_2$、KM$_3$ 的主触点闭合，电动机的三相定子绕组接成 YY。时间继电器控制三相异步电动机调速控制线路适用于大功率电动机。

由选择开关 SA 选择低速运行或高速运行。当 SA 置于"1"位置，选择低速运行时，接通 KM$_1$ 线圈电路，直接启动低速运行；当 SA 置于"2"位置，选择高速运行时，首先接通 KM$_1$ 线圈电路低速启动，然后由时间继电器 KT 自动切断 KM$_1$ 线圈电路，同时接通 KM$_2$ 和 KM$_3$ 线圈电路，电动机的转速自动由低速切换到高速。

电源 开关	电动机		低速 控制	高速 控制
	低速运行	高速运行		

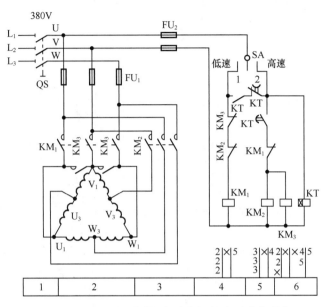

图 9.23　时间继电器控制三相异步电动机调速的电路图

电动机调速控制电路的操作过程和工作原理如下。

合上电源开关 QS。

（1）选择开关 SA 选择高速运行（SA 置"1"）。

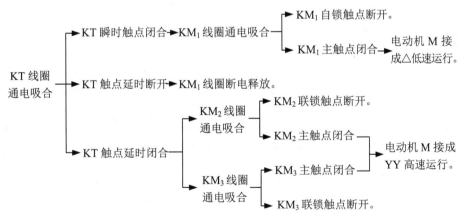

（2）停止。

选择开关 SA 置中间 ➡ KM₁（或 KM₂ 和 KM₃）线圈断电释放 ➡ 电动机 M 断电停车。

知识拓展　——利用选择开关或按钮控制的调速电路

1. 选择开关控制三相异步电动机双速控制电路

在小功率电动机中，常用选择开关控制电路实现三相异步电动机双速控制，其主电路与时间继电器控制的三相异步电动机双速控制电路相同，选择开关控制的控制电路如图9.24（a）所示。

选择开关控制的控制电路由选择开关 SA 选择低速运行或高速运行。SA 置于"低速"位置，选择低速运行时，接通 KM₁ 线圈电路，电动机启动低速运行；当运行一定时间后，将 SA 置于"高速"位置，选择高速运行，接通 KM₂ 和 KM₃ 线圈电路，电动机的转速手动切换到高速。

请同学们分析操作过程和工作原理，并在控制板上安装。

2. 按钮控制三相异步电动机双速控制电路

在小功率电动机中，还可用按钮开关控制电路实现三相异步电动机双速控制，其主电路与时间继电器控制的三相异步电动机双速控制线路相同，按钮开关控制的控制电路如图9.24（b）所示。

按钮开关控制电路，由复合按钮控制。当复合按钮 SB₂ 接通 KM₁ 线圈电路，电动机低速运行；当运行一定时间后，由复合按钮 SB₃ 接通 KM₂ 和 KM₃ 线圈电路，电动机高速运行。为防止两种接线方式同时存在，KM₁ 和 KM₂ 的常开辅助触点构成互锁。

电路的操作过程和工作原理也请同学们自行分析。

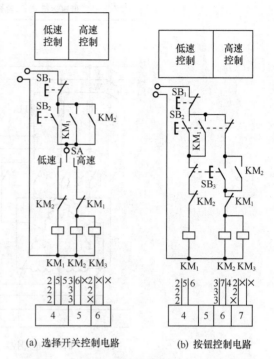

(a) 选择开关控制电路　　(b) 按钮控制电路

图 9.24　三相异步电动机调速控制线路的控制电路

　动脑又动手

□ **读一读　电气控制的电路图**

三相异步电动机 Y-△降压启动控制电路图，如前面图9.17所示。

□ **列一列　电气控制器件清单**

根据图9.17所示线路图，将所需元器件及导线的型号、规格和数量填入表9.6中，并检测元器件的质量。

表 9.6　　三相异步电动机 Y-△降压启动控制电路元器件及导线明细表

序号	名称	代号	型号	规格	数量
1	三相异步电动机	M	Y112M-4		
2	组合开关				
3	按钮				
4	主电路熔断器				
5	控制电路熔断器				
6	交流接触器				
7	热过载保护器				
8	时间继电器				
9	端子板				
10	主电路导线				
11	辅助电路导线				
12	按钮导线				
13	接地导线				

□ 做一做 Y-△降压启动电路

（1）固定元器件。将元件固定在控制板上，要求元件安装牢固，并符合工艺要求。元件布置参考图9.25，按钮SB可安装在控制板外。

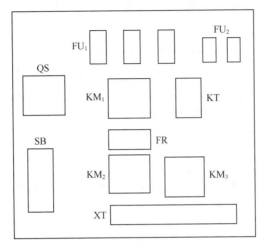

图 9.25 Y-△降压启动控制线路元件布置参考图

（2）安装主电路。根据电动机容量选择主电路导线，按电气控制线路图接好主电路。接线参考图9.26。

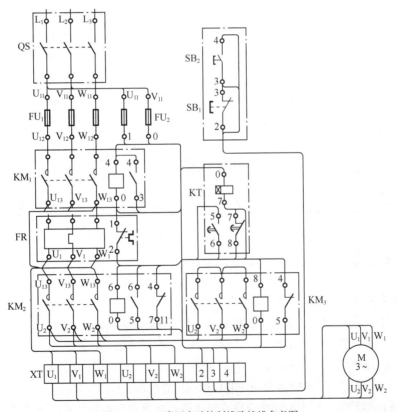

图 9.26 Y-△降压启动控制线路接线参考图

（3）安装控制电路。根据电动机容量选择控制电路导线，按电气控制线路图接好控制电路。

□ 查一查　Y-△降压启动电路

（1）主电路接线检查。按电路图或接线图从电源端开始，逐段核对接线有无漏接、错接之处，检查导线接点是否符合要求，压接是否牢固，以免带负载运行时产生闪弧现象。

（2）控制电路接线检查。用万用表电阻挡检查控制电路接线情况。

□ 试一试　通电试车

为保证人身安全，在通电试车时，要认真执行安全操作规程的有关规定，由老师检查并现场监护。

接通三相电源 L_1、L_2、L_3，合上电源开关 QS，用电笔检查熔断器出线端，氖管亮说明电源接通。分别按下 SB_2 和 SB_1，观察是否符合线路功能要求，观察电器元件动作是否灵活，有无卡阻及噪声过大现象，观察电动机运行是否正常。若有异常，立即停车检查。

□ 评一评　"读、列、做、查"工作情况

完成三相异步电动机 Y-△降压启动控制线路安装技能的实训评分，填入表 9.7 中。

表 9.7　　　　三相异步电动机 Y-△降压启动控制线路安装技能实训评分表

项目 分值及标准	配分	评分标准		扣分
装前检查	5	电器元件漏检或错误	每处扣 1 分	
安装元件	15	（1）不按布置图安装	扣 15 分	
		（2）元件安装不牢固	每处扣 4 分	
		（3）元件安装不整齐、不匀称、不合理	每件扣 3 分	
		（4）损坏元件	每件扣 15 分	
布线	40	（1）不按电路图接线	每接点扣 25 分	
		（2）布线不符合要求	主电路扣 4 分	
			控制电路扣 2 分	
		（3）接点不符合要求	每个接点扣 1 分	
		（4）损坏导线绝缘或线芯	每根扣 5 分	
		（5）漏接接地线	每件扣 10 分	
通电试车	40	（1）第 1 次试车不成功	扣 20 分	
		（2）第 2 次试车不成功	扣 30 分	
		（3）第 3 次试车不成功	扣 40 分	
安全文明操作		违反安全文明操作规程（视实际情况进行扣分）		
额定时间		每超过 5 min 扣 5 分		
开始时间		结束时间	实际时间	成绩

思考与练习

一、判断题（对的打"√"，错的打"×"）

1. 工厂中使用的电动葫芦和机床快速移动装置常采用点动控制线路。　　　　（　　　）

2. 接触器点动的控制线路能实现欠压保护和失压保护功能。　　　　　　　（　　　）

3. 行程控制是利用生产机械运动部件上的挡铁与行程开关碰撞，使其触点动作来控制电路的接通或断开，以实现对生产机械运动部件的行程或位置控制。　　　　　　（　　　）

4. Y-△降压启动仅适用于电动机空载或轻载启动且要求正常运行时定子绕组为△连接。

　　　　　　　　　　　　　　　　　　　　　　　　　　　　　　　　　（　　　）

5. 目前，机床设备电动机的调速方法仍以变频调速为主。　　　　　　　　（　　　）

6. 双速电动机定子绕组接成 YY 时低速运行，定子绕组接成△时高速运行。　　　（　　）

二、填空题

1. 三相异步电动机的启动方法有_____和_____两种。一般情况下，当电动机功率_____或不超过供电变压器容量的_____时，允许全压启动，否则应采用降压启动，以减小启动电流对电网的冲击。

2. 常用的电动机单向运行全压启动控制线路有_____和_____。

3. 自锁控制电路的控制电路检查时，松开启动按钮 SB₂，按下 KM 触头架，常开辅助触点闭合时，万用表读数应为_____。

4. 过载保护是指当_____，或_____，或者_____时，能自动切断电动机电源，使电动机停止转动的一种保护。过载保护常用_____实现。

5. 正反转控制电路是指采用某一方式使电动机实现_____的控制。在工厂动力设备上，通常采用改变接入三相异步电动机绕组的_____来实现。

6. 常见的降压启动方法有_____、_____、_____和延边三角形降压启动等。

7. 采取一定措施使三相异步电动机在切断电源后_____的过程，称为三相异步电动机制动。三相异步电动机的制动方法分为_____和_____两大类。

8. 在一般的反接制动控制电路中常用_____来反映转速，以实现自动控制。

9. 三相异步电动机调速方法有_____、_____和_____等方法。

三、简答题

1. 三相异步电动机电气控制电路安装基本步骤有哪些？

2. 什么叫点动控制？什么叫连续控制？点动控制与连续控制的控制电路有何不同？

3. 板前明线布线安装工艺要求有哪些？

4. 如何实现按钮和接触器双重联锁？

附 录

附录一 维修电工国家职业技能鉴定标准（初级工）

一、职业道德

1. 职业道德基础知识
2. 职业守则

（1）爱岗敬业，具有高度的责任心。

（2）认真负责，不骄不躁，吃苦耐劳。

（3）严格执行工作程序、工作规范、工艺文件和安全操作规程。

（4）工作认真负责，团结合作。

（5）爱护设备及工具、刀具和量具。

（6）遵守有关法律、法规和有关规定。

（7）着装整洁，符合规定；保持工作环境清洁有序，文明生产。

二、基础知识

1. 电工基础知识

（1）直流电与电磁的基本知识。

（2）交流电路的基本知识。

（3）常用变压器与异步电动机。

（4）常用低压电器。

（5）半导体二极管、三极管和整流稳压电路。

（6）晶闸管基础知识。

（7）电工读图的基本知识。

（8）一般生产设备的基本电气控制线路。

（9）常用电工材料。

（10）常用工具（包括专用工具）、量具和仪表。

（11）供电和用电的一般知识。

（12）防护及登高用具等使用知识。

2. 钳工基础知识

（1）锯削。

（2）锉削。

（3）钻孔。

（4）手工加工螺纹。

（5）电动机的拆装知识。

3. 安全文明生产与环境保护知识

（1）现场文明生产要求。

（2）环境保护知识。

（3）安全操作知识。

4. 质量管理知识

（1）企业的质量方针。

（2）岗位的质量要求。

（3）岗位的质量保证措施与责任。

5. 相关法律、法规知识

（1）劳动法相关知识。

（2）合同法相关知识。

项目	鉴定范围	鉴定内容	鉴定比重	备注
知识要求基本知识	1. 识图知识	1. 电气图的分类与制图的一般规则 2. 常用电气图形符号和电气项目代号及新旧标准的区别 3. 生产机械电气图、接线图的构成及各构成部分的作用 4. 一般生产机械电气图的识读方法，如 5t 以下起重机、C522 型立式车床、M7120 型平面磨床等	（100） 10	
	2. 交、直流电路及磁与电磁的基本知识和一般电路的计算知识	1. 电路的基本概念，如电阻、电感、电容、电流、电压、电位差和电动势等 2. 欧姆定律的概念和基尔霍夫定律的内容 3. 串、并联电路，多个电动势的无分支电路，电路中的各点电位的分析和计算方法 4. 正弦交流电的基本概念 5. 正弦交流电的瞬时值、最大值、有效值和平均值的概念及其换算 6. 铁磁物质的磁性能、磁路欧姆定律、磁场对电流的作用、电磁感应的基本知识	10	
专业知识	1. 维修电工常用测量仪表、工具和防护用具知识	1. 常用电工测量仪表的分类、基本构造、工作原理和符号；仪表名称、规格及选用、使用维护保养知识，如摇表、万用表、电流表、电压表、转速表等 2. 常用电工工具和量具的名称、规格及选用、使用维护保养知识，如验电笔、旋具、钢丝钳、剥线钳、电工刀、电烙铁、绕线机、喷灯、游标卡尺、千分尺、拆卸器、手电钻、绝缘夹钳、手动压线机、短路侦察器、断条侦察器等	5	
	2. 电工材料基本知识	1. 常用电工导电材料（铜、铝电线电缆、电热材料等）的名称、规格和用途 2. 常用绝缘材料的名称、规格及用途，如绝缘漆、绝缘胶、绝缘油、绝缘制品等 3. 常用磁性材料的名称、规格及用途，如电工用纯铁、硅钢片、铝镍钴合金等 4. 电机常用轴承及润滑脂的类别、名称、牌号使用知识	5	
	3. 变压器知识	1. 变压器的种类和用途 2. 单相和三相变压器、电焊机变压器、互感器的基本构造、基本工作原理、用途、铭牌数据的含意 3. 变压器绕组分类及绕制的基本知识，三相及单相变压器联结组的含意 4. 单相变压器的并联运行	5	

续表

项目	鉴定范围	鉴定内容	鉴定比重	备注
专业知识	4. 电动机知识	1. 常用交、直流电动机（包括单相笼型异步电动机）的名称、种类、基本构造、基本工作原理和用途 2. 常用交、直流电动机铭牌数据的含意 3. 中、小型交流电动机绕组的分类、绘制绕组展开图、接线参考图及辨别定子2、4、6、8极单层和双层接线知识 4. 中、小型异步电动机的拆装、绕线、接线、包扎、干燥、浸漆和轴承装配等工艺规程及试车注意事项	10	
	5. 低压电器知识	1. 常用低压电器的名称、种类、规格、基本构造及工作原理，电路图形符号及文字符号，选用及使用知识。如熔断器（RC系列、RL系列、RMO、RLS、RSO系列）、开关（HK、HH、HZ系列）低压断路器（DZ5、DZ10系列）、交直流接触器、主令电器、继电器（中间继电器、电流和电压继电器、速度继电器、热继电器、时间继电器、压力继电器等）、电磁离合器、电磁铁（牵引电磁铁、阀用电磁铁、制动电磁铁、起重电磁铁）、电阻器、频敏变阻器等 2. 电磁铁和电磁离合器的吸力、电流及行程的相互关系和调整方法 3. 常用保护电器保护参数的整定方法 4. 低压电器产品铭牌数据的含意	10	
	6. 电力拖动自动控制知识	1. 三相笼型异步电动机的全压及减压启动控制、正反转控制、机械制动控制（电磁抱闸及电磁离合器制动）、电力制动（反接制动和能耗制动）、顺序控制、多地控制、位置控制的控制原理 2. 三相绕线转子异步电动机的启动控制、调速控制、制动控制的控制原理	20	
	7. 照明及动力线路知识	1. 常用电光源（白炽灯、日光灯、汞灯、卤素灯、钠灯等）的工作原理及应配用的灯具和对安装的要求 2. 车间照明的分类及对照明线路的要求 3. 对车间动力线路（管线线路、瓷瓶线路）的要求 4. 照明及动力线路的检修维护方法	5	
	8. 电气安全技术知识	1. 接地的种类、作用及对装接的一般要求 2. 接零的作用及其一般要求 3. 电工安全技术操作规程 4. 对电器及装置的安全要求（配电线路、交配电设备；车间电器设备）	5	
	9. 晶体管及应用知识	1. 晶体二极管、三极管、硅稳压二极管的基本结构、工作原理、特性（伏安特性、输入和输出特性曲线）、主要参数及型号的含意 2. 晶体二极管、三极管的好坏、极性、类型及材料（硅、锗管）的判断 3. 单相二极管整流电路、滤波电路、硅稳管稳压电路及简单串联型稳压电路的工作原理 4. 单管晶体管放大电路（共发射极电路、共集电极电路、共基极电路）的工作原理及主要参数（输入及输出电阻、电压及电流放大倍数、功率放大倍数、频率特性）的比较和适用场合	5	

续表

项目	鉴定范围	鉴定内容	鉴定比重	备注
相关知识	1. 钳工基本知识	1. 划线、钻孔、錾削、锯削、弯形、攻螺纹、扩孔等基本知识 2. 一般机械零、部件的拆装知识	5	
	2. 相关工种一般工艺知识	1. 焊条、焊丝、焊剂、钎料的选择知识 2. 管件、管座等焊接方法	5	
技能要求操作技能	1. 安装、接线、绕组的绕制技能	1. 单股铜导线及19/0.82多股铜导线的连接及恢复绝缘 2. 明、暗线路、塑料护套线线路、瓷瓶线路的安装 3. 电气控制线路配电板的配线及安装（包括导线及电气元、器件的选择和参数的整定） 4. 单相整流、滤波电路、放大电路印制板电路的焊接及安装与测试 5. 中、小型异步电动机的拆装、烘干、更换轴承、修复后的接线及三相绕组首、尾端的检测 6. 中、小型异步电动机及控制变压器的绕组的绕制，各种低压电器线圈的绕制 7. 更换及调整电刷及触头系统	（100） 40	
	2. 故障判断及修复技能	1. 异步电动机常见故障，如不启动、转速低、局部或全部过热或冒烟、振动过大、有异声、三相电流过大或不平衡度超过允许值、电刷火花过大、滑环过热或烧伤等故障的判断及修复 2. 小型变压器常见故障，如无输出电压及电压过低或过高、绕组过热或冒烟、空载电流偏大、响声大、铁芯带电等故障的判断及修复 3. 常用低压电器的触头系统故障，如触头熔焊、过热、烧伤、磨损等；电磁系统故障，如噪声过大、线圈过热、衔铁吸不上或不释放等及其他部分故障的判断及修复 4. 根据电气设备说明书及电气图正确判断及修复以接触器—继电器有触头控制为主的电气设备故障 5. 单相整流、滤波、简单稳压电路及简单放大电路故障的正确判断及修理 6. 5t以下起重机机械电气故障的判断及修复 7. 检修车间电力、照明线路和信号装置、检测接地系统的状态 8. 做异步电动机、小型变压器及低压电器修复后的一般试验 9. 中、小型异步电动机及控制变压器绕组、各种低压电器线圈局部故障的判断及修复	40	
工具设备的使用与维修	1. 工具的使用与维护	正确使用常用电工工具、专用工具，并做好维护保养工作	5	
	2. 仪器、仪表的使用与维护	1. 正确选用测量仪表 2. 正确使用测量仪表，并做好维护保养工作	5	
安全及其他	安全文明生产	正确执行安全操作规程的有关规定，如电气设备的防火措施和灭火规则、电气设备使用安全规程、车间电气技术安全规程、车间电气技术安全规程、临时线安全规定、钳工安全操作规程	10	

附录二　安全标志

警告标志

当心火灾

注意安全

当心扎脚

当心激光

当心爆炸

当心瓦斯

当心吊物

当心微波

当心触电

当心弧光

当心坠落

当心机械伤人

当心电缆

当心裂变物质

当心绊倒

当心烫伤

当心伤手

当心电离辐射

提示标志

紧急出口（左向）

紧急出口（右向）

避险处

可动火区

禁止标志

禁止吸烟	禁止靠近	禁止启动	禁止跨越
禁止烟火	禁止停留	禁止合闸	禁止戴手套
禁止用水灭火	禁止通行	禁止触摸	禁止穿带钉鞋
禁止放易燃物	禁止入内	禁止攀登	禁止穿化纤服装

指令标志

必须戴防护眼镜	必须系安全带	必须穿防护鞋	必须戴安全帽
必须戴防护手套	必须穿防护服	必须加锁	必须戴防护帽